U0620147

中国科学院中国孢子植物志编辑委员会　编辑

中 国 真 菌 志

第五十七卷

锈革孔菌目(一)

戴玉成　主编

中国科学院知识创新工程重大项目
国家自然科学基金重大项目
(国家自然科学基金委员会　中国科学院　科学技术部　资助)

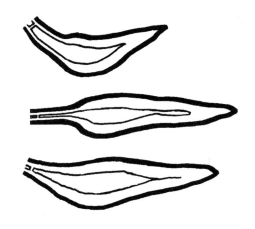

科学出版社
北　京

内 容 简 介

锈革孔菌目 Hymenochaetales 隶属于担子菌门 Basidiomycota 伞菌纲 Agaricomycetes，目前全球范围共发现大约 700 种。该目真菌除少数种类是菌根菌外，绝大部分种类都是木材腐朽真菌。这类真菌不但具有重要的生态学功能，同时也具有经济价值，如桑黄等重要药用真菌就是该目的成员。此外，锈革孔菌目的很多种类是重要的森林病原菌，如祁连小木层孔菌可造成祁连圆柏大面积死亡。并简要介绍了它们的主要形态、生态习性、寄主、地理分布和经济价值等。锈革孔菌目中的锈革孔菌科在《中国真菌志第二十九卷锈革孔菌科》已经描述了 18 属 106 种。本卷是对锈革孔菌目真菌的系统编研，按最新分类系统阐述了锈革孔菌目真菌的分类地位、生物学特性、国内外研究历史与现状，包括对该目 3 科 21 属 120 种的系统论述，其中也包括锈革孔菌科在第二十九卷中未被包括的种类。对每一种进行了详细的论述，包括形态特征、生境、分布、研究标本的产地及与相似种类区别的讨论，同时给出了每一个种的显微解剖结构图。

本书可供真菌学、森林病理学、医药科研人员及大专院校相关专业师生参考使用。

图书在版编目(CIP)数据

中国真菌志. 第五十七卷，锈革孔菌目. 一 / 戴玉成主编.—北京：科学出版社，2018.11

ISBN 978-7-03-059537-9

Ⅰ. ①中… Ⅱ. ① 戴… Ⅲ. ①真菌门-植物志-中国 ②革菌科-植物志-中国 Ⅳ. ①Q949.32

中国版本图书馆 CIP 数据核字(2018)第 258148 号

责任编辑：韩学哲 孙 青/责任校对：严 娜
责任印制：肖 兴/封面设计：刘新新

科 学 出 版 社 出版
北京东黄城根北街 16 号
邮政编码：100717
http://www.sciencep.com

中国科学院印刷厂 印刷

科学出版社发行 各地新华书店经销

*

2018 年 11 月第 一 版 开本：787×1092 1/16
2018 年 11 月第一次印刷 印张：15 1/2
字数：367 000
定价：150.00 元
(如有印装质量问题，我社负责调换)

CONSILIO FLORARUM CRYPTOGAMARUM SINICARUM
ACADEMIAE SINICAE EDITA

FLORA FUNGORUM SINICORUM

VOL. 57

HYMENOCHAETALES（1）

REDACTOR PRINCIPALIS

Dai Yucheng

**A Major Project of the Knowledge Innovation Program of
the Chinese Academy of Sciences
A Major Project of the National Natural Science Foundation of China**
（Supported by the National Natural Science Foundation of China,
the Chinese Academy of Sciences, and the Ministry of Science and Technology of China）

Science Press
Beijing

序

　　中国孢子植物志是非维管束孢子植物志，分《中国海藻志》、《中国淡水藻志》、《中国真菌志》、《中国地衣志》及《中国苔藓志》五部分。中国孢子植物志是在系统生物学原理与方法的指导下对中国孢子植物进行考察、收集和分类的研究成果；是生物物种多样性研究的主要内容；是物种保护的重要依据，对人类活动与环境甚至全球变化都有不可分割的联系。

　　中国孢子植物志是我国孢子植物物种数量、形态特征、生理生化性状、地理分布及其与人类关系等方面的综合信息库；是我国生物资源开发利用、科学研究与教学的重要参考文献。

　　我国气候条件复杂，山河纵横，湖泊星布，海域辽阔，陆生和水生孢子植物资源极其丰富。中国孢子植物分类工作的发展和中国孢子植物志的陆续出版，必将为我国开发利用孢子植物资源和促进学科发展发挥积极作用。

　　随着科学技术的进步，我国孢子植物分类工作在广度和深度方面将有更大的发展，对于这部著作也将不断补充、修订和提高。

中国科学院中国孢子植物志编辑委员会

1984 年 10 月·北京

中国孢子植物志总序

　　中国孢子植物志是由《中国海藻志》、《中国淡水藻志》、《中国真菌志》、《中国地衣志》及《中国苔藓志》所组成。至于维管束孢子植物蕨类未被包括在中国孢子植物志之内,是因为它早先已被纳入《中国植物志》计划之内。为了将上述未被纳入《中国植物志》计划之内的藻类、真菌、地衣及苔藓植物纳入中国生物志计划之内,出席1972年中国科学院计划工作会议的孢子植物学工作者提出筹建"中国孢子植物志编辑委员会"的倡议。该倡议经中国科学院领导批准后,"中国孢子植物志编辑委员会"的筹建工作随之启动,并于 1973 年在广州召开的《中国植物志》、《中国动物志》和中国孢子植物志工作会议上正式成立。自那时起,中国孢子植物志一直在"中国孢子植物志编辑委员会"统一主持下编辑出版。

　　孢子植物在系统演化上虽然并非单一的自然类群,但是,这并不妨碍在全国统一组织和协调下进行孢子植物志的编写和出版。

　　随着科学技术的飞速发展,人们关于真菌的知识日益深入的今天,黏菌与卵菌已被从真菌界中分出,分别归隶于原生动物界和管毛生物界。但是,长期以来,由于它们一直被当作真菌由国内外真菌学家进行研究;而且,在"中国孢子植物志编辑委员会"成立时已将黏菌与卵菌纳入中国孢子植物志之一的《中国真菌志》计划之内并陆续出版,因此,沿用包括黏菌与卵菌在内的《中国真菌志》广义名称是必要的。

　　自"中国孢子植物志编辑委员会"于1973年成立以后,作为"三志"的组成部分,中国孢子植物志的编研工作由中国科学院资助;自 1982 年起,国家自然科学基金委员会参与部分资助;自 1993 年以来,作为国家自然科学基金委员会重大项目,在国家基金委资助下,中国科学院及科技部参与部分资助,中国孢子植物志的编辑出版工作不断取得重要进展。

　　中国孢子植物志是记述我国孢子植物物种的形态、解剖、生态、地理分布及其与人类关系等方面的大型系列著作,是我国孢子植物物种多样性的重要研究成果,是我国孢子植物资源的综合信息库,是我国生物资源开发利用、科学研究与教学的重要参考文献。

　　我国气候条件复杂,山河纵横,湖泊星布,海域辽阔,陆生与水生孢子植物物种多样性极其丰富。中国孢子植物志的陆续出版,必将为我国孢子植物资源的开发利用,为我国孢子植物科学的发展发挥积极作用。

中国科学院中国孢子植物志编辑委员会

主编　曾呈奎

2000 年 3 月　北京

Foreword of the Cryptogamic Flora of China

Cryptogamic Flora of China is composed of *Flora Algarum Marinarum Sinicarum*, *Flora Algarum Sinicarum Aquae Dulcis*, *Flora Fungorum Sinicorum*, *Flora Lichenum Sinicorum*, and *Flora Bryophytorum Sinicorum*, edited and published under the direction of the Editorial Committee of the Cryptogamic Flora of China, Chinese Academy of Sciences (CAS). It also serves as a comprehensive information bank of Chinese cryptogamic resources.

Cryptogams are not a single natural group from a phylogenetic point of view which, however, does not present an obstacle to the editing and publication of the Cryptogamic Flora of China by a coordinated, nationwide organization. The Cryptogamic Flora of China is restricted to non-vascular cryptogams including the bryophytes, algae, fungi, and lichens. The ferns, a group of vascular cryptogams, were earlier included in the plan of *Flora of China*, and are not taken into consideration here. In order to bring the above groups into the plan of Fauna and Flora of China, some leading scientists on cryptogams, who were attending a working meeting of CAS in Beijing in July 1972, proposed to establish the Editorial Committee of the Cryptogamic Flora of China. The proposal was approved later by the CAS. The committee was formally established in the working conference of Fauna and Flora of China, including cryptogams, held by CAS in Guangzhou in March 1973.

Although myxomycetes and oomycetes do not belong to the Kingdom of Fungi in modern treatments, they have long been studied by mycologists. *Flora Fungorum Sinicorum* volumes including myxomycetes and oomycetes have been published, retaining for *Flora Fungorum Sinicorum* the traditional meaning of the term fungi.

Since the establishment of the editorial committee in 1973, compilation of Cryptogamic Flora of China and related studies have been supported financially by the CAS. The National Natural Science Foundation of China has taken an important part of the financial support since 1982. Under the direction of the committee, progress has been made in compilation and study of Cryptogamic Flora of China by organizing and coordinating the main research institutions and universities all over the country. Since 1993, study and compilation of the Chinese fauna, flora, and cryptogamic flora have become one of the key state projects of the National Natural Science Foundation with the combined support of the CAS and the National Science and Technology Ministry.

Cryptogamic Flora of China derives its results from the investigations, collections, and classification of Chinese cryptogams by using theories and methods of systematic and evolutionary biology as its guide. It is the summary of study on species diversity of cryptogams and provides important data for species protection. It is closely connected with human activities, environmental changes and even global changes. Cryptogamic Flora of

China is a comprehensive information bank concerning morphology, anatomy, physiology, biochemistry, ecology, and phytogeographical distribution. It includes a series of special monographs for using the biological resources in China, for scientific research, and for teaching.

China has complicated weather conditions, with a crisscross network of mountains and rivers, lakes of all sizes, and an extensive sea area. China is rich in terrestrial and aquatic cryptogamic resources. The development of taxonomic studies of cryptogams and the publication of Cryptogamic Flora of China in concert will play an active role in exploration and utilization of the cryptogamic resources of China and in promoting the development of cryptogamic studies in China.

C.K. Tseng

Editor-in-Chief

The Editorial Committee of the Cryptogamic Flora of China

Chinese Academy of Sciences

March, 2000 in Beijing

《中国真菌志》序

　　《中国真菌志》是在系统生物学原理和方法指导下，对中国真菌，即真菌界的子囊菌、担子菌、壶菌及接合菌四个门以及不属于真菌界的卵菌等三个门和黏菌及其类似的菌类生物进行搜集、考察和研究的成果。本志所谓"真菌"系广义概念，涵盖上述三大菌类生物(地衣型真菌除外)，即当今所称"菌物"。

　　中国先民认识并利用真菌作为生活、生产资料，历史悠久，经验丰富，诸如酒、醋、酱、红曲、豆豉、豆腐乳、豆瓣酱等的酿制，蘑菇、木耳、茭白作食用，茯苓、虫草、灵芝等作药用，在制革、纺织、造纸工业中应用真菌进行发酵，以及利用具有抗癌作用和促进碳素循环的真菌，充分显示其经济价值和生态效益。此外，真菌又是多种植物和人畜病害的病原菌，危害甚大。因此，对真菌物种的形态特征、多样性、生理生化、亲缘关系、区系组成、地理分布、生态环境以及经济价值等进行研究和描述，非常必要。这是一项重要的基础科学研究，也是利用益菌、控制害菌、化害为利、变废为宝的应用科学的源泉和先导。

　　中国是具有悠久历史的文明古国，从远古到明代的4500年间，科学技术一直处于世界前沿，真菌学也不例外。酒是真菌的代谢产物，中国酒文化博大精深、源远流长，有六七千年历史。约在公元300年的晋代，江统在其《酒诰》诗中说："酒之所兴，肇自上皇。或云仪狄，又曰杜康。有饭不尽，委之空桑。郁结成味，久蓄气芳。本出于此，不由奇方。"作者精辟地总结了我国酿酒历史和自然发酵方法，比之意大利学者雷蒂(Radi,1860)提出微生物自然发酵法的学说约早1500年。在仰韶文化时期(5000~3000 B. C.)，我国先民已懂得采食蘑菇。中国历代古籍中均有食用菇蕈的记载，如宋代陈仁玉在其《菌谱》(1245年)中记述浙江台州产鹅膏菌、松蕈等11种，并对其形态、生态、品级和食用方法等作了论述和分类，是中国第一部地方性食用蕈菌志。先民用真菌作药材也是一大创造，中国最早的药典《神农本草经》(成书于102~200 A. D.)所载365种药物中，有茯苓、雷丸、桑耳等10余种药用真菌的形态、色泽、性味和疗效的叙述。明代李时珍在《本草纲目》(1578)中，记载"三菌"、"五蕈"、"六芝"、"七耳"以及羊肚菜、桑黄、鸡𥔵、雪蚕等30多种药用真菌。李氏将菌、蕈、芝、耳集为一类论述，在当时尚无显微镜帮助的情况下，其认识颇为精深。该籍的真菌学知识，足可代表中国古代真菌学水平，堪与同时代欧洲人(如C. Clusius, 1529~1609)的水平比拟而无逊色。

　　15世纪以后，居世界领先地位的中国科学技术，逐渐落后。从18世纪中叶到20世纪40年代，外国传教士、旅行家、科学工作者、外交官、军官、教师以及负有特殊任务者，纷纷来华考察，搜集资料，采集标本，研究鉴定，发表论文或专辑。如法国传教士西博特(P.M. Cibot)1759年首先来到中国，一住就是25年，对中国的植物(含真菌)写过不少文章，1775年他发表的五棱散尾菌(*Lysurus mokusin*)，是用现代科学方法研究发表的第一个中国真菌。继而，俄国的波塔宁(G.N. Potanin, 1876)、意大利的吉拉迪(P. Giraldii, 1890)、奥地利的汉德尔-马泽蒂(H. Handel Mazzetti, 1913)、美国的梅里尔(E.D. Merrill, 1916)、瑞典的史密斯(H. Smith, 1921)等共27人次来我国采集标本。

研究发表中国真菌论著114篇册，作者多达60余人次，报道中国真菌2040种，其中含10新属、361新种。东邻日本自1894年以来，特别是1937年以后，大批人员涌到中国，调查真菌资源及植物病害，采集标本，鉴定发表。据初步统计，发表论著172篇册，作者67人次以上，共报道中国真菌约6000种（有重复），其中含17新属、1130新种。其代表人物在华北有三宅市郎（1908），东北有三浦道哉（1918），台湾有泽田兼吉（1912）；此外，还有斋藤贤道、伊藤诚哉、平冢直秀、山本和太郎、逸见武雄等数十人。

国人用现代科学方法研究中国真菌始于20世纪初，最初工作多侧重于植物病害和工业发酵，纯真菌学研究较少。在一二十年代便有不少研究报告和学术论文发表在中外各种刊物上，如胡先骕1915年的"菌类鉴别法"，章祖纯1916年的"北京附近发生最盛之植物病害调查表"以及钱穟孙（1918）、邹钟琳（1919）、戴芳澜（1920）、李寅恭（1921）、朱凤美（1924）、孙豫寿（1925）、俞大绂（1926）、魏喦寿（1928）等的论文。三四十年代有陈鸿康、邓叔群、魏景超、凌立、周宗璜、欧世璜、方心芳、王云章、裘维蕃等发表的论文，为数甚多。他们中有的人终生或大半生都从事中国真菌学的科教工作，如戴芳澜（1893~1973）著"江苏真菌名录"（1927）、"中国真菌杂记"（1932~1946）、《中国已知真菌名录》（1936，1937）、《中国真菌总汇》（1979）和《真菌的形态和分类》（1987）等，他发表的"三角枫上白粉菌一新种"（1930），是国人用现代科学方法研究、发表的第一个中国真菌新种。邓叔群（1902~1970）著"南京真菌记载"（1932~1933）、"中国真菌续志"（1936~1938）、《中国高等真菌志》（1939）和《中国的真菌》（1963，1996）等，堪称《中国真菌志》的先导。上述学者以及其他许多真菌学工作者，为《中国真菌志》研编的起步奠定了基础。

在20世纪后半叶，特别是改革开放以来的20多年，中国真菌学有了迅猛的发展，如各类真菌学课程的开设，各级学位研究生的招收和培养，专业机构和学会的建立，专业刊物的创办和出版，地区真菌志的问世等，使真菌学人才辈出，为《中国真菌志》的研编输送了新鲜血液。1973年中国科学院广州"三志"会议决定，《中国真菌志》的研编正式启动，1987年由郑儒永、余永年等编辑出版了《中国真菌志》第1卷《白粉菌目》，至2000年已出版14卷。自第2卷开始实行主编负责制，2.《银耳目和花耳目》（刘波主编，1992）；3.《多孔菌科》（赵继鼎，1998）；4.《小煤炱目Ⅰ》（胡炎兴，1996）；5.《曲霉属及其相关有性型》（齐祖同，1997）；6.《霜霉目》（余永年，1998）；7.《层腹菌目》（刘波，1998）；8.《核盘菌科和地舌菌科》（庄文颖，1998）；9.《假尾孢属》（刘锡琎、郭英兰，1998）；10.《锈菌目Ⅰ》（王云章、庄剑云，1998）；11.《小煤炱目Ⅱ》（胡炎兴，1999）；12.《黑粉菌科》（郭林，2000）；13.《虫霉目》（李增智，2000）；14.《灵芝科》（赵继鼎、张小青，2000）。盛世出巨著，在国家"科教兴国"英明政策的指引下，《中国真菌志》的研编和出版，定将为中华灿烂文化做出新贡献。

余永年
庄文颖　谨识
中国科学院微生物研究所
中国·北京·中关村
公元2002年09月15日

Foreword of Flora Fungorum Sinicorum

Flora Fungorum Sinicorum summarizes the achievements of Chinese mycologists based on principles and methods of systematic biology in intensive studies on the organisms studied by mycologists, which include non-lichenized fungi of the Kingdom Fungi, some organisms of the Chromista, such as oomycetes etc., and some of the Protozoa, such as slime molds.In this series of volumes, results from extensive collections, field investigations, and taxonomic treatments reveal the fungal diversity of China.

Our Chinese ancestors were very experienced in the application of fungi in their daily life and production.Fungi have long been used in China as food, such as edible mushrooms, including jelly fungi, and the hypertrophic stems of water bamboo infected with *Ustilago esculenta*; as medicines, like *Cordyceps sinensis* (caterpillar fungus), *Poria cocos* (China root), and *Ganoderma* spp. (lingzhi); and in the fermentation industry, for example, manufacturing liquors, vinegar, soy-sauce, *Monascus*, fermented soya beans, fermented bean curd, and thick broad-bean sauce.Fungal fermentation is also applied in the tannery, paperma-king, and textile industries.The anti-cancer compounds produced by fungi and functions of saprophytic fungi in accelerating the carbon-cycle in nature are of economic value and ecological benefits to human beings.On the other hand, fungal pathogens of plants, animals and human cause a huge amount of damage each year. In order to utilize the beneficial fungi and to control the harmful ones, to turn the harmfulness into advantage, and to convert wastes into valuables, it is necessary to understand the morphology, diversity, physiology, biochemistry, relationship, geographical distribution, ecological environment, and economic value of different groups of fungi. *Flora Fungorum Sinicorum* plays an important role from precursor to fountainhead for the applied sciences.

China is a country with an ancient civilization of long standing.In the 4500 years from remote antiquity to the Ming Dynasty, her science and technology as well as knowledge of fungi stood in the leading position of the world.Wine is a metabolite of fungi.The Wine Culture history in China goes back 6000 to 7000 years ago, which has a distant source and a long stream of extensive knowledge and profound scholarship.In the Jin Dynasty (*ca.* 300 A.D.), JIANG Tong, the famous writer, gave a vivid account of the Chinese fermentation history and methods of wine processing in one of his poems entitled *Drinking Games* (Jiu Gao), 1500 years earlier than the theory of microbial fermentation in natural conditions raised by the Italian scholar, Radi (1860). During the period of the Yangshao Culture (5000—3000 B. C.), our Chinese ancestors knew how to eat mushrooms. There were a great number of records of edible mushrooms in Chinese ancient books. For example, back to the Song Dynasty, CHEN Ren-Yu (1245) published the *Mushroom Menu* (Jun Pu) in which he listed 11 species of edible fungi including *Amanita* sp.and *Tricholoma matsutake* from

Taizhou, Zhejiang Province, and described in detail their morphology, habitats, taxonomy, taste, and way of cooking. This was the first local flora of the Chinese edible mushrooms.Fungi used as medicines originated in ancient China. The earliest Chinese pharmacopocia, *Shen-Nong Materia Medica* (Shen Nong Ben Cao Jing), was published in 102—200 A. D. Among the 365 medicines recorded, more than 10 fungi, such as *Poria cocos* and *Polyporus mylittae*, were included. Their fruitbody shape, color, taste, and medical functions were provided.The great pharmacist of Ming Dynasty, LI Shi-Zhen (1578) published his eminent work *Compendium Materia Medica* (Ben Cao Gang Mu) in which more than thirty fungal species were accepted as medicines, including *Aecidium mori*, *Cordyceps sinensis*, *Morchella* spp., *Termitomyces* sp., etc.Before the invention of microscope, he managed to bring fungi of different classes together, which demonstrated his intelligence and profound knowledge of biology.

After the 15th century, development of science and technology in China slowed down. From middle of the 18th century to the 1940's, foreign missionaries, tourists, scientists, diplomats, officers, and other professional workers visited China. They collected specimens of plants and fungi, carried out taxonomic studies, and published papers, exsi ccatae, and monographs based on Chinese materials.The French missionary, P.M. Cibot, came to China in 1759 and stayed for 25 years to investigate plants including fungi in different regions of China.Many papers were written by him. *Lysurus mokusin*, identified with modern techniques and published in 1775, was probably the first Chinese fungal record by these visitors. Subsequently, around 27 man-times of foreigners attended field excursions in China, such as G.N. Potanin from Russia in 1876, P. Giraldii from Italy in 1890, H. Handel-Mazzetti from Austria in 1913, E.D. Merrill from the United States in 1916, and H. Smith from Sweden in 1921. Based on examinations of the Chinese collections obtained, 2040 species including 10 new genera and 361 new species were reported or described in 114 papers and books.Since 1894, especially after 1937, many Japanese entered China.They investigated the fungal resources and plant diseases, collected specimens, and published their identification results.According to incomplete information, some 6000 fungal names (with synonyms) including 17 new genera and 1130 new species appeared in 172 publications.The main workers were I. Miyake in the Northern China, M. Miura in the Northeast, K. Sawada in Taiwan, as well as K. Saito, S. Ito, N. Hiratsuka, W. Yamamoto, T. Hemmi, etc.

Research by Chinese mycologists started at the turn of the 20th century when plant diseases and fungal fermentation were emphasized with very little systematic work. Scientific papers or experimental reports were published in domestic and international journals during the 1910's to 1920's. The best-known are "Identification of the fungi" by H.H. Hu in 1915, "Plant disease report from Peking and the adjacent regions" by C.S. Chang in 1916, and papers by S.S. Chian (1918), C.L. Chou (1919), F.L. Tai (1920), Y.G. Li (1921), V.M. Chu (1924), Y.S. Sun (1925), T.F. Yu (1926), and N.S. Wei (1928). Mycologists who were active at the 1930's to 1940's are H.K. Chen, S.C. Teng, C.T. Wei, L.

Ling, C.H. Chow, S.H. Ou, S.F. Fang, Y.C. Wang, W.F. Chiu, and others.Some of them dedicated their lifetime to research and teaching in mycology. Prof. F.L. Tai（1893—1973）is one of them, whose representative works were "List of fungi from Jiangsu"（1927）, "Notes on Chinese fungi"（1932—1946）, *A List of Fungi Hitherto Known from China*（1936, 1937）, *Sylloge Fungorum Sinicorum*（1979）, *Morphology and Taxonomy of the Fungi*（1987）, etc.His paper entitled "A new species of *Uncinula* on *Acer trifidum* Hook.& Arn."was the first new species described by a Chinese mycologist. Prof. S.C. Teng（1902—1970）is also an eminent teacher.He published "Notes on fungi from Nanking" in 1932—1933, "Notes on Chinese fungi" in 1936—1938, *A Contribution to Our Knowledge of the Higher Fungi of China* in 1939, and *Fungi of China* in 1963 and 1996.Work done by the above-mentioned scholars lays a foundation for our current project on *Flora Fungorum Sinicorum*.

In 1973, an important meeting organized by the Chinese Academy of Sciences was held in Guangzhou（Canton）and a decision was made, uniting the related scientists from all over China to initiate the long term project "Fauna, Flora, and Cryptogamic Flora of China".Work on *Flora Fungorum Sinicorum* thus started. Significant progress has been made in development of Chinese mycology since 1978. Many mycological institutions were founded in different areas of the country.The Mycological Society of China was established, the journals *Acta Mycological Sinica* and *Mycosystema* were published as well as local floras of the economically important fungi.A young generation in field of mycology grew up through postgraduate training programs in the graduate schools.The first volume of Chinese Mycoflora on the Erysiphales（edited by R.Y. Zheng & Y.N. Yu, 1987）appeared.Up to now, 14 volumes have been published: Tremellales and Dacrymycetales edited by B. Liu（1992）, Polyporaceae by J.D. Zhao（1998）, Meliolales Part I（Y.X. Hu, 1996）, *Aspergillus* and its related teleomorphs（Z.T. Qi, 1997）, Peronosporales（Y.N. Yu, 1998）, Sclerotiniaceae and Geoglossaceae（W.Y. Zhuang, 1998）, *Pseudocercospora*（X.J. Liu & Y.L. Guo, 1998）, Uredinales Part I（Y.C. Wang & J. Y. Zhuang, 1998）, Meliolales Part II（Y.X. Hu, 1999）, Ustilaginaceae（L. Guo, 2000）, Entomophthorales（Z.Z. Li, 2000）, and Ganodermataceae（J.D. Zhao & X.Q. Zhang, 2000）. We eagerly await the coming volumes and expect the completion of Flora *Fungorum Sinicorum* which will reflect the flourishing of Chinese culture.

Y.N. Yu and W.Y. Zhuang
Institute of Microbiology, CAS, Beijing
September 15, 2002

致 谢

在锈革孔菌目编研及本卷撰写过程中，得到了国内外许多同行、专家的多方协助。首先感谢中国科学院中国孢子植物志编辑委员会的资助和支持，感谢国家自然科学基金委员会相关项目(31070022、30910103907)的支持。感谢我的助手崔宝凯、何双辉、司静、袁海生和周丽伟在整个编研过程中给予的多种帮助；感谢李海蛟和袁海生对本书绘图的大力帮助。

感谢中国科学院微生物研究所庄剑云研究员和郭林研究员对本书进行了认真、仔细的审阅，并提出了中肯和宝贵的意见和建议。作者根据这些意见和建议对文稿进行了修改。在本志的撰写和组稿过程中，朱向菲女士给予了很多及时的帮助并耐心解答相关问题，对此表示衷心感谢。

感谢为本书采集、借阅和赠送标本的国内外同事，国内同事是中国科学院微生物研究所吕鸿梅女士，中国科学院昆明植物研究所杨祝良研究员、王向华博士，台湾自然科学博物馆吴声华博士、陈秀珍女士，广东微生物研究所李泰辉研究员，中国科学院沈阳应用生态研究所魏玉莲博士、秦问敏博士，东北林业大学赵敏教授，黑龙江农业技术学院杜萍博士，吉林农业大学图力古尔教授，长白山科学院范宇光博士，内蒙古赤峰学院刘铁志博士，青岛农业大学田雪梅博士，西南科技大学贺新生教授，四川省农业科学院何晓兰博士，湖南师范大学陈作红教授、张平博士，重庆师范大学王汉臣博士，研究生陈佳佳、吴芳、杨姣、余海尤、李杏春、赵长林、韩美玲、边禄森、季晓红、戴淑娟、任广娟、员瑗、陈圆圆、申露露、宋杰；国外同事是芬兰赫尔辛基大学植物博物馆 P. Salo 博士、T. Niemelä 博士、O. Miettinen 博士和 V. Spirin 博士，挪威奥斯陆大学的 L. Ryvarden 教授和 K.H. Larsson 教授，美国林务局森林真菌研究中心的 K.K. Nakasone 博士和 H.H. Burdsall, Jr.博士。

特别感谢中国科学院菌物标本馆(HMAS)、中国科学院昆明植物研究所隐花植物标本馆(HKAS)、台湾自然科学博物馆(TNM)、广东微生物研究所标本馆(HMIGD)、吉林农业大学真菌标本馆(HMJAU)、乌兹别克斯坦科学院标本馆(TASH)、芬兰赫尔辛基大学植物博物馆(H)、瑞典自然历史博物馆(S)、英国皇家植物园标本馆(K)、捷克国家博物馆(PRM)、法国 Claude Bernard 大学标本馆(LY)、俄罗斯科马罗夫植物研究所标本馆(LE)、新西兰奥克兰土地保护研究所标本馆(PDD)、巴西贝南博古联邦大学标本馆(URM)和美国林务局森林真菌研究中心标本馆(CFMR)等为本志研究提供了大量参考标本。

作者对所有给予本志帮助的其他单位和个人表示诚挚的谢意。

由于作者业务水平和能力有限，本志中还存在缺点和不足，谨请读者提出宝贵意见，以便再版时修改和订正。

目　录

概　论

锈革孔菌目 Hymenochaetales Oberw.是德国真菌学家 Oberwinkler 在 1977 年以锈革孔菌科 Hymenochaetaceae Donk 为模式科建立的目(Frey et al. 1977)，隶属于担子菌门 Basidiomycota，伞菌纲 Agaricomycetes，目前全球范围共发现大约 700 种(Ryvarden 2002, 2004; Kirk et al. 2008; Dai 2010; Ryvarden and Melo 2014)。锈革孔菌目过去认为只有 1 科 (Hymenochaetaceae)，12 属(*Asterodon*、*Asterostroma*、*Aurificaria*、*Coltricia*、*Coltriciella*、*Cyclomyces*、*Hydnochaete*、*Hymenochaete*、*Inonotus*、*Phellinus*、*Phylloporia*、*Pyrrhoderma*, Ryvarden 1991; 张小青和戴玉成 2005)，但最近分子系统学的研究发现这些属很多都不是自然的类群。Wagner (2001) 发现 *Asterostroma* 既不属于锈革孔菌科，也不属于锈革孔菌目；Tedersoo 等 (2007) 对 *Coltricia* 和 *Coltriciella* 进行了系统发育研究，发现两者之间在系统发育上非常相关，但有些是菌根菌；Larsson 等 (2006) 对整个锈革孔菌目进行了系统发育研究。特别是最近的研究(Ghobad-Nejhad and Dai 2010; Zmitrovich and Malysheva 2014; Ariyawansa et al. 2015)发现一些子实体非褐色的类群也属于锈革孔菌目，因此目前锈革孔菌目包括 5 个明确的科：锈革孔菌科 Hymenochaetaceae Donk、新小薄孔菌科 Neoantrodiellaceae Y.C. Dai et al.、锐孔菌科 Oxyporaceae Zmitr. & Malysheva、匍担革菌科 Repetobasidiaceae Jülich 和裂孔菌科 Schizoporaceae Jülich。此外还有多个未定科(Larsson et al. 2006)。

2005 年出版的《中国真菌志第二十九卷锈革孔菌科》报道锈革孔菌科真菌 18 属 106 种，但该志出版后，作者对包括锈革孔菌科在内的锈革孔菌目进行了深入系统的研究，发现了大量的新种和中国新记录种，特别是对中国该目中一些专属，如 *Coltricia*、*Fomitiporia*、*Hydnochaete*、*Oxyporus*、*Rigidoporus*、*Phellinus* 和 *Phylloporia* 等的研究(Dai and Niemelä 2006; Cui et al. 2006, 2009, 2010; Dai et al. 2008; Cui and Dai 2009; Dai 2010; Dai and Li 2010)，极大地丰富了我国这些属的种类，并使我国锈革孔菌目的分类体系基本和现代分类体系吻合。锈革孔菌目在中国的种类估计至少有 300 种，除去《中国真菌志第二十九卷锈革孔菌科》中的 106 种,本卷对中国锈革孔菌目中的锈革孔菌科、新小薄孔菌科和匍担革菌科 3 科 21 属 120 种进行系统论述。锐孔菌科和裂孔菌科由于所包括的类群争议较大，但随着研究的深入会得到解决，因此这 2 个科及其一些未定科的内容将在锈革孔菌目(二)中论述。

一、形态学和生物学

锈革孔菌目的主要特征为：子实体平伏、平伏反卷、盖形或具柄，革质、硬革质、木栓质或木质；绝大多数种类的子实层体呈孔状，只有极少数种类的子实层体为光滑或刺状，锈革孔菌科 Hymenochaetaceae 种类的子实体均为黄褐色，但新小薄孔菌科 Neoantrodiellaceae、锐孔菌科 Oxyporaceae 和匍担革菌科 Repetobasidiaceae 种类的子实体为白色、奶油色、棕黄色或粉色。菌丝系统一体系或二体系，生殖菌丝简单分隔或具锁状联合；囊状体有或无；担子具 4 个担孢子梗，担孢子无色、薄壁至黄褐色、厚壁，绝大部分种类的担孢子和菌丝在梅试剂（Melzer's reagent）中无糊精反应，只有嗜蓝孢孔菌属的担孢子具拟糊精反应，绝大部分种类的担孢子和菌丝在棉蓝试剂（Cotton Blue）中无嗜蓝反应，但嗜蓝孢孔菌属、集毛孔菌属和小集毛孔菌属的担孢子嗜蓝反应。

锈革孔菌目的种类生物学习性变化较大，一年生至多年生，个别种类可以生活 30 余年，少数地生种类在一年中只有个别时间出现，多年生种类在全年时间均可以发现；在热带地区由于干湿季节的变化，有些种类虽形成两层或三层子实层体，但仍属于一年生种类，因此热带的种类不应该以子实层体的层数来判断是一年生还是多年生，而寒温带地区的种类通常可以以此进行判断。

锈革孔菌目的种类都能通过有性繁殖发育成子实体，但有少数种类，如里克纤孔菌 *Inonotus rickii* (Pat.) D.A. Reid 和亚洲小木层孔菌 *Phellinidium asiaticum* Spirin et al. (Cui et al. 2014; Zhou et al. 2014) 等能够形成厚垣孢子，特别是前者通常以厚垣孢子状态为主。锈革孔菌目的绝大部分种类通常在夏季和秋季进行有性繁殖，产生担孢子，因此这些季节也是采样的最好时间。锈革孔菌目的多数种类都能够在培养基中人工培养，且形成白色至褐色的菌落，菌丝可以从菌肉组织，也可以从腐朽木中分离获得。

锈革孔菌目的绝大多数种类属于木生真菌，生长在立木、倒木或腐朽木上，造成木材的白色腐朽；但也有少数种类地生，个别种类是菌根菌。有的种类虽然为地生，但其生态功能尚未知。

二、经 济 价 值

锈革孔菌目的很多种类具有重要的经济价值，有些种类是树木病原菌，而有的种类则是重要的药用真菌。同时，在森林生态系统中这一类真菌担负着木质素、纤维素和半纤维素的降解功能，在生物圈中起着重要的降解还原作用，为森林生态系统提供营养物质，从而完成森林的天然更新。

1. 森林病原菌

锈革孔菌目的很多种类是树木病原菌，它们能侵染活立木，特别是在过熟林分导致根部、干基、心材、边材或整个树干腐朽，造成树木大量死亡。从经营和保护森林的角度讲，它们对树木的生长有害，有些甚至造成严重的经济损失，如祁连小木层孔菌 *Phellinidium qilianense* B.K. Cui et al. 在青海省造成祁连圆柏大面积死亡（Cui et al. 2015），石榴嗜蓝孢孔菌 *Fomitiporia punicata* Y.C. Dai et al. 在我国华北和西北地区造成石榴等多种阔叶树心材腐朽（Dai 2010），里克纤孔菌 *Inonotus rickii* 造成橡胶树和其他行道阔叶树心材腐朽，受害木通常在后期风折死亡（Cui et al. 2014），叶孔菌属 *Phylloporia* 的多数种类为阔叶树的寄生菌，这些种类虽然不会很快杀死寄主树木，但后期通常造成寄主树木干基腐朽，最终导致树木死亡。

2. 木材腐朽菌

锈革孔菌目是木材腐朽真菌中的最重要的类群之一,这类真菌能够同时或有选择地分解木材中的木质素、纤维素和半纤维素,并由此获得养分来生长和繁殖。该目的绝大部分种类分泌纤维素酶和木质素酶,造成白色腐朽(魏玉莲和戴玉成 2004)。锈革孔菌目的有些种类能够选择性降解木质素,如白膏新小薄孔菌 *Neoantrodiella gypsea* (Yasuda) Y.C. Dai et al.、尖小木层孔菌 *Phellinidium aciferum* Y.C. Dai 和硫小木层孔菌 *Phellinidium sulphurascens* (Pilát) Y.C. Dai,由于这些特性,这些种类在造纸工业具有潜在应用价值。

3. 药用真菌

真菌用作药材在我国已经有近 2000 年的历史,药用真菌含有丰富的真菌多肽和多糖等多种生理活性物质,能够调节和增强人体免疫力,并具抗肿瘤的功效。锈革孔菌目是最重要的药用真菌类群之一,该目约有 20 种是重要的药用真菌,如桑黄孔菌属 *Sanghuangporus* Sheng H. Wu et al.中的高山桑黄孔菌 *S. alpinus* (Y.C. Dai & X.M. Tian) L.W. Zhou & Y.C. Dai、忍冬桑黄孔菌 *S. lonicericola* (Parmasto) L.W. Zhou & Y.C. Dai、桑黄 *S. sanghuang* (Sheng H. Wu, T. Hatt. & Y.C. Dai) Sheng H. Wu et al.、锦带花桑黄孔菌 *S. weigelae* (T. Hatt. & Sheng H. Wu) L.W. Zhou & Y.C. Dai 和环区桑黄孔菌 *S. zonatus* (Y.C. Dai & X.M. Tian) L.W. Zhou & Y.C. Dai 均具有抗癌功能,是重要的药用真菌(吴声华 2013; 戴玉成和崔宝凯 2014; 冯娜等 2015)。另外一个重要的药用真菌——桦褐孔菌 *Inonotus obliquus* (Ach. ex Pers.) Pilát 也是锈革孔菌目的成员,该菌具有增强免疫功能、降血糖、抑肿瘤等功能(戴玉成和杨祝良 2008; Zheng et al. 2011a, 2011b; 黄伟等 2012)。最近的研究还发现世界最大真菌个体的椭圆孢木层孔菌 *Phellinus ellipsoideus* (B.K. Cui & Y.C. Dai) B.K. Cui et al.也具有抗肿瘤功能(宋明杰等 2015)。

三、形 态 特 征

1. 担子果形态

担子果是指产生担子的子实体。锈革孔菌目是高等真菌中形成结构最复杂、功能分化、适应性强的少数类群之一,其种类的子实体外部形态通常非常稳定,绝大部分种类能够形成大型且多样的子实体。担子果一年生至多年生、平伏或平伏反卷、具菌盖或具菌柄。按照担子果在基物上着生的状态(特别是盖形种类),可将其分为单生、覆瓦状叠生、簇生和单柄共生。子实体的质地有软革质、革质、硬革质、软木栓质、木栓质和木质等,与伞菌纲其他目种类相比质地坚硬、颜色稳定,干燥后颜色变化不大。但少数种类孔口触摸后颜色变化较大,有些种类新鲜时子实层体表面黄色,触摸后变为黑褐色,如假斑嗜蓝孢孔菌 *Fomitiporia pseudopunctata* (A. David, Dequatre & Fiasson) Fiasson、微孢黄层孔菌 *Fulvifomes minisporus* (B.K. Cui & Y.C. Dai) Y.C. Dai 和巨形刚毛纤孔菌 *Inonotus magnisetus* Y.C. Dai;还有些种类,如聚生纤孔菌 *Inonotus compositus* H. C. Wang,其孔口新鲜时黄色,触摸后变为红褐色。因此准确记录新鲜时子实体的颜色对正确描述和鉴定这些种类非常重要。锈革孔菌目的个别种类担子果表面具皮壳，如橄榄纤孔菌 *Inonotus canaricola* Y.C. Dai、宽边纤孔菌 *I. latemarginatus* Y.C. Dai 和青荚叶拟木层孔菌 *Phellinopsis helwingiae* W.M. Qin & L.W. Zhou 等。该目的少数种类在担子果中形成菌核，如光核纤孔菌 *Inocutis levis*（P. Karst.）Y.C. Dai & Niemelä、路易斯安纳核纤孔菌 *Inocutis ludoviciana*（Pat.）T. Wagner & M. Fisch.、拟栎核纤孔菌 *Inocutis subdryophila* Y.C. Dai & H.S. Yuan 和柽柳核纤孔菌 *Inocutis tamaricis*（Pat.）Fiasson & Niemelä 等。锈革孔菌目的担子果具明显不育边缘，通常没有菌索，只有菌索拟纤孔菌 *Inonotopsis subiculosa*（Peck）Parmasto 具明显的菌索。该目绝大部分种类的担子果新鲜时一般没有特殊的气味，但亚洲小木层孔菌 *Phellinidium asiaticum* Spirin et al.的担子果具芳香味（Zhou et al. 2014）。

2. 菌盖形态

锈革孔菌目的多数种类具明显的菌盖，菌盖半圆形、扇形、匙形、圆形、马蹄形、漏斗形或不规则形。着生方式有单生、簇生、覆瓦状叠生和左右连生。菌盖表面光滑或具有各种瘤状物，具皮壳、绒毛、粗毛，有或无同心环纹或环沟和放射状皱褶，颜色多样，白色、奶油色、黄色、褐色至黑色。菌盖边缘锐或钝，薄或厚，完整、有缺刻或裂开，平展、内卷或反卷。担子果的上述特征也是分科、分属和种类鉴定的重要性状。

3. 菌柄

锈革孔菌科中只有集毛菌属 *Coltricia*、小集毛菌属 *Coltriciella*、昂氏孔菌属 *Onnia* 和叶孔菌属 *Phylloporia* 的种类形成典型的菌柄。菌柄侧生、偏生和中生，一般为单生，偶尔也从一生长点分化出几个菌柄，簇生状，如绒毛昂尼孔菌（*Onnia tomentosa*）。菌柄的颜色和质地通常与菌盖相同，菌柄一般为圆柱形，但有时基部膨大，表面有绒毛或光柄。菌柄的存在与否是分类特征，但菌柄的其他性状一般无分类价值。

4. 子实层体形态

锈革孔菌目的子实层体有多种形态，如光滑、齿状、环褶状和孔状，但绝大多数种类具孔状子实层体。

5. 担子果的结构

锈革孔菌目的担子果通常由子实层、近子实层和菌肉层组成。

（1）子实层：由担子及其他不育结构，如拟担子、刚毛、囊状体和拟囊状体组成。

（2）近子实层：靠近子实层，由菌丝构成，近子实层的菌丝一般排列比较紧密且大量分枝，无色薄壁。

（3）菌肉层：基质与近子实层之间的不育部分，菌肉菌丝一般比近子实层宽，交织或规则排列。有的种类菌肉异质，两层菌肉间具一个或两个黑线区，黑线区菌丝通常厚壁、弯曲、强烈黏结、交织排列。有些种类在菌肉层表面发育成一皮壳，皮壳菌丝通常厚壁、黏结、规则排列。

6. 菌丝系统

英国真菌学家 Corner(1932a，1932b，1950，1953)对于菌丝结构进行了系统研究，将菌丝分成三个基本类型，分别是生殖菌丝、骨架菌丝和缠绕菌丝。担子果中只具有生殖菌丝的称为一体系；担子果中有生殖菌丝和骨架菌丝的称为二体系；担子果中具有三种菌丝类型的则称为三体系。

(1)生殖菌丝：通常薄壁(个别种类厚壁)，具简单分隔或具锁状联合的菌丝。

生殖菌丝是形成子实体的基本单位，因此生殖菌丝存在于所有类型的子实体中。在子实体形成的开始阶段通常都由生殖菌丝构成。生殖菌丝的分隔类型在锈革孔菌目分类中是一个基本的特征，通常一个种类中只具有一种分隔类型，如锈革孔菌科 Hymenochaetaceae 的生殖菌丝具简单分隔，而新小薄孔菌科 Neoantrodiellaceae 和匍担革菌科 Repetobasidiaceae 的生殖菌丝具锁状联合。生殖菌丝通过细胞的分化能够产生各种典型的结构，如骨架菌丝和缠绕菌丝等。

(2)骨架菌丝：厚壁，不分隔，分枝或不分枝的营养菌丝。

骨架菌丝和缠绕菌丝都属于营养菌丝，这些菌丝来源于生殖菌丝。骨架菌丝通常厚壁，具宽或窄内腔至近实心，分枝或不分枝，无分隔，直径比较一致，可以进行无限生长。

(3)缠绕菌丝：厚壁具窄内腔至近实心，不分隔，高度分枝的营养菌丝，通常直径小于骨架菌丝，并且不定向生长。

锈革孔菌目大部分的种类都属于一系菌丝系统或二系菌丝系统，如匍担革菌科 Repetobasidiaceae 的种类均为一系菌丝，新小薄孔菌科 Neoantrodiellaceae 的种类均为二系菌丝，但锈革孔菌科 Hymenochaetaceae 的种类既有一系菌丝也有二系菌丝。锈革孔菌目无三体系菌丝系统的种类。

7. 担子和拟担子

担子是子实层上的一种特殊细胞，细胞核融合以及减数分裂均在这种细胞中进行。减数分裂后发育的单倍体担孢子生长在担子顶端突出的小梗上，其小梗称为担孢子梗。锈革孔菌目所有种类均产生 4 个担孢子。担子通常薄壁，无色，形状变化较大，有棍棒状、梨形和桶状。拟担子是未发育的担子，形状与担子相似，但通常比担子略小。锈革孔菌目有些种类子实层上的担子和拟担子在子实体成熟后消解，消解后的子实层呈蜂巢状，称为蜂巢结构，这种结构在棉蓝试剂中具嗜蓝反应。

8. 担孢子

担孢子是锈革孔菌目最重要的分类性状，担孢子的形状、大小、颜色、壁的厚度以及孢子壁表面纹饰特征等都是该目分科、分属和分种的重要特征。担孢子的形状有腊肠形、圆柱形、椭圆形、宽椭圆形、窄椭圆形、舟形、球形、近球形和卵形等。大多数种类担孢子壁光滑，但小集毛菌属 Coltriciella 的担孢子表面有纹饰。担孢子薄壁或厚壁，有色或无色，有的在棉蓝试剂中具嗜蓝反应，如假纤孔菌属 Pseudoinonotus 和嗜蓝孢孔菌属 Fomitiporia 的种类；有的在梅试剂中有拟糊精反应，如假纤孔菌属 Pseudoinonotus 和嗜蓝孢孔菌属 Fomitiporia 的种类。

9. 囊状体和拟囊状体

囊状体是生长在子实层或子实下层间明显的不育细胞，它是鉴定种的重要特征。根据囊状体生成部位的不同，可将其分为两类：一类是从亚子实层伸出，形状与担子相似，但通常比担子大，薄壁或者厚壁，表面光滑或被有结晶，有些种类囊状体数量很多，在显微镜下容易观察到，而有些种类中囊状体数量比较少，故有时不容易观察到，如白膏新小薄孔菌 *Neoantrodiella gypsea* (Yasuda) Y.C. Dai et al.、柏生新小薄孔菌 *N. thujae* (Y.C. Dai & H.S. Yuan) Y.C. Dai et al.和祁连小木层孔菌 *Phellinidium qilianense* B.K. Cui et al.中的囊状体；另外一类是源于菌髓，有时埋生于菌髓中，有时会伸出子实层，通常厚壁至几乎实心，表面光滑或覆盖结晶，这类囊状体通常称为菌髓囊状体，如粉软卧孔菌 *Poriodontia subvinosa* Parmasto 的囊状体；拟囊状体经常发生在子实层中担子之间，顶端一般较尖，易于与拟担子分开。囊状体和拟囊状体在锈革孔菌目种的鉴定中有一定的价值。

10. 刚毛和刚毛状菌丝

刚毛(setae)和刚毛状菌丝(setal hyphae)是锈革孔菌目，特别是锈革孔菌科分类的非常重要的性状，这些不育且明显的结构目前只发现在锈革孔菌科中。由于它们个体大，且为黑褐色，故很容易观察到。刚毛有两种类型：子实层刚毛(hymenial setae)和菌髓刚毛(tramal setae)。子实层刚毛是指从子实层基部的菌丝发育而来的刚毛，它们与担子生长在同一水平，但子实层刚毛的顶端通常超过担子，它们的形状变化很大，有的是锥形，有时锥形基部膨大，有的为腹鼓形，通常不弯曲，但少数种类，如金边纤孔菌 *Inonotus chrysomarginatus*、西藏昂氏孔菌 *Onnia tibetica* 和椭圆木层孔菌 *Phellinus ellipsoideus* 的子实层刚毛顶端弯曲。菌髓刚毛是指埋藏在菌髓中间的刚毛，它们通常很长（超过 100 μm），平行于菌髓排列，有时伸出菌髓到达子实层；菌髓刚毛通常顶端尖锐，不弯曲，最宽部在中间，厚壁，黑褐色，如暗褐纤孔菌 *Inonotus perchocolatus* Corner 和石栎拟纤孔菌 *Mensularia lithocarpi* L.W. Zhou 具有菌髓刚毛。刚毛状菌丝是指在菌肉或菌髓中厚壁、褐色类似于菌丝状结构，它们通常可达 100 μm，直径可达 10 μm。刚毛状菌丝在小针层孔菌属 *Phellinidium* 等种类中常见，是分属的重要特征之一。

11. 结晶

在子实层或菌肉层里常常可以观察到结晶，结晶通常无色，透明，覆盖于菌丝表面或顶端，或者囊状体表面及顶端，在显微镜下呈菱形、方形或不规则形。有无结晶也可作为锈革孔菌目中科下分属和分种的依据之一，如褐卧孔菌属 *Fuscoporia* 的所有种类其菌髓末端菌丝均具结晶，锐孔菌属 *Oxyporus* 的多数种类具结晶囊状体。灰孔菌属 *Sidera* 的种类菌丝末端具星状结晶体。

12. 无性孢子

锈革孔菌目中只有个别种类产生厚垣孢子，如里克纤孔菌 *Inonotus rickii* 可以产生大量的厚垣孢子，甚至在多数情况下不形成子实体；亚洲小木层孔菌 *Phellinidium asiaticum* 在子实体的菌肉中偶尔形成厚垣孢子，虽然厚垣孢子的存在与否是分类性状，但由于锈革孔菌目中产生厚垣孢子的种类很少，故在分类中意义不大。

13. 化学反应

锈革孔菌目显微研究中常用种的浮载剂(染色剂)有 3 种：棉蓝试剂(Cotton Blue)、梅试剂(Melzer's reagent)和 5%的氢氧化钾(KOH)试剂。如果担孢子或菌丝壁在棉蓝试剂中呈深蓝色，称为嗜蓝反应(cyanophilous)，表示为 CB+，反之则不具嗜蓝反应(acyanophilous)，表示为CB−，如假纤孔菌属 *Pseudoinonotus* 和嗜蓝孢孔菌属 *Fomitiporia* 的担孢子具嗜蓝反应。锈革孔菌目中除上述 2 属的孢子具有嗜蓝反应外，集毛孔菌属和小集毛孔菌属的孢子也具有此反应，但其他所有种类均无此反应。新小薄孔菌属 *Neoantrodiella*、粉软卧孔菌属 *Poriodontia* 和锐孔菌科 Oxyporaceae 种类的菌丝具嗜蓝反应。因此担孢子和生殖菌丝是否具有嗜蓝反应是锈革孔菌目分类的重要特征之一。担孢子或菌丝壁或囊状体在梅试剂中变为黑色，则该反应称为糊精反应(amyloid)，表示为 IKI+，锈革孔菌目的所有种类均无糊精反应；如果变为红褐色则称为拟糊精反应(dextrinoid)，表示为 IKI[+]，锈革孔菌目中只有假纤孔菌属 *Pseudoinonotus* 和嗜蓝孢孔菌属 *Fomitiporia* 种类的担孢子具拟糊精反应；如果无任何变化则称为负反应，表示为 IKI−，锈革孔菌目绝大部分种类的担孢子为负反应。

锈革孔菌目的有些种类菌丝强烈黏结，以至于在其他浮载剂中难以观察其显微结构，以 KOH 溶液作浮载剂可以将菌丝分散，使其更容易观察。锈革孔菌目中锈革孔菌科所有种类的子实体组织遇 KOH 溶液变黑，这是该科区别于其他 3 科的重要特征。此外，锈革孔菌目有些种类的菌丝在 KOH 试剂中易膨胀，如冷杉集毛孔菌 *Coltricia abiecola* Y.C. Dai、华南集毛孔菌 *Coltricia austrosinensis* 和聚生纤孔菌 *Inonotus compositus* 等。

四、生态学及分布

由于锈革孔菌目种类的重要性及其个体较大,因此其绝大部分种类的生态学习性基本清楚,该目种类的绝大多数属于木生真菌,生长在活立木、死立木、倒木、树桩或腐朽木上,少数种类地生,分布于几乎所有森林生态系统。它们的子实体通常生长在基质侧方或下方,子实层体表面朝下。倒木或腐烂木是锈革孔菌经常发生的地方,大部分种类都生长在这类基质上。但是还有一些种类生长在以下几种环境中：①树干基部或根部,这种情况下子实体通常也在树干基部或根部,所以需要挖开根部才能发现这些种类的担子果,如西藏昂尼孔菌 *Onnia tibetica* Y.C. Dai & S.H. He、有害小木层孔菌 *Phellinidium noxium* (Corner) Bondartseva & S. Herrera 和祁连小木层孔菌 *Phellinidium qilianense* B.K. Cui, L.W. Zhou & Y.C. Dai 等；②活立木树干上部 3 m 以上,这种情况下需要抬头向上看才能发现其担子果,如窄盖木层孔菌 *Phellinus tremulae* (Bondartsev) Bondartsev & P.N. Borisov、落叶松锈迷孔菌 *Porodaedalea laricis* (Jacz. ex Pilát) Niemelä 和东方锈迷孔菌 *Porodaedalea orientalis* Spirin et al.等；③地生且微小的种类, 这些种类有时直径小于 5 mm, 黄色或黄褐色, 几乎与土壤同色, 故很难观察到, 需要特别关注才能发现, 如小体集毛孔菌 *Coltricia minor* Y.C. Dai、大集毛孔菌 *Coltricia montagnei* (Fr.)

Murrill 和微小小集毛孔菌 *Coltriciella pusilla*（Imazeki & Kobayasi）Corner 等。

锈革孔菌生长发育的因素是多种多样的，湿度是影响锈革孔菌生长的最重要因素，另外，温度也是影响锈革孔菌发育的重要因素，锈革孔菌一般生长温度范围为 3～38℃，适宜温度为 25～30℃。在适宜温度和湿度条件下锈革孔菌菌丝代谢活性高、繁殖快，对基质的分解速度也非常快；而高于或低于最适生长温度和湿度则菌丝体内各种酶活性受到抑制，从而降低了生长速度和对基质的分解速度。光线对锈革孔菌的生长发育不是很重要，很多锈革孔菌在倒木下部几乎没有多少光线的条件下也能生长发育正常，如中国锐孔菌 *Oxyporus sinensis* X.L. Zeng、黑线木层孔菌 *Phellinus nigrolimitatus*（Romell）Bourdot & Galzin 和茶褐木层孔菌 *Phellinus umbrinellus*（Bres.）Ryvarden 等。当然也有些种类通常生长在光线条件良好的环境，如怪柳核纤孔菌 *Inocutis tamarieis*（Pat.）Fiasson & Niemelä、杨纤孔菌 *Inonotus plorans*（Pat.）Bondartsev & Singer 和里克纤孔菌 *Inonotus rickii*（Pat.）D.A. Reid 等。有关锈革孔菌对光线需求的研究报道比较少。

另外，锈革孔菌目的很多种类对寄主有偏好性，有些种类只长在阔叶树上，如硬毛褐卧孔菌 *Fuscoporia setifer*（T. Hatt.）Y.C. Dai、白边纤孔菌 *Inonotus niveomarginatus* H.Y. Yu et al.和吸水叶孔菌 *Phylloporia bibulosa*（Lloyd）Ryvarden 等；有的种类则喜欢生长在针叶树上，如冷杉集毛孔菌 *Coltricia abiecola* Y.C. Dai、白膏新小薄孔菌 *Neoantrodiella gypsea*（Yasuda）Y.C. Dai et al.和云杉木层孔菌 *Phellinus piceicola* B.K. Cui & Y.C. Dai 等；有的种类兼生于阔叶树和针叶树上，如浅黄褐卧孔菌 *Fuscoporia gilva*（Schwein.）T. Wagner & M. Fisch.、皮生锐孔菌 *Oxyporus corticola*（Fr.）Ryvarden 和宽棱木层孔菌 *Phellinus torulosus*（Pers.）Bourdot & Galzin 等。从林型来看，纯针叶林或纯阔叶林中锈革孔菌的生长相对较少，而混交林中锈革孔菌的种类相对较多。

五、锈革孔菌目的分类学

尽管锈革孔菌目 Hymenochaetales Oberw.是 1977 年建立的（Frey et al. 1977），但锈革孔菌的分类研究从林奈开始，最早以双命名法命名的锈革孔菌发表在林奈的 *Species Plantarum* 一书，如多年牛肝菌 *Boletus perennis* L.和火牛肝菌 *Boletus igniarius* L.等，之后在 19 世纪前期，Persoon 和 Fries 是包括锈革孔菌在内的整个菌物分类的奠基人，Persoon 是高等担子菌分类的创始人，很多欧洲的锈革孔菌是由他发表的，他的不朽著作 *Synopsis Methodica Fungorum*（Persoon 1801）为菌物分类学奠定了基础。Fries 是菌物分类之父，他在 Persoon 分类系统的基础上建立了第一个菌物完整的形态分类系统（Fries 1821），这个系统的影响一直持续到现在。环褶菌属 *Cyclomyces* 是锈革孔菌目最早建立的属（Fries 1836），其余种类大都放在多孔菌属（*Polyporus*）中。后来对锈革孔菌目分类作出重要贡献的有 Quélet（1886）、Karsten（1889）、Murrill（1907）等，他们对 Fries 的系统作了改进，将 *Polyporus* 这个广义的多孔菌属分解为更自然的多个小属，纤孔菌属 *Inonotus* 和木层孔菌属 *Phellinus* 就是这个时期建立的。法国真菌学家 Patouillard（1900）认为 Fries 基于担子果外部形态特征的分类体系并不合理，他除了重视子实层体结构外，还强调显微性状，因此在 1900 年建立了一个新的分类系统，在这个系统中包括了锈革孔菌目的一些属。后来 Bourdot 和 Galzin（1927）、Pilát（1936～1942）在 Patouillard 系统的基础上，对锈革孔菌的分类进行了补充和提高。对锈革孔菌目分类有最重要贡献的是 Donk，他在 1948 年建立了锈革孔菌科(Donk 1948)，将子实体为褐色、生殖菌丝无锁状联合的种类放在该科，该科包括木层孔菌属 *Phellinus*、纤孔菌属 *Inonotus*、集毛菌属 *Coltricia*、锈革菌属 *Hymenochaete*、齿锈革菌属 *Hydnochaete* 和环褶菌属 *Cyclomyces*等，奠定了锈革孔菌科分类的基础。Donk 的系统虽然没有得到 Bondartsev (1953)的支持，但后来著名的菌物学家，如 Corner (1948, 1950)、Kotlaba 和 Pouzar (1957)、Nobles (1958)、Reid (1965)、Parmasto (1968)都不同程度支持或补充提高了对该科的分类，同时 Overholts (1953)、Lowe (1957, 1963)在研究北美洲的木材腐朽菌时也在不同程度上对锈革孔菌的分类作出了贡献。Oberwinkler (1977)将锈革孔菌科提升为锈革孔菌目，但在很长一段时间未被大多数菌物学家所接受。近 50 年来，对锈革孔菌科进行了大量研究并作出贡献的有 Pegler (1967)、Fiasson 和 Niemelä (1984)、Ryvarden 和 Johansen (1980)、Gilbertson 和 Ryvarden (1986, 1987)、Ryvarden (1991)、Ryvarden 和 Gilbertson (1993～1994)、Dai (1999)。但这些研究基本上是以锈革孔菌目中的锈革孔菌科为研究对象，而且主要是对齿革孔菌属 *Asterodon*、刚毛菌属 *Asterostroma*、黄褐菌属 *Aurificaria*、集毛菌属 *Coltricia*、小集毛菌属 *Coltriciella*、环褶菌属 *Cyclomyces*、齿锈革菌属 *Hydnochaete*、锈革菌属 *Hymenochaete*、纤孔菌属 *Inonotus*、木层孔菌属 *Phellinus*、叶状层孔菌属 *Phylloporia* 和红皮孔菌属 *Pyrrhoderma* 等属的研究。

但最近分子系统学的研究发现这些属很多都不是自然的类群。Wagner (2001)发现 *Asterostroma* 既不属于锈革孔菌科，也不属于锈革孔菌目。Larsson 等(2006)对整个锈革孔菌目进行了系统发育研究。特别是最近的研究(Ghobad-Nejhad and Dai 2010; Zmitrovich and Malysheva 2014; Ariyawansa et al. 2015)发现一些子实体非褐色的类群也属于锈革孔菌目，因此目前锈革孔菌目包括 4 个科：锈革孔菌科 Hymenochaetaceae Donk、新小薄孔菌科 Neoantrodiellaceae Y.C. Dai et al.、锐孔菌科 Oxyporaceae Zmitr. & Malysheva 和匐担革菌科 Repetobasidiaceae Jülich。

六、锈革孔菌目在中国的研究简史

中国明代李时珍的《本草纲目》描述了一种药材——桑黄，该菌即为锈革孔菌目成员，此种为我国最早报道的锈革孔菌。中国锈革孔菌的现代研究开始于 19 世纪末 20世纪初，*Phellinus ferruginosus* 是在中国第一个以双名报道的锈革孔菌种类(Jaczewski et al. 1899a, 1899b)。此后对中国锈革孔菌研究作出重要贡献的有 Teng (1939)和 Pilát (1940)。邓叔群于 1963 年发表《中国的真菌》及戴芳澜 1979 年的《中国真菌总汇》丰富了我国锈革孔菌科的种类。1992 年赵继鼎和张小青发表了 *The Polypores of China* (Zhao and Zhang 1992)。2005 年张小青和戴玉成完成了《中国真菌志第二十九卷锈革孔菌科》的研究(张小青和戴玉成 2005)，报道该科真菌 18 个属 106 种，但该志出版后本卷作者对包括锈革孔菌科在内的锈革孔菌目进行了深入系统的研究，发现了大量的新种和中国新记录种，特别是对中国该目中一些专属，如 *Coltricia*、*Fomitiporia*、*Hydnochaete*、*Oxyporus*、*Rigidoporus*、*Phellinus* 和 *Phylloporia* 等的研究(Dai and Cui 2005; Dai and Niemelä 2006; Cui et al. 2006, 2009, 2010; Dai and Yang 2008; Dai et al. 2008;

Xiong and Dai 2008; Cui and Dai 2008, 2009; Dai 2010; Dai and Li 2010, 2012; Dai et al. 2010a, 2010b; Ghobad-Nejhad and Dai 2010; Cui et al. 2010, 2011; Dai 2012; He and Dai 2012; Wu et al. 2012; Zhou & Dai 2012; Tian et al. 2013; Yu et al. 2013; Bian and Dai 2015; Cui et al. 2015; Zhou et al. 2016a, 2016b; Bian et al. 2016a, 2016b)，极大地丰富了我国这些属的种类。特别是近年的分子系统学研究证实了锈革孔菌目不仅包括褐色的锈革孔菌科，还包括颜色为白色至奶油色的新小薄孔菌科、锐孔菌科和匐担革菌科(Ghobad-Nejhad and Dai 2010; Zmitrovich and Malysheva 2014; Ariyawansa et al. 2015)。该卷研究使我国锈革孔菌目研究与世界同步。

七、研究材料和方法

1. 研究材料来源

研究材料主要来自于北京林业大学标本馆(BJFC)和中国科学院沈阳应用生态研究所生物标本馆(IFP)。少数标本来自中国科学院微生物研究所菌物标本馆(HMAS)、中国科学院昆明植物研究所隐花植物标本馆(HKAS)、台湾自然科学博物馆(TNM)。此外，也研究了芬兰赫尔辛基大学植物博物馆(H)、瑞典自然历史博物馆(S)、英国皇家植物园标本馆(K)、捷克国家博物馆(PRM)、法国 Claude Bernard 大学标本馆(LY)、俄罗斯科马罗夫植物研究所标本馆(LE)、新西兰奥克兰土地保护研究所标本馆(PDD)、巴西贝南博古联邦大学标本馆(URM)和美国林务局森林真菌研究中心标本馆(CFMR)等的部分标本作为对比材料。

2. 研究方法

1)野外采样

野外采集标本时记录新鲜子实体的着生习性、颜色、质地、气味等特征，并进行野外生境拍照以保留其新鲜时的特征；同时记录寄主的种类(至少到针叶树和阔叶树)、腐烂程度、造成腐朽的类型以及周围的生境等，为室内的鉴定研究工作提供资料。将采集的标本编号登记，放入 35～45℃的烘箱内鼓风烘干，烘干后在实验室放入–40℃以下的低温冰箱中保存 2 周，以杀死虫卵等。

2)室内鉴定

室内研究标本时，首先观察标本的外部宏观特征：子实体是平伏还是有盖，一年生还是多年生，菌盖颜色、形状和大小，菌盖表面是否光滑，盖形种类子实体是否具菌柄及菌柄的着生位置，以及子实层体的颜色、排布、形状和大小。然后做组织切片：用刀片沿着子实层体的纵切面切取菌肉组织(尽量薄)，利用梅试剂、棉蓝、5%氢氧化钾试剂和蒸馏水作为浮载剂，做成切片。在显微镜下观察组织切片，观察时记录菌丝、刚毛、刚毛状菌丝、囊状体、担子、担孢子等方面的特征。显微测量和绘图均在棉蓝试剂的切片中进行，显微绘图借助于管状绘图仪。在测量担孢子大小时，测量成熟孢子的长度和宽度，为了测量具有统计学意义，每号标本随机测量 30 个孢子。在种的描述中，担孢子的长或宽用(a~)b~c(~d)表示，95%的测量值为 b~c，a、d 分别为测量数据中的最小值和最大值；担孢子的平均长宽分别用 L、W 表示；长宽比用 Q 表示，其中 $Q = L/W$(如果某种类有多号标本，则用各标本的长宽比的平均值表示该种类的 Q 值）。

3) 编研内容说明

由于锈革孔菌目的部分种类在《中国真菌志第二十九卷锈革孔菌科》和《中国真菌志第三卷多孔菌科》中被描述过，因此本卷内容不包括上述卷册中涉及的种类。本卷对上述卷册中没有涉及的科和属种进行了论述，包括分科分属检索表、科和属的描述和讨论等。对有些属在上述卷册中已经论述过，本卷就不重复论述，但如果这些属还有些种类没有在上述卷册中论述，在本卷只对这些遗漏的种类进行检索表编制和种类论述等，对这些属就不重复描述了。

专　论

锈革孔菌目（一）
Hymenochaetales（1）

锈革孔菌目（一）**Hymenochaetales**（1）分科检索表

1. 子实体黄褐色，菌丝组织在 KOH 试剂中变黑 ·················· 锈革孔菌科 Hymenochaetaceae
1. 子实体白色、奶油色、灰色或粉色，菌丝组织在 KOH 试剂中无变化 ····························· 2
　　2. 骨架菌丝嗜蓝，菌丝末端具星状结晶体 ··················· 匐担革菌科 Repetobasidiaceae
　　2. 骨架菌丝不嗜蓝，菌丝末端无星状结晶体 ··················· 新小薄孔菌科 Neoantrodiellaceae

锈革孔菌科
Hymenochaetaceae

该科在《中国真菌志第二十九卷锈革孔菌科》中已经有描述。

锈革孔菌科分属检索表

1. 子实体具中生或侧生菌柄 ·· 2
1. 子实体平伏、平伏反卷至无柄盖形 ·· 4
　　2. 菌肉异质，担孢子无色 ··· 昂氏孔菌属 Onnia
　　2. 菌肉同质，担孢子黄色 ·· 3
3. 担孢子光滑 ·· 集毛孔菌属 Coltricia
3. 担孢子具疣 ·· 小集毛孔菌属 Coltriciella
　　4. 担孢子具拟糊精反应和嗜蓝反应 ··· 5
　　4. 担孢子无拟糊精反应和嗜蓝反应 ··· 6
5. 子实体一年生，菌丝一系 ·· 假纤孔菌属 Pseudoinonotus
5. 子实体多年生，菌丝二系 ·· 嗜蓝孢孔菌属 Fomitiporia
　　6. 菌丝一系 ·· 7
　　6. 菌丝二系 ··· 11
7. 子实体平伏；菌丝状刚毛大量存在 ··· 小木层孔菌属 Phellinidium
7. 子实体平伏反卷至无柄盖形；菌丝状刚毛无 ······································ 8
　　8. 担孢子嗜蓝，刚毛弯曲 ·· 托盘孔菌属 Mensularia
　　8. 担孢子不嗜蓝，刚毛平直 ··· 9
9. 菌肉异质；担孢子长 < 5 μm ··· 叶孔菌属 Phylloporia
9. 菌肉同质；担孢子长 > 5 μm ··· 10
　　10. 子实体具菌核，子实层刚毛无 ·· 核纤孔菌属 Inocutis

10. 子实体无菌核，子实层刚毛有或无 ································· 纤孔菌属 *Inonotus*
11. 菌肉异质，刚毛弯曲 ··································· 新托盘孔菌属 *Neomensularia*
11. 菌肉同质，无刚毛或具平直刚毛 ·· 12
    12. 子实层无刚毛 ·· 13
    12. 子实层具刚毛 ·· 14
13. 子实体平伏 ································· 小嗜蓝孢孔菌属 *Fomitiporella*
13. 子实体平伏反卷至无柄盖形 ···················· 黄层孔菌属 *Fulvifomes*
    14. 担孢子薄壁，生殖菌丝末端具结晶 ········ 褐卧孔菌属 *Fuscoporia*
    14. 担孢子厚壁，生殖菌丝末端无结晶 ································· 15
15. 刚毛源于菌肉 ····························· 拟木层孔菌属 *Phellinopsis*
15. 刚毛源于亚子实层 ·· 16
    16. 担孢子无色 ······························· 木层孔菌属 *Phellinus*
    16. 担孢子黄褐色 ·· 17
17. 子实体一年生；分布于热带、亚热带 ········ 热带孔菌属 *Tropicoporus*
17. 子实体多年生；分布于温带 ············ 桑黄孔菌属 *Sanghuangporus*

集毛孔菌属 Coltricia Gray

　　该属在《中国真菌志第二十九卷锈革孔菌科》中已经有描述，该卷只论述了 2 种。本卷论述除上述 2 种之外的 16 种，这些种是近年来发现的新种。

集毛孔菌属 *Coltricia* 分种检索表

1. 子实层体为同心环菌褶 ····················· 大集毛孔菌 *C. montagnei*
1. 子实层体为孔状 ·· 2
    2. 菌柄具硬毛 ····························· 刺柄集毛孔菌 *C. strigosipes*
    2. 菌柄光滑至具绒毛 ·· 3
3. 菌丝具大量的黄褐色结晶 ····················· 糙丝集毛孔菌 *C. verrucata*
3. 菌丝光滑无结晶 ·· 4
    4. 担孢子近球形 ··························· 铁色集毛孔菌 *C. sideroides*
    4. 担孢子椭圆形 ·· 5
5. 菌盖厚 > 10 mm；菌肉具树状分枝菌丝 ············· 厚集毛孔菌 *C. crassa*
5. 菌盖厚 < 10 mm；菌肉无树状分枝菌丝 ····································· 6
    6. 子实体盖形无菌柄，具臭味 ············· 大孔集毛孔菌 *C. macropora*
    6. 子实体具菌柄，无臭味 ·· 7
7. 孔口 1～3 个/ mm ·· 8
7. 孔口 3～5 个/ mm ·· 12
    8. 担孢子长 < 8 μm ··· 9
    8. 担孢子长 > 8 μm ··· 10
9. 菌柄中生，担孢子宽椭圆形 ····················· 冷杉集毛孔菌 *C. abiecola*
9. 菌柄侧生，担孢子窄椭圆形 ····················· 小体集毛孔菌 *C. minor*
    10. 担孢子窄椭圆形，宽 < 5 μm ··········· 火烧集毛孔菌 *C. focicola*
    10. 担孢子宽椭圆形，宽 > 5 μm ··· 11
11. 菌柄中生 ··································· 华南集毛孔菌 *C. austrosinensis*
11. 菌柄侧生 ··································· 杜波特集毛孔菌 *C. duportii*

冷杉集毛孔菌　图 1

Coltricia abiecola Y.C. Dai, Fungal Diversity 45: 138 (2010)

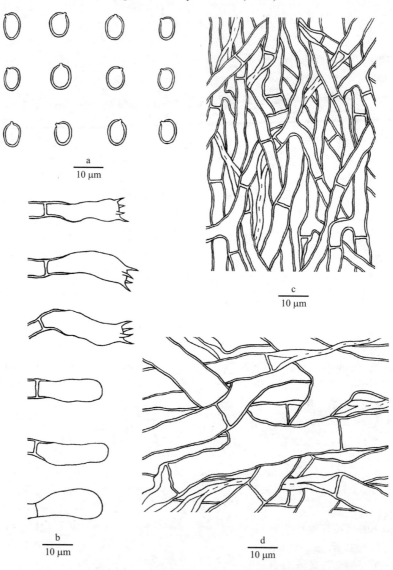

图 1　冷杉集毛孔菌 *Coltricia abiecola* Y.C. Dai 的显微结构图

a. 担孢子；b. 担子和拟担子；c. 菌髓菌丝；d. 菌肉菌丝

子实体：担子果一年生，单生，具中生菌柄；菌盖略圆形至漏斗形，直径可达 7.4 cm，中部厚可达 1.5 mm；菌盖表面干后土黄色，光滑，具不明显的同心环带，略折光；边缘薄，干后内卷；孔口表面肉桂色至黄褐色；孔口多角形，每毫米 1～4 个；管口边缘薄，全缘；菌肉暗褐色，革质，厚可达 0.7 mm；菌管比菌肉颜色略浅，易碎至稍脆，长可达 0.8 mm；菌柄肉桂色至黄褐色，异质，外部暗褐色和木栓质，内部肉桂色和海绵质，长可达 5.5 cm，直径可达 6 mm，基部膨胀可达 10 mm。

菌丝结构：菌丝系统一体系；生殖菌丝具简单分隔；菌丝组织遇 KOH 溶液变黑，其他无变化。

菌肉：菌肉生殖菌丝浅黄色至金黄色，稍厚壁，具宽内腔，少分枝和分隔，平直，规则排列，干后有时塌陷，直径 8～14 μm；菌柄外部菌丝金黄色至黄褐色，稍厚壁具宽内腔，频繁分枝，交织排列，直径 5～8 μm；菌柄内部菌丝浅黄色至金黄色，稍厚壁，少分枝，干后通常塌陷，规则排列，直径 10～14 μm。

菌管：菌髓菌丝浅黄色至黄色，薄壁至稍厚壁具宽内腔，中度分枝，通常塌陷，疏松交织排列，直径 4～7 μm；无囊状体和拟囊状体；担子棍棒状，通常基部略厚壁，具 4 个小梗并在基部具一横膈膜，大小为 20～50 × 7～10 μm；拟担子与担子形状相似，但略小。

孢子：担孢子宽椭圆形，浅黄色，中度厚壁，平滑，IKI−，CB+，大小为 7～8（～8.8）×（5.4～）5.7～6.5（～6.6）μm，平均长 $L = 7.67$ μm，平均宽 $W = 6.01$ μm，长宽比 $Q = 1.28$（$n = 30/1$）。

生境：冷杉属树木倒木上生。

研究标本：云南丽江（BJFC009598，模式标本）。

世界分布：中国。

讨论：冷杉集毛孔菌的特征是生长在冷杉树倒木上，菌柄异质，该属其他种类的菌柄都为同质，且不生长在冷杉树木上。因此，该种很容易与同属的其他种类区别。

华南集毛孔菌　图 2

Coltricia austrosinensis L.S. Bian & Y.C. Dai, Mycological Progress 15: 27 (2016)

子实体：担子果一年生，单生，具中生菌柄，新鲜时软纤维质，干后软木栓质；菌盖略圆形至漏斗形，直径可达 4 cm，中部厚可达 4 mm；菌盖表面干后具绒毛或光滑，新鲜时肉桂色，干后灰褐色，具不明显的同心环带和放射状条纹；边缘薄，浅裂状，干后内卷；孔口表面新鲜时浅黄色，干后肉桂色；孔口多角形，每毫米 1～3 个；管口边缘薄，撕裂状；菌肉灰褐色，革质，厚可达 1 mm；菌管浅黄色，比菌肉颜色浅，易碎至稍脆，长可达 4 mm；菌柄灰褐色，木栓质，具绒毛，长可达 3.5 cm，直径可达 4 mm，基部膨胀可达 8 mm。

菌丝结构：菌丝系统一体系；生殖菌丝具简单分隔；菌丝组织遇 KOH 溶液变黑，其他无变化。

菌肉：菌肉生殖菌丝肉桂黄色，厚壁具宽内腔，偶尔分枝，频繁分隔，平直，略规则排列，直径 8～9 μm；菌柄菌丝金黄色，稍厚壁具宽内腔，直径 7～9 μm。

菌管：菌髓菌丝浅黄色至黄色，稍厚壁至厚壁具宽内腔，中度分枝，疏松交织排列或与菌管近平行排列，直径 4～6 μm；无囊状体和拟囊状体；担子宽棍棒状，具 4 个小梗并在基部具一横膈膜，大小为 24～29 × 7～8 μm；拟担子与担子形状相似，但略小。

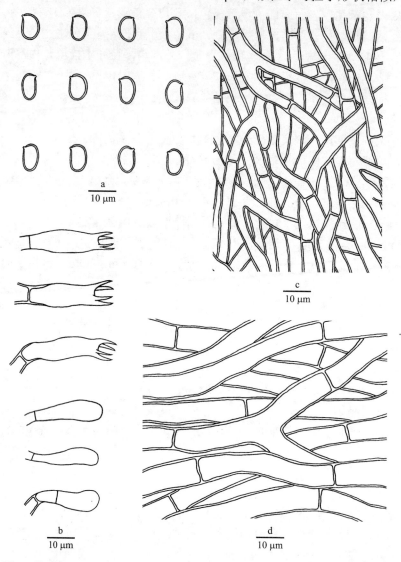

图 2 华南集毛孔菌 *Coltricia austrosinensis* L.S. Bian & Y.C. Dai 的显微结构图
a. 担孢子；b. 担子和拟担子；c. 菌髓菌丝；d. 菌肉菌丝

孢子：担孢子宽椭圆形，浅黄色，中度厚壁，平滑，IKI−，CB+，大小为 (7.5～) 8.2～9.8 (～10) × 5.5～6.5 (～7) μm，平均长 $L = 8.96$ μm，平均宽 $W = 5.95$ μm，长宽比 $Q = 1.49～1.52$ ($n = 60/2$)。

生境：生在阔叶树林地上。

研究标本：江西井冈山（BJFC004848）；云南保山（BJFC013317，模式标本；BJFC013322，BJFC017553）。

世界分布：中国。

讨论：华南集毛孔菌的特征是具中生菌柄，浅裂状菌盖，菌柄末端膨胀，肉桂色孔口表面，孔口较大，每毫米 1～3 个，孢子宽椭圆形。厚集毛孔菌 *C. crassa* Y.C. Dai 和火烧集毛孔菌 *C. focicola*（Berk. & M.A. Curtis）Murrill 与华南集毛孔菌相似，但厚集毛孔菌的子实体较大（菌盖直径可达 6 cm，厚可达 2 cm），且菌盖表面具有树状分枝菌丝（Dai 2010）；火烧集毛孔菌与华南集毛孔菌的区别是具有圆柱形至窄椭圆形的担孢子（Ryvarden and Melo 2014）。

厚集毛孔菌　图 3

Coltricia crassa Y.C. Dai, Fungal Diversity 45: 140 (2010)

=*Coltricia grandis* Corner (nom. inval.), Beih. Nova Hedwigia 101: 94 (1991)

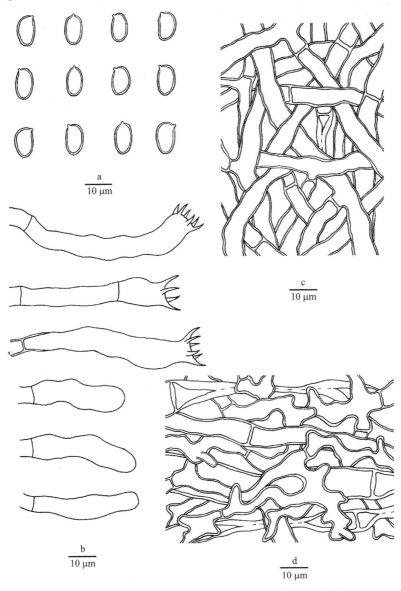

图 3　厚集毛孔菌 *Coltricia crassa* Y.C. Dai 的显微结构图

a. 担孢子；b. 担子和拟担子；c. 菌髓菌丝；d. 菌肉菌丝

子实体：担子果一年生，单生，具侧生菌柄；菌盖半圆形至扇形，菌盖向外伸展可达 6 cm，宽可达 4 cm，基部厚可达 2 cm；菌盖表面浅黄褐色，具粗毛，无同心环带；边缘钝；孔口表面奶油色至浅黄色；孔口多角形，每毫米 0.5～2 个；管口边缘薄，全缘；菌肉黄褐色至黑褐色，干后较脆，具窄环区，厚可达 12 mm；菌管与孔口表面同色或略深，明显比菌肉颜色浅，干后稍脆至易碎，长可达 3 mm；菌柄锈褐色，木栓质，光滑，长可达 5 cm，最宽处直径可达 2.5 cm，菌管略下沿到菌柄。

菌丝结构：菌丝系统一体系；生殖菌丝具简单分隔；菌丝组织遇 KOH 溶液变黑，其他无变化。

菌肉：菌肉具有两种生殖菌丝，占主导的菌丝黄褐色，稍厚壁具宽内腔，少分枝，通常塌陷，平直，规则排列，直径 9～14 μm；另一种菌丝黄褐色，明显厚壁，频繁分枝，弯曲，类似树状分枝菌丝，直径 3.5～7 μm；菌柄中具两种生殖菌丝，一种为暗褐色，稍厚壁，少分枝，通常塌陷，平直，规则排列，直径 10～17 μm；另一种菌丝金黄色至暗褐色，明显厚壁，频繁分枝，弯曲，类似树状分枝菌丝，直径 5～8 μm。

菌管：菌髓菌丝浅黄色至浅黄褐色，稍厚壁具宽内腔，中度分枝，通常塌陷，交织排列，直径 5～8 μm；无囊状体和拟囊状体；担子棍棒状，具 4 个或 6 个小梗并在基部具一横膈膜，有时在担子中部有一简单分隔，大小为 30～76 × 7～9 μm；拟担子与担子形状相似，但略小。

孢子：担孢子椭圆形，浅黄色，厚壁，平滑，IKI–，CB+，大小为(8.9～)9～12 × (5.5～)5.9～7 μm，平均长 L = 10.52 μm，平均宽 W = 6.2 μm，长宽比 Q = 1.7 (n = 30/1)。

生境：生长在阔叶树基部。

研究标本：云南楚雄（BJFC009592，模式标本）。

世界分布：中国、马来西亚。

讨论：厚集毛孔菌的特征是子实体厚且大，担孢子大，担子具 4 个或 6 个孢子梗，菌丝强烈弯曲，类似树状分枝菌丝，而同属其他种类的子实体厚均小于 2 cm，且担子均具 4 个孢子梗，无树状分枝菌丝，因此，厚集毛孔菌容易与同属的其他种类区别。

杜波特集毛孔菌　图 4

Coltricia duportii (Pat.) Ryvarden [as '*duporti*'], Occ. Pap. Farlow Herb. Crypt. Bot. 18: 15（1983）

=*Xanthochrous duportii* Pat. [as 'duporti'], Bull. Soc. mycol. Fr. 28: 34 (1912)

=*Polystictus duportii* (Pat.) Bondartsev & Singer, Annls mycol. 39(1): 57 (1941)

子实体：担子果一年生，新鲜时无特殊气味，具侧生菌柄；菌盖略圆形、扇形或漏斗形，直径可达 5 cm，中部厚可达 5 mm；菌盖表面干后棕土色，具微绒毛，具不明显的同心环带；边缘薄，锐，有时撕裂，干后内卷；孔口表面干后暗褐色至棕土色；孔口圆形至多角形，每毫米 2～3 个；管口边缘薄，撕裂状；菌肉干后棕土色，木栓质，比菌管明显颜色深，厚可达 1 mm；菌管烟褐色，明显比孔口颜色浅，干后稍脆至易碎，长可达 4 mm；菌柄棕土色褐色，硬木栓质，具微绒毛，长可达 4 cm，直径可达 10 mm；菌管延伸到菌柄。

菌丝结构：菌丝系统一体系；生殖菌丝具简单分隔；菌丝组织遇 KOH 溶液变黑，

其他无变化。

　　菌肉：菌肉生殖菌丝金黄色，薄壁至稍厚壁具宽内腔，少分枝，频繁分隔，平直，略规则排列，有时塌陷，直径5～9 μm；菌柄菌丝金黄色，薄壁至稍厚壁具宽内腔，少分枝，疏松交织排列，有时塌陷，直径4～10 μm。

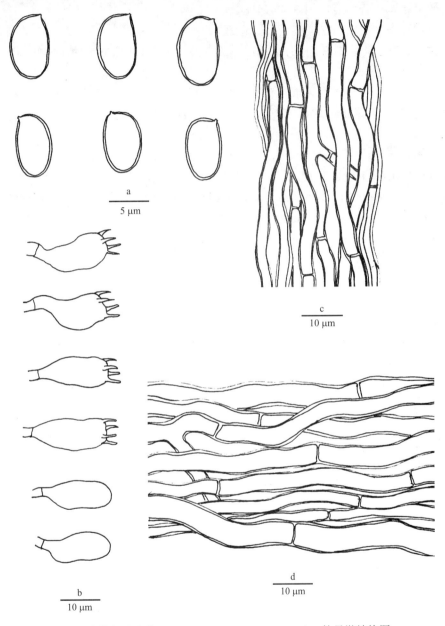

图4　杜波特集毛孔菌 *Coltricia duportii* (Pat.) Ryvarden 的显微结构图
a. 担孢子；b. 担子和拟担子；c. 菌髓菌丝；d. 菌肉菌丝

　　菌管：菌髓菌丝浅黄色，稍厚壁具宽内腔，偶尔分枝，弯曲，疏松交织排列至近平行于菌管排列，直径3～5 μm；无囊状体和拟囊状体；担子棍棒状，具4个小梗并在基部具一横膈膜，大小为20～40 × 7.5～9 μm；拟担子与担子形状相似，但略小。

孢子：担孢子椭圆形，浅黄色，厚壁，平滑，有时塌陷，IKI−，弱 CB+，大小为 (8.9～)9～10.3(～10.5) × (5.5～)5.7～6.8(～7) μm，平均长 L = 9.63 μm，平均宽 W = 6.08 μm，长宽比 Q = 1.58 (n = 30/1)。

生境：生长在阔叶树根部。

研究标本：云南哀牢山(IFP014580)。

世界分布：中国、法属圭亚那、巴西。

讨论：铁杉集毛孔菌 Coltricia tsugicola Y.C. Dai & B.K. Cui 的担孢子为 8.5～11.9 × 5.6～6.9 μm，平均长 L = 9.62 μm，平均宽 W = 6.31 μm，长宽比 Q = 1.51～1.54。故杜波特集毛孔菌与铁杉集毛孔菌具有相似的担孢子，但后者的子实体(菌盖直径小于 1 cm)很小，孔口(每毫米 1～2 个)较大，且只生长在铁杉腐朽木上。

火烧集毛孔菌 图 5

Coltricia focicola (Berk. & M.A. Curtis) Murrill, N. Amer. Fl. (New York) 9(2): 92 (1908)

=*Polyporus focicola* Berk. & M.A. Curtis, J. Linn. Soc., Bot. 10(no. 45): 305 (1868)

=*Xanthochrous focicola* (Berk. & M.A. Curtis) Pat., Essai Tax. Hyménomyc. (Lons-le-Saunier): 100 (1900)

=*Polystictus focicola* (Berk. & M.A. Curtis) Sacc. & Trotter, Mycol. Writ. 3 (polyporoid issue): 8 (1908)

=*Pelloporus focicola* (Berk. & M.A. Curtis) Pomerl., Naturaliste Can. 107: 303 (1980)

子实体：担子果一年生，单生，具中生柄；菌盖略圆形，通常中部凹陷，直径可达 4 cm，中部厚可达 4 mm；菌盖表面污褐色至褐灰色，光滑，具同心环带和放射状皱脊；边缘薄，干后内卷；孔口表面锈褐色；孔口多角形至不规则形，每毫米 1～2 个；管口边缘薄，裂齿状至撕裂状；菌肉锈褐色，革质，厚可达 2 mm；菌管黄褐色，比菌肉颜色明显浅，干后稍脆至易碎，长可达 2 mm；菌柄肉桂色至锈褐色，木栓质，具微绒毛，长可达 2 cm，直径可达 2.8 mm。

菌丝结构：菌丝系统一体系；生殖菌丝具简单分隔；菌丝组织遇 KOH 溶液变黑，其他无变化。

菌肉：菌肉生殖菌丝金黄色，薄壁至稍厚壁具宽内腔，少分枝，频繁分隔，平直，规则排列，有时 CB+，直径 4～10 μm；菌柄菌丝金黄褐色，稍厚壁具宽内腔，CB−，直径 3～5 μm。

菌管：菌髓菌丝浅黄色至黄色，薄壁至稍厚壁具宽内腔，频繁分枝和分隔，强烈弯曲，交织排列，直径 3～6 μm；无囊状体和拟囊状体；担子棍棒状，具 4 个小梗并在基部具一横膈膜，大小为 14～19 × 6～7 μm；拟担子与担子形状相似，但略小。

孢子：担孢子窄椭圆形，基部略细或略弯曲，浅黄色，中度厚壁，平滑，IKI−，CB+，大小为(7.5～)8～10(～11) × (3.8～)4～5.1(～5.5) μm，平均长 L = 8.63 μm，平均宽 W = 4.6 μm，长宽比 Q = 1.8～1.97 (n = 60/2)。

生境：阔叶树地上生。

研究标本：福建三明(IFP014581)；广东鼎湖山(BJFC007893)；云南楚雄(IFP014575，IFP014576，IFP014582，IFP014583)，云南昆明(IFP014584)。

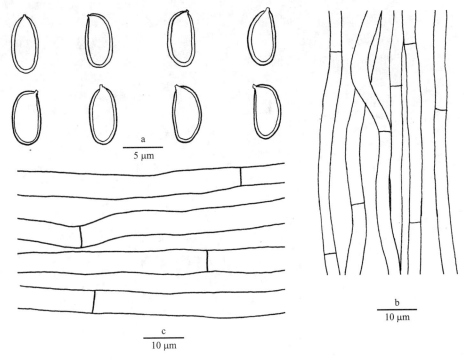

图 5　火烧集毛孔菌 *Coltricia focicola* (Berk. & M.A. Curtis) Murrill 的显微结构图

a. 担孢子；b. 菌髓菌丝；c. 菌肉菌丝

世界分布：中国、蒙古、美国、斯洛伐克、乌克兰。

讨论：火烧集毛孔菌与同属其他种的区别是孔口大(每毫米 1～2 个)且担孢子窄椭圆形。同属的其他种类如果孔口为每毫米 1～2 个，则担孢子椭圆形或宽椭圆形；如果孢子窄椭圆形，则孔口每毫米 3 个以上。

大孔集毛孔菌　图 6

Coltricia macropora Y.C. Dai, Fungal Diversity 45: 142 (2010)

子实体：担子果一年生，集生，新鲜时木栓质且具臭味，干后革质，具强烈臭味，具偏生菌柄；菌盖舌形至近圆形，直径可达 9 cm，中部厚可达 8 mm；菌盖表面新鲜时红褐色，干后土黄色，具明显的同心环区和环沟，干后具放射状皱脊；边缘新鲜时奶油色至浅黄色，钝；孔口表面新鲜时浅黄色，干后土黄色；孔口多角形，每毫米 1～2 个；管口边缘薄，全缘；菌肉黄褐色至暗褐色，革质，厚可达 2 mm；菌管比菌肉颜色略浅，长可达 6 mm；菌柄黄褐色至暗褐色，光滑，长可达 2.5 cm，直径可达 12 mm。

菌丝结构：菌丝系统一体系；生殖菌丝具简单分隔；菌丝组织遇 KOH 溶液变黑，其他无变化。

菌肉：菌肉生殖菌丝黄色至金黄色，稍厚壁具宽内腔，中度分枝，少数菌丝类似树状分枝菌丝，频繁分隔，平直，规则排列至疏松交织排列，干后有时塌陷，直径 6～10 μm；菌柄菌丝浅黄色至金黄褐色，稍厚壁具宽内腔，中度分枝，少分隔，规则排列，偶尔塌陷，直径 5～12 μm。

菌管：菌髓菌丝浅黄色至黄色，薄壁至稍厚壁具宽内腔，中度分枝，疏松交织排列至近平行于菌管排列，直径 3～5 μm；无囊状体和拟囊状体；担子棍棒状，基部略厚壁，通常具 4 个小梗，偶尔具 8 个小梗，基部具一横膈膜，大小为 27～43 × 7～10 μm；拟担子与担子形状相似，有时具一中间分隔。

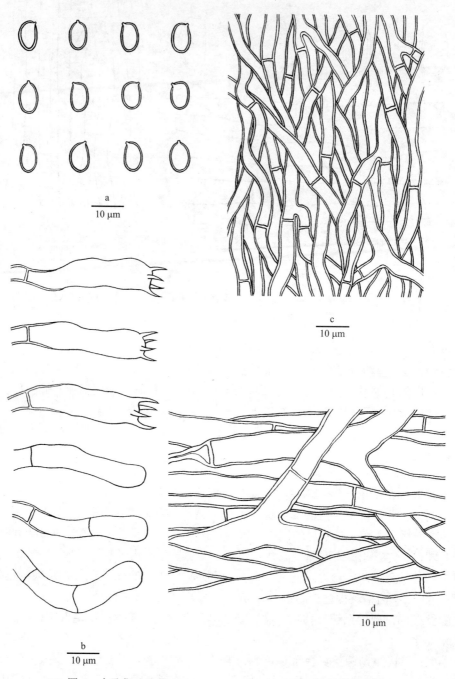

图 6　大孔集毛孔菌 *Coltricia macropora* Y.C. Dai 的显微结构图

a. 担孢子；b. 担子和拟担子；c. 菌髓菌丝；d. 菌肉菌丝

孢子：担孢子椭圆形，浅黄色，厚壁，平滑，IKI−，CB−，大小为(7～)7.2～8.5(～9) × (4.8～)5.1～6(～6.3) μm，平均长 L = 7.92 μm，平均宽 W = 5.6 μm，长宽比 Q =

1.41~1.42（$n = 60/2$）。

　　生境：阔叶树地上生。

　　研究标本：广东黑石顶（BJFC007956，模式标本；BJFC007977）。

　　世界分布：中国。

　　讨论：大孔集毛孔菌的主要特征是子实体大，具臭味，具偏生柄和大孔口。大纤孔菌 *Inonotus magnus* Y.C. Dai and Hai J. Li（Dai and Li 2012）与大孔集毛孔菌具有相似子实体，但大纤孔菌的担孢子为无色。

微集毛孔菌　图 7

Coltricia minima L.S. Bian & Y.C. Dai, Mycological Progress 15: 27 (2016)

　　子实体：担子果一年生，具中生菌柄，新鲜时无特殊气味，软纤维质，干后软木栓质；菌盖小，略圆形至漏斗形，直径可达 1.3 cm，中部厚可达 2 mm；菌盖表面新鲜时肉桂黄色，干后土黄色，具微绒毛或光滑，具明显的同心环区；边缘薄，完整，干后内卷或外卷；孔口表面新鲜时黑灰蓝色，干后土黄色至黑橄榄色；孔口多角形，每毫米 3~4 个；管口边缘薄，全缘或略撕裂状；菌黑褐色，软木栓质，厚可达 0.3 mm；菌管与孔口表面同色，干后易碎，长可达 1.7 mm；菌柄干后灰褐色至黑橄榄色，干后木栓质，具微绒毛，长可达 1.7 cm，直径可达 2 mm，末端不膨胀。

　　菌丝结构：菌丝系统一体系；生殖菌丝具简单分隔；菌丝组织遇 KOH 溶液变黑，其他无变化。

　　菌肉：菌肉生殖菌丝肉桂黄色至肉桂色，稍厚壁具宽内腔，偶尔分枝，频繁分隔，平直，疏松交织排列，直径 4.5~6.5 μm；菌柄菌丝与菌肉菌丝相似，但平行于菌柄排列，很少分枝，直径 4~6 μm。

　　菌管：菌髓菌丝肉桂黄色至黄褐色，稍厚壁具宽内腔，中度分枝，频繁分隔，略平直，疏松交织排列或略平行于菌管排列，直径 3.5~4 μm；无囊状体和拟囊状体；担子近桶状，具 4 个小梗并在基部具一横膈膜，大小为 16~18 × 6~7 μm；拟担子与担子形状相似，但略小。

　　孢子：担孢子宽椭圆形至近球形，浅黄色，厚壁，平滑，IKI−，CB+，大小为（5.8~）6~7.2（~7.8）× 4.2~5.2（~5.5）μm，平均长 $L = 6.49$ μm，平均宽 $W = 4.7$ μm，长宽比 $Q = 1.36$~1.4（$n = 60/2$）。

　　生境：阔叶树地上生。

　　研究标本：海南黎母山（BJFC019317，模式标本；BJFC019314，BJFC019332，BJFC019333）。

　　世界分布：中国。

　　讨论：小体集毛孔菌与肉桂集毛孔菌 *Coltricia cinnamomea*（Jacq.）Murrill、喜红集毛孔菌 *C. pyrophila*（Wakef.）Ryvarden 和魏氏集毛孔菌 *C. weii* Y.C. Dai 具有中生菌柄和宽椭圆形担孢子。但肉桂集毛孔菌的子实体（直径可达 12 cm）和担孢子（6.9~8.1 × 5.5~6.4 μm）都比较大（Niemelä 2005；Ryvarden and Melo 2014）；喜红集毛孔菌具有膨胀的菌柄末端和比较小的担孢子（4.7~5.8 × 3.4~4 μm，Dai 2010）；魏氏集毛孔菌的菌盖比较大（直径可达 3 cm），且菌盖表面具二叉分枝菌丝（Dai 2010）。

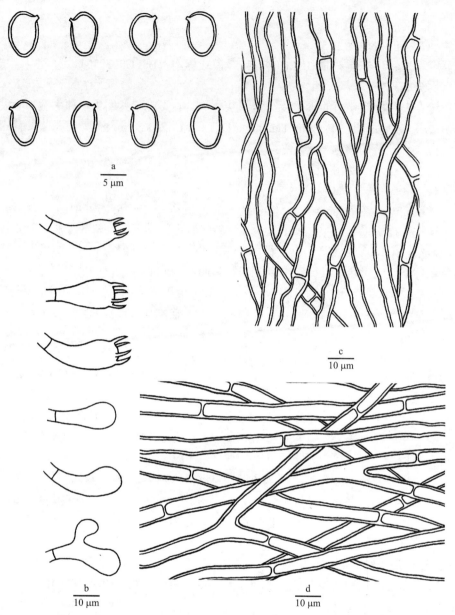

图 7　微集毛孔菌 *Coltricia minima* L.S. Bian & Y.C. Dai 的显微结构图

a. 担孢子；b. 担子和拟担子；c. 菌髓菌丝；d. 菌肉菌丝

小体集毛孔菌　图 8

Coltricia minor Y.C. Dai, Sydowia 62: 12（2010）

　　子实体：担子果一年生，新鲜时无特殊气味，具侧生菌柄；菌盖扇形至药勺形或半
圆形，最长可达 5 mm，中部厚可达 1 mm；菌盖表面干后棕土色，具微绒毛或光滑，
无环带；边缘薄，锐，有时撕裂状，干后内卷或外卷；孔口表面肉桂色至土黄色；孔口
圆形至多角形，每毫米 2～3 个；管口边缘薄，全缘或略撕裂状；菌肉肉桂色，软木栓
质，厚可达 0.5 mm；菌管与孔口表面同色，干后易碎，长可达 0.5 mm；菌柄土黄褐色，

干后木栓质至脆质，具微绒毛或光滑，长可达 5 mm，直径可达 1 mm。

菌丝结构：菌丝系统一体系；生殖菌丝具简单分隔；菌丝组织遇 KOH 溶液变黑，其他无变化。

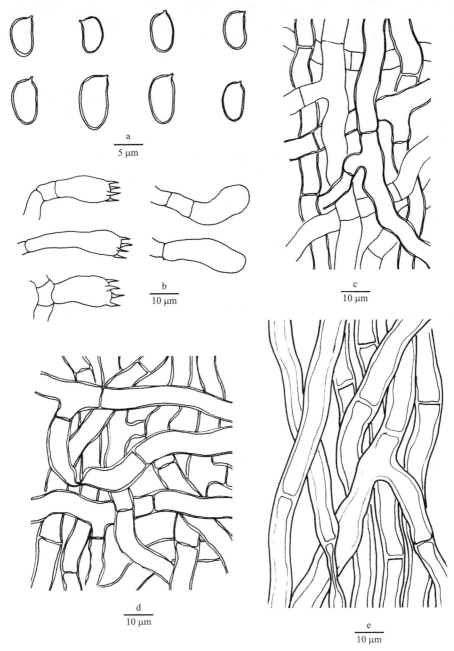

图 8 小体集毛孔菌 *Coltricia minor* Y.C. Dai 的显微结构图

a. 担孢子；b. 担子和拟担子；c. 菌髓菌丝；d. 菌肉菌丝；e. 菌柄菌丝

菌肉：菌肉生殖菌丝浅黄褐色，薄壁至稍厚壁具宽内腔，偶尔分枝，弯曲，交织排列，直径 4～9 μm；菌柄菌丝金黄褐色，厚壁具宽内腔，偶尔分枝，频繁分隔，分隔处缢缩，规则排列，偶尔塌陷，直径 8～14 μm。

菌管：菌髓菌丝浅黄色至黄褐色，薄壁至稍厚壁具宽内腔，频繁分枝和分隔，疏松交织排列，直径 4～8 μm；无囊状体和拟囊状体；担子桶状至棍棒状，具 4 个小梗并在基部具一横膈膜，大小为 10～15 × 6～7.5 μm；拟担子与担子形状相似，但略小。

孢子：担孢子多数窄椭圆形，有些椭圆形，稍弯曲，无色至浅黄色，薄壁至稍厚壁，平滑，IKI−，CB+，大小为（5～）5.5～6.8（～7.5）×（3.4～）3.5～4（～4.5）μm，平均长 $L = 6.04$ μm，平均宽 $W = 3.79$ μm，长宽比 $Q = 1.58～1.61$（$n = 60/2$）。

生境：阔叶树腐朽木上生。

研究标本：湖南莽山（IFP015617，模式标本；IFP015618）；云南保山（BJFC013273），云南昆明（BJFC006456）；浙江杭州（BJFC008919）。

世界分布：中国。

讨论：小体集毛孔菌与同属其他种的区别是子实体小，且担孢子大小变化较大，但形状基本稳定。年幼的肉桂集毛孔菌 *Coltricia cinnamomea* (Jacq.) Murrill 与小体集毛孔菌相似，但前者具中生柄。小体集毛孔菌与微小小集毛孔菌 *Coltriciella pusilla* (Imazeki & Kobayasi) Corner 具有相似子实体，但后者的担孢子具疣状突起（Hattori and Ryvarden 1994）。

大集毛孔菌　图 9

Coltricia montagnei (Fr.) Murrill, Mycologia 12(1): 13 (1920)

=*Polyporus montagnei* Fr., Annls Sci. Nat., Bot., sér. 2 1: 341 (1836)

=*Polystictus montagnei* (Fr.) Fr., Epicr. syst. mycol. (Upsaliae): 434 (1838)

=*Pelloporus montagnei* (Fr.) Quél., Enchir. fung. (Paris): 166 (1886)

=*Microporus montagnei* (Fr.) Kuntze, Revis. gen. pl. (Leipzig) 3(2): 496 (1898)

=*Xanthochrous montagnei* (Fr.) Pat., Essai Tax. Hyménomyc. (Lons-le-Saunier): 100 (1900)

=*Cycloporus montagnei* (Fr.) Ryvarden, Norw. Jl Bot. 19: 237 (1972)

子实体：担子果一年生，通常单生，新鲜时无特殊气味，干后脆质，具中生菌柄；菌盖近圆形至漏斗形，直径可达 4 cm，中部厚可达 3 mm；菌盖表面年幼时具微绒毛，后期光滑，干后肉桂色，具不明显的同心环带；边缘薄，锐，有时撕裂状，干后内卷；子实层为同心环菌褶，菌褶每毫米 1～2 个；偶尔为孔状，菌孔不规则状，菌孔每毫米 0.5～1 个；褶边缘或管口边缘薄，撕裂状；菌肉暗褐色，干后软木栓质，厚可达 0.5 mm；菌褶或菌管与孔口表面同色，干后脆质，长可达 2.5 mm；菌柄浅黄褐色，硬木栓质，具绒毛，长可达 3 cm，直径可达 4 mm；菌褶或菌孔延伸至菌柄。

菌丝结构：菌丝系统一体系；生殖菌丝具简单分隔；菌丝组织遇 KOH 溶液变黑，其他无变化。

菌肉：菌肉生殖菌丝黄色至金黄褐色，稍厚壁具宽内腔，不分枝，略平直，规则排列，有时塌陷，直径 6～12 μm；菌柄菌丝浅黄色至金黄色，稍厚壁具宽内腔，偶尔分枝，弯曲，偶尔塌陷，交织排列，直径 8～15 μm。

菌褶：菌髓菌丝浅黄色，薄壁至稍厚壁具宽内腔，偶尔分枝，弯曲，交织排列，直径 5～8 μm；无囊状体和拟囊状体；担子略棍棒状，具 4 个小梗并在基部具一横膈膜，大小为 23～34 × 7～9 μm；拟担子与担子形状相似，但略小。

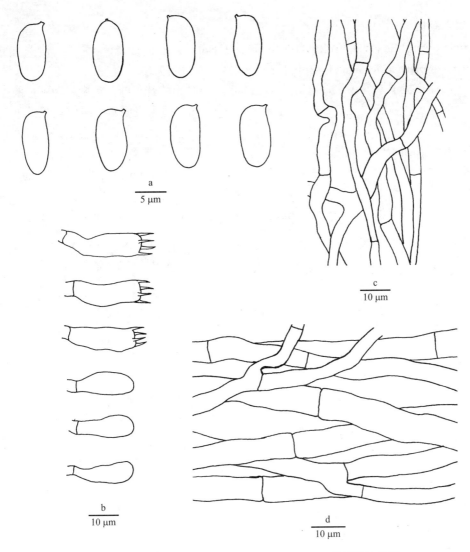

图 9　大集毛孔菌 Coltricia montagnei (Fr.) Murrill 的显微结构图

a. 担孢子；b. 担子和拟担子；c. 菌髓菌丝；d. 菌肉菌丝

孢子：担孢子椭圆形至卵圆形，有时窄椭圆形，浅黄色，厚壁，平滑，IKI–，CB+，大小为 (8.8～) 9～12 (～12.7) × (5～) 5.4～7 (～7.7) μm，平均长 L = 10.58 μm，平均宽 W = 5.97 μm，长宽比 Q = 1.73～1.81 (n = 60/2)。

生境：阔叶树地上生。

研究标本：江西三清山 (BJFC003757)；云南楚雄 (IFP001156)，云南高黎贡山 (IFP014585)，云南昆明 (BJFC008149)；浙江永嘉 (BJFC011064)。

世界分布：中国、比利时、法国、德国、日本、捷克、美国、哥斯达黎加、马来西亚。

讨论：大集毛孔菌与同属其他种的区别在于子实层体为同心褶状，而其他种类均为孔状。

喜红集毛孔菌　图 10

Coltricia pyrophila (Wakef.) Ryvarden, Norw. J. Bot. 19: 231 (1972)

=*Polyporus pyrophilus* Wakef., Bull. Misc. Inf., Kew: 71 (1916)

　　子实体：担子果一年生，通常几个连生，新鲜时无特殊气味，具中生菌柄；菌盖略圆形至漏斗形，直径可达 3 cm，中部厚可达 1.5 mm；菌盖表面新鲜时红褐色，干后褐色至黄褐色，具不明显的同心环区，具微绒毛；边缘薄，锐，有时撕裂状，干后内卷或外卷；孔口表面新鲜时橄榄黄色，干后肉桂色至褐色；孔口多角形，每毫米 3～4 个；管口边缘薄，全缘；菌肉干后浅黄褐色，软革质，厚可达 1 mm；菌管与孔口表面同色，干后易碎，长可达 0.5 mm；菌柄暗褐色，新鲜时木栓质，干后脆质，具微绒毛，通常多个菌柄在基部连生，长可达 2.5 mm，直径可达 3 mm；孔口延伸到菌柄。

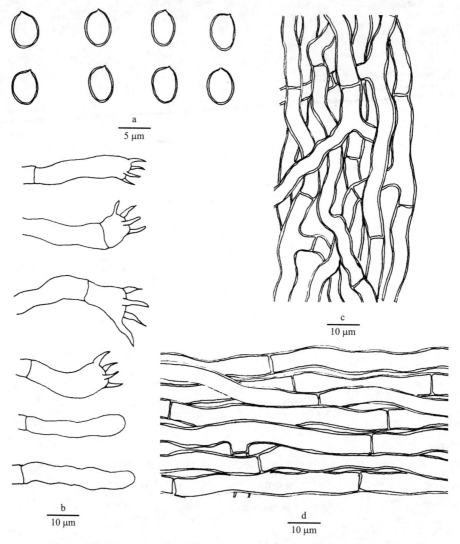

图 10　喜红集毛孔菌 *Coltricia pyrophila* (Wakef.) Ryvarden 的显微结构图
a. 担孢子；b. 担子和拟担子；c. 菌髓菌丝；d. 菌肉菌丝

　　菌丝结构：菌丝系统一体系；生殖菌丝具简单分隔，通常在分隔处缢缩；菌丝组织遇 KOH 溶液变黑，其他无变化。

菌肉：菌肉菌丝浅黄褐色，薄壁至稍厚壁具宽内腔，偶尔分枝，平直，略规则排列，直径 6～10 μm；菌柄菌丝金黄褐色，薄壁至稍厚壁具宽内腔，少分枝，偶尔塌陷，规则排列，直径 5～10 μm。

菌管：菌髓菌丝浅黄色至黄褐色，稍厚壁具宽内腔，频繁分枝，疏松交织排列，直径 4～9 μm；无囊状体和拟囊状体；担子棍棒状，多数具 4 个小梗并在基部具一横膈膜，大小为 20～28 × 5～8 μm；拟担子与担子形状相似，但略小。

孢子：担孢子宽椭圆形，浅黄色，厚壁，平滑，IKI−，CB+，大小为(4.2～)4.7～5.8(～6.6) × (3.3～)3.4～4 μm，平均长 $L = 5.2$ μm，平均宽 $W = 3.82$ μm，长宽比 $Q = 1.36$ ($n = 30/1$)。

生境：阔叶树地上生。

研究标本：湖北神农架 (IFP014593)；湖南莽山 (IFP014594)；云南兰坪 (BJFC011209)。

世界分布：中国、尼日利亚、塞拉利昂。

讨论：喜红集毛孔菌与肉桂集毛孔菌 *Coltricia cinnamomea* (Jacq.) Murrill 具有相似的子实体和生态习性，但后者的担孢子较大(6.9～8.1 × 5.5～6.4 μm，Dai 2010)。

铁色集毛孔菌　图 11

Coltricia sideroides (Lév.) Teng, Fungi of China: 759 (1963)

=*Polyporus sideroides* Lév., Annls Sci. Nat., Bot., sér. 3 2: 182 (1844)

=*Inonotus sideroides* (Lév.) Ryvarden, Syn. Fung. (Oslo) 21: 127 (2005)

=*Polystictus sideroides* (Lév.) Cooke, Grevillea 14(no. 71): 79 (1886)

=*Microporus sideroides* (Lév.) Kuntze, Revis. gen. pl. (Leipzig) 3(2): 497 (1898)

=*Xanthochrous sideroides* (Lév.) Pat., Essai Tax. Hyménomyc. (Lons-le-Saunier): 100 (1900)

子实体：担子果一年生，通常单生，新鲜时无特殊气味，具中生菌柄；菌盖略圆形至漏斗形，直径可达 3 cm，中部厚可达 3 mm；菌盖表面锈褐色，具不明显的同心环区，光滑；边缘薄，干后内卷；孔口表面褐色；孔口多角形，每毫米 3～5 个；管口边缘薄，撕裂状；菌肉暗褐色，革质，厚可达 1.5 mm；菌管灰褐色，比菌肉颜色浅，干后易碎，长可达 2.5 mm；菌柄锈褐色，木栓质，具微绒毛或光滑，长可达 2 cm，直径可达 3 mm，基部膨胀直径可达 6 mm。

菌丝结构：菌丝系统一体系；所有隔膜简单分隔；菌丝组织遇 KOH 溶液变黑，其他无变化。

菌肉：菌肉生殖菌丝金黄褐色，薄壁至稍厚壁具宽内腔，少分枝，平直，略规则排列，直径 5～9 μm；菌柄菌丝金黄褐色，稍厚壁具宽内腔，直径 5～10 μm。

菌管：菌髓菌丝浅黄色至黄色，薄壁至稍厚壁具宽内腔，频繁分枝和分隔，疏松交织排列，直径 4～6 μm；无囊状体和拟囊状体；担子宽棍棒状，多数具 4 个小梗并在基部具一横膈膜，大小为 16～20 × 7～8.5 μm；拟担子与担子形状相似，但略小。

孢子：担孢子宽椭圆形至近球形，浅黄色，厚壁，平滑，IKI−，CB+，大小为(5.5～)5.6～7 × (4.5～)4.8～6(～6.2) μm，平均长 $L = 6.24$ μm，平均宽 $W = 5.32$ μm，

长宽比 $Q = 1.22\sim1.23$（$n = 60/2$）。

生境：阔叶树地上生。

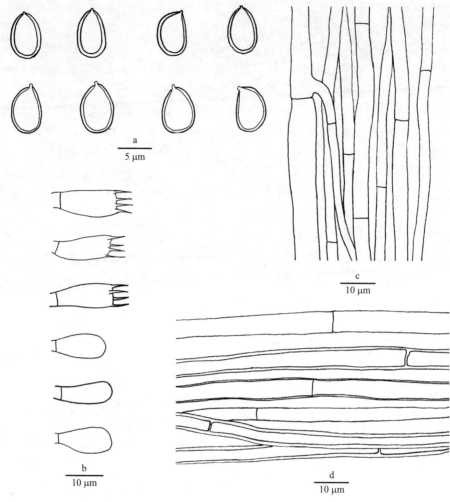

图 11　铁色集毛孔菌 *Coltricia sideroides* (Lév.) Teng 的显微结构图

a. 担孢子；b. 担子和拟担子；c. 菌髓菌丝；d. 菌肉菌丝

研究标本：广东黑石顶（BJFC007962）；贵州雷公山（IFP014324）；海南霸王岭（BJFC009103）；海南尖峰岭（BJFC000453，BJFC000454，BJFC000455）；湖北神农架（BJFC010316）；云南楚雄（IFP014597），云南兰坪（BJFC011224，BJFC011306）。

世界分布：中国、新加坡、斯里兰卡、泰国、越南、印度尼西亚、日本。

讨论：铁色集毛孔菌与同属其他种的区别是担孢子近球形且菌柄具微绒毛至光滑，而同属其他种类的担孢子为窄椭圆形、椭圆形或宽椭圆形。

刺柄集毛孔菌　图 12

Coltricia strigosipes Corner, Beih. Nova Hedwigia 101: 151 (1991)

=*Coltricia spina* Y.C. Dai, Fungal Diversity 45: 149 (2010)

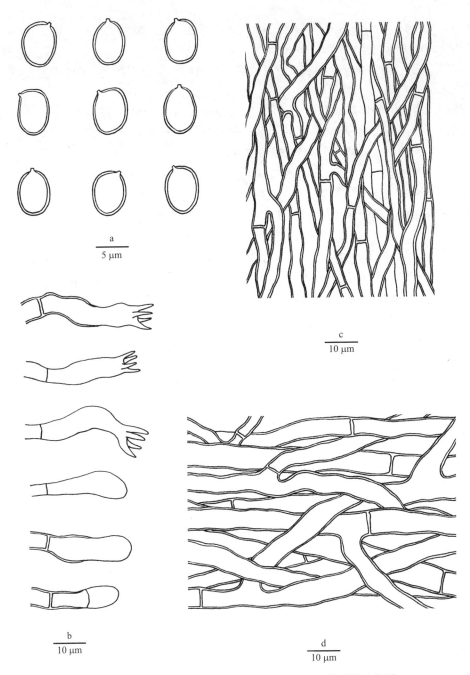

图 12　刺柄集毛孔菌 *Coltricia strigosipes* Corner 的显微结构图

a. 担孢子；b. 担子和拟担子；c. 菌髓菌丝；d. 菌肉菌丝

　　子实体：担子果一年生，单生或数个连生，具中生菌柄；菌盖略圆形至漏斗形，直径可达 2.8 cm，中部厚可达 1.2 mm；菌盖表面新鲜时橘黄褐色至红褐色，干后土褐粉色，具不明显的同心环区，具硬毛；边缘薄，干后内卷；孔口表面新鲜时葡萄酒色；干后浅黄褐色；孔口圆形至多角形，每毫米 3~5 个；管口边缘薄，全缘；菌肉暗褐色，干后脆质至易碎，厚可达 0.4 mm；菌管与孔口表面同色，比菌肉颜色浅，干后易碎，长可达 0.8 mm；菌柄新鲜时浅红褐色，干后褐红色，具大量硬毛，长可达 2.4 cm，直径可达 3 mm。

菌丝结构：菌丝系统一体系；所有隔膜简单分隔；菌丝组织遇 KOH 溶液变黑，其他无变化。

菌肉：菌肉生殖菌丝浅褐色，稍厚壁具宽内腔，中度分枝，少分隔，平直，规则排列至疏松交织排列，直径 4.5～8 μm；菌柄菌丝浅黄色至金黄色，稍厚壁具宽内腔，偶尔分枝，与菌柄近平行排列，直径 5～9.5 μm。

菌管：菌髓菌丝浅黄色，薄壁至稍厚壁具宽内腔，偶尔分枝和分隔，与菌管近平行排列，直径 3.2～6 μm；无囊状体和拟囊状体；担子棍棒状，有时基部稍厚壁，具 4 个小梗并在基部具一横膈膜，大小为 23～32 × 6～7 μm；拟担子与担子形状相似，但略小，有时中部具一分隔。

孢子：担孢子宽椭圆形，浅黄色，厚壁，平滑，IKI−，CB+，大小为 (5～)5.6～6.6(～7) × (4.5～)4.8～5.5(～5.6) μm，平均长 $L = 6.09$ μm，平均宽 $W = 5.02$ μm，长宽比 $Q = 1.21～1.22$ ($n = 90/3$)。

生境：阔叶树地上生。

研究标本：广东黑石顶（BJFC007954，BJFC008018，BJFC008024）；贵州梵净山（BJFC018109，IFP014278，IFP014280）；广西大明山（IFP017242，IFP017251）；湖南城步（BJFC007280），湖南莽山（BJFC018217，BJFC018219，BJFC018220）。

世界分布：中国、马来西亚。

讨论：刺柄集毛孔菌与同属其他种的区别是菌柄具大量硬毛，而同属其他种类的菌柄为光滑或具微绒毛。

拟多年集毛孔菌　图 13

Coltricia subperennis Y.C. Dai, Sydowia 62: 14（2010）

子实体：担子果一年生，新鲜时无特殊气味，具中生菌柄；菌盖略圆形至漏斗形，直径可达 4 cm，中部厚可达 3 mm；菌盖表面干后暗褐色，具明显的同心环区，具微绒毛至光滑；边缘薄，锐，干后内卷；孔口表面干后暗褐色，具折光反应；孔口多角形至圆形，每毫米 3～5 个；管口边缘薄，撕裂状；菌肉暗褐色，干后木栓质，厚可达 1 mm；菌管与孔口表面同色，比菌肉颜色浅，干后木栓质至脆质，长可达 2.5 mm；菌柄暗褐色，干后硬木栓质，具微绒毛，长可达 6 cm，直径可达 4 mm，有时膨胀处直径可达 6 mm。

菌丝结构：菌丝系统一体系；所有隔膜简单分隔；菌丝组织遇 KOH 溶液变黑，其他无变化。

菌肉：菌肉生殖菌丝金黄色，厚壁具宽内腔，少分枝，频繁分隔，略平直，疏松交织排列，直径 4～6 μm；菌盖表面菌丝厚壁，不分枝；菌柄菌丝金黄褐色，厚壁具宽内腔，少分枝，频繁分隔，疏松交织排列，直径 5～10 μm。

菌管：菌髓菌丝褐色，厚壁具宽内腔，偶尔分枝，频繁分隔，平直，与菌管近平行排列或疏松交织排列，直径 3～4 μm；无囊状体和拟囊状体；担子略桶状，有时基部稍厚壁，具 4 个小梗并在基部具一横膈膜，大小为 10～14 × 5～6.5 μm；拟担子梨状，比担子小。

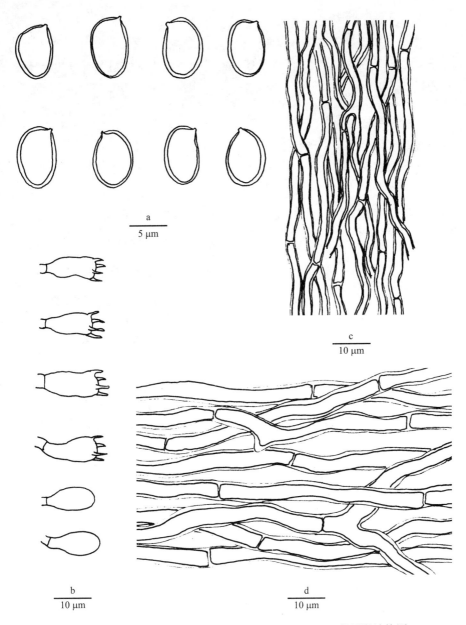

图 13 拟多年集毛孔菌 *Coltricia subperennis* Y.C. Dai 的显微结构图

a. 担孢子；b. 担子和拟担子；c. 菌髓菌丝；d. 菌肉菌丝

孢子：担孢子宽椭圆形，浅黄色，厚壁，平滑，有时塌陷，IKI−，弱 CB+，大小为 (7.5～)7.8～9(～9.5) × (5～)5.3～6.1(～6.5) μm，平均长 L = 8.25 μm，平均宽 W = 5.7 μm，长宽比 Q = 1.42～1.47 (n = 60/2)。

生境：阔叶树倒木上生。

研究标本：广东黑石顶 (BJFC015983)；广西金秀 (BJFC015982)；海南霸王岭 (IFP015620)；云南长岩山 (BJFC011160，BJFC011189)，云南高黎贡 (IFP015619)，云南香格里拉 (BJFC011447)；浙江百山祖 (BJFC014884，BJFC014885，BJFC014886，BJFC014887，BJFC014888)。

世界分布：中国。

讨论：拟多年集毛孔菌与多年集毛孔菌 *Coltricia perennis*（L.）Murrill 具有相似的孔口，但是后者的菌髓菌丝宽（直径 5～10 μm），且担孢子为椭圆形，宽度小于 5 μm。另外，多年集毛孔菌生长在针叶林地上，而拟多年集毛孔菌生长在阔叶树腐朽木上（Dai 2010）。

铁杉集毛孔菌 图 14

Coltricia tsugicola Y.C. Dai & B.K. Cui, Mycotaxon 94: 342（2006）

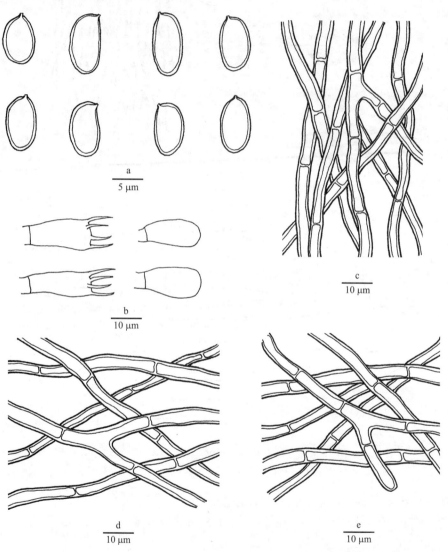

图 14 铁杉集毛孔菌 *Coltricia tsugicola* Y.C. Dai & B.K. Cui 的显微结构图
a. 担孢子；b. 担子和拟担子；c. 菌髓菌丝；d. 菌肉菌丝；e. 菌柄菌丝

子实体：担子果一年生，单生或集生，新鲜时软木栓质，无特殊气味，干后木栓质至易碎，具菌柄，菌柄中生或下垂生；菌盖略圆形至漏斗形，干后收缩成不规则形，直径可达 1 cm，中部厚可达 4 mm；菌盖表面新鲜时浅黄色至红褐色，干后肉桂色，黄褐色至锈褐色，无同心环区，具微绒毛至光滑；边缘薄，钝，干后内卷；孔口表面新鲜时黄色，干后黄褐色至锈褐色；孔口多角形至不规则形，每毫米 3～5 个；管口边缘薄，全缘；菌肉肉桂色至锈褐色，革质，厚可达 1 mm；菌管黄褐色，比菌肉颜色浅，干后软木栓质至脆质，长可达 3 mm；菌柄暗黄褐色，木栓质，具微绒毛，长可达 5 mm，直径可达 1 mm。

菌丝结构：菌丝系统一体系；所有隔膜简单分隔；菌丝组织遇 KOH 溶液变黑，其他无变化。

菌肉：菌肉生殖菌丝浅黄色至金黄色，薄壁至厚壁具宽内腔，偶尔分枝，频繁分隔，略平直，疏松交织排列，直径 4～10 μm；菌柄菌丝金黄色至金黄褐色，稍厚壁具宽内腔，偶尔分枝，频繁分隔，略平直，疏松交织排列，直径 5～9 μm。

菌管：菌髓菌丝无色、浅黄色至金黄色，薄壁至稍厚壁具宽内腔，频繁分枝和分隔，疏松交织排列，直径 4～8 μm；无囊状体和拟囊状体；担子粗棍棒状，具 4 个小梗并在基部具一横隔膜，大小为 15～24 × 5～8 μm；拟担子与担子形状相似，但略小。

孢子：担孢子椭圆形至窄椭圆形，浅黄色，厚壁，平滑，IKI–，弱 CB+或 CB–，大小为 (8.2～)8.5～11.9(～13.2) × (5.2～)5.6～6.9(～7) μm，平均长 $L = 9.62$ μm，平均宽 $W = 6.31$ μm，长宽比 $Q = 1.51～1.54$（$n = 60/2$）。

生境：针叶树腐朽木上生。

研究标本：福建武夷山（BJFC000456，IFP015622，模式标本）。

世界分布：中国。

讨论：铁杉集毛孔菌的特征是子实体小、孔口大且不规则，担孢子窄椭圆形，生长在铁杉腐朽木上。火烧集毛孔菌 *Coltricia focicola*（Berk. & M.A. Curtis）Murrill 与铁杉集毛孔菌具有相似的担孢子，但其子实体大，边缘撕裂，菌孔边缘齿裂状。

糙丝集毛孔菌 图 15

Coltricia verrucata Aime, T.W. Henkel & Ryvarden, Mycologia 95(4): 617 (2003)

子实体：担子果一年生，单生，新鲜时软且无特殊气味，干后软木栓质，具中生菌柄；菌盖略圆形至漏斗形，直径可达 1 cm，中部厚可达 1 mm；菌盖表面肉桂褐色至黑褐色，具不明显的同心环区，具粗硬毛；硬毛在菌盖中部直立，在边缘伏倒，并伸出菌盖边缘，粗毛长可达 3 mm；边缘薄，撕裂状，干后内卷；孔口表面黄褐色至暗褐色；孔口多角形，每毫米 2～3 个；管口边缘薄，稍撕裂状；菌肉黑褐色，革质，厚可达 0.5 mm；菌管黄褐色，比菌肉颜色浅，干后软脆质，长可达 0.5 mm；菌柄黑褐色，木栓质，具微绒毛，长可达 2 cm，直径可达 1 mm。

菌丝结构：菌丝系统一体系；所有隔膜简单分隔；菌丝组织遇 KOH 溶液变黑，其他无变化。

菌肉：菌肉生殖菌丝黄褐色，厚壁具宽内腔，偶尔分枝，频繁分隔，略平直，具大量粗糙褐色结晶，规则排列，直径 8～12 μm；菌柄菌丝黄褐色，厚壁具宽内腔，偶尔分枝，平直，具大量粗糙褐色结晶，与菌柄平行排列，直径 8～14 μm。

菌管：菌髓菌丝黄褐色，稍厚壁具宽内腔，频繁分枝和分隔，具大量粗糙褐色结晶，弯曲，疏松交织排列，直径 7～11 μm；无囊状体和拟囊状体；担子粗棍棒状至桶状，具4个小梗并在基部具一横膈膜，有时具大量粗糙褐色结晶，大小为17～23 × 6～10 μm；拟担子与担子形状相似，但略小。

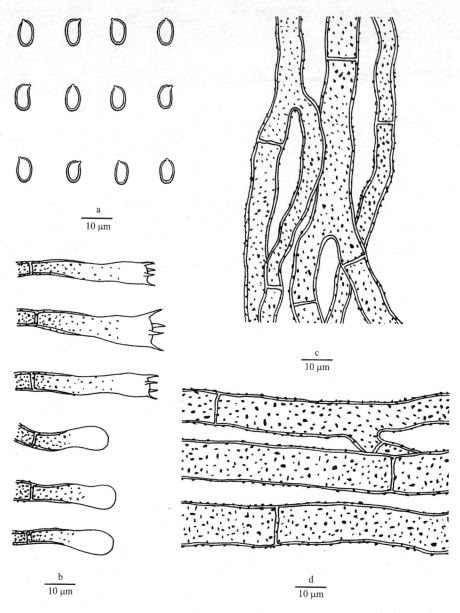

图 15　糙丝集毛孔菌 *Coltricia verrucata* Aime, T.W. Henkel & Ryvarden 的显微结构图
a. 担孢子；b. 担子和拟担子；c. 菌髓菌丝；d. 菌肉菌丝

　　孢子：担孢子椭圆形，浅黄色，厚壁，平滑，IKI−，CB+，大小为(7.3～)7.5～9(～9.2) × (4.3～)4.8～5.1(～5.8) μm，平均长 L = 7.99 μm，平均宽 W = 4.98 μm，长宽比 Q = 1.6（n = 30/1）。

　　生境：阔叶树林地上生。

　　研究标本：广东车八岭（BJFC007645），广东黑石顶（BJFC007959，BJFC007968）；

江西井冈山 (BJFC004836)，江西三清山 (BJFC003772，BJFC003776)。

世界分布：中国、圭亚那。

讨论：糙丝集毛孔菌最近描述于圭亚那 (Aime et al. 2003)，目前在中国发现的是该种的第二个分布点。该种的特征是子实体表面有硬毛，菌丝上有大量的黄褐色结晶。

魏氏集毛孔菌 图 16

Coltricia weii Y.C. Dai, Sydowia 62: 16（2010）

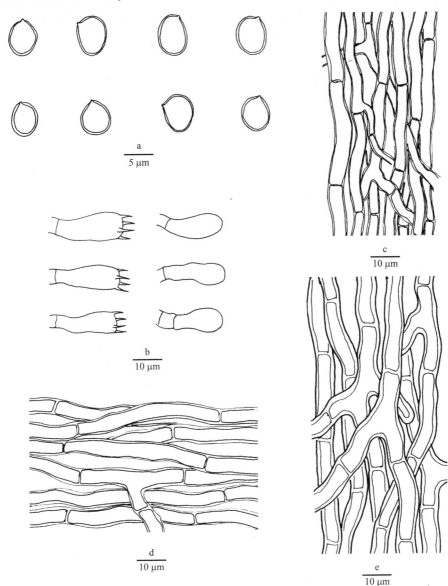

图16 魏氏集毛孔菌 *Coltricia weii* Y.C. Dai 的显微结构图

a. 担孢子；b. 担子和拟担子；c. 菌髓菌丝；d. 菌肉菌丝；e. 菌柄菌丝

子实体：担子果一年生，单生或数个集生，新鲜时革质，干后木栓质，具中生菌柄；菌盖圆形至漏斗形，直径可达 3 cm，中部厚可达 1.5 mm；菌盖表面锈褐色、红褐色或暗褐色，具明显的同心环区，具微绒毛；边缘薄，锐，撕裂状，干后内卷；孔口表面肉桂黄色至暗褐色；孔口圆形至多角形，每毫米 3～4 个；管口边缘薄，全缘至稍撕裂状；菌肉暗褐色，革质，厚可达 0.5 mm；菌管棕土黄色，比孔口表面颜色浅，干后木栓质至脆质，长可达 1 mm；菌柄暗褐色至黑褐色，干后硬木栓质，具微绒毛，长可达 1.5 cm，直径可达 2 mm，基部有时膨胀直径可达 3 mm；菌管略延伸到菌柄。

菌丝结构：菌丝系统一体系；所有隔膜简单分隔；菌丝组织遇 KOH 溶液变黑，其他无变化。

菌肉：菌肉生殖菌丝金黄褐色，稍厚壁具宽内腔，偶尔分枝，频繁分隔，疏松交织排列，直径 4～7 μm；菌丝在菌盖表面呈束状，有时二叉分枝；菌柄菌丝金黄褐色，厚壁具宽内腔，频繁分枝和分隔，平直，规则排列至疏松交织排列，直径 5～8 μm。

菌管：菌髓菌丝褐色，稍厚壁具宽内腔，偶尔分枝，疏松交织排列，直径 4～7 μm；无囊状体和拟囊状体；担子桶状，具 4 个小梗并在基部具一横膈膜，大小为 17～23 × 7～8 μm；拟担子与担子形状相似，但略小。

孢子：担孢子宽椭圆形，浅黄色，厚壁，平滑，IKI−，弱 CB+，大小为 (5.2～)5.6～7.2(～7.6) × (3.9～)4.3～5.5(～6) μm，平均长 L = 6.36 μm，平均宽 W = 4.98 μm，长宽比 Q = 1.22～1.35 (n = 180/6)。

生境：阔叶树或针叶树林地上生。

研究标本：广东车八岭（BJFC007706），广东鼎湖山（BJFC007882，BJFC007904），广东黑石顶（BJFC007965，BJFC007982，BJFC008022，BJFC008027，BJFC008029），广东南岭（BJFC006079，BJFC006129，BJFC006159）；河南宝天曼（BJFC007489，BJFC008130，IFP015627，IFP015628）；湖南莽山（BJFC000461，BJFC000462，BJFC000463，BJFC000464，IFP015623，IFP015624，IFP015625，IFP015626，IFP015629，IFP015630）；山东蒙山（BJFC005649）；云南长岩山（BJFC011196），云南楚雄（IFP015631），云南高黎贡山（BJFC006744），云南野鸭湖（BJFC008144，BJFC008146，BJFC013253）。

世界分布：中国。

讨论：魏氏集毛孔菌与肉桂集毛孔菌 *Coltricia cinnamomea* (Jacq.) Murrill 相似，但后者的担孢子大（6.8～8.2 × 5～6.2 μm，Dai 2010）。另外，肉桂集毛孔菌的菌盖表面菌丝不分枝。

小集毛孔菌属 Coltriciella Murrill

该属在《中国真菌志第二十九卷锈革孔菌科》中已经有描述，但该卷只论述了 2 种。本卷论述除上述 2 种之外的 7 种，这些种是近年来发现的新种。

小集毛孔菌属 *Coltriciella* 分种检索表

3. 担孢子球形 ·································· 近球孢小集毛孔菌 *C. subglobosa*
3. 担孢子椭圆形 ·································· 保山小集毛孔菌 *C. baoshanensis*
 4. 担孢子近球形 ·································· 球孢小集毛孔菌 *C. globosa*
 4. 担孢子椭圆形至舟形 ···································· 5
5. 子实体具中生柄；担孢子舟形 ··········· 舟孢小集毛孔菌 *C. naviculiformis*
5. 子实体具悬生柄；担孢子椭圆形 ···································· 6
 6. 担孢子长 9～12 μm ····················· 假悬垂小集毛孔菌 *C. pseudodependens*
 6. 担孢子长 6～9 μm ······················· 悬垂小集毛孔菌 *C. dependens*

保山小集毛孔菌　图 17
Coltriciella baoshanensis Y.C. Dai & B.K. Cui, Mycosystema 33(3): 618 (2014)

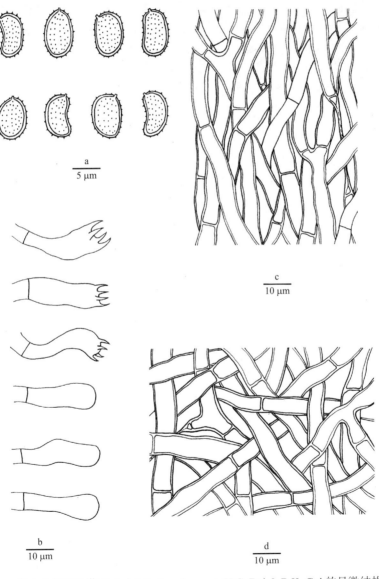

图 17　保山小集毛孔菌 *Coltriciella baoshanensis* Y.C. Dai & B.K. Cui 的显微结构图
a. 担孢子；b. 担子和拟担子；c. 菌髓菌丝；d. 菌肉菌丝

子实体：担子果一年生，平伏至反转，新鲜时软纤维质，干后韧；菌盖通常左右连生，有时覆瓦状，菌盖外伸可达 12 cm，宽可达 2 cm，基部厚可达 2.2 mm；平伏时长可达 15 cm，宽可达 3 cm，中部厚可达 5 mm；菌盖表面干后褐色，光滑；孔口表面新鲜时黄褐色，干后褐色；不育边缘浅黄色，宽可达 1 mm；孔口圆形至多角形，每毫米 2～3 个；管口边缘薄，全缘至略撕裂状；菌肉浅褐色，软木栓质，厚可达 3 mm；菌管与孔口表面同色，软纤维质，长可达 2 mm。

菌丝结构：菌丝系统一体系；所有隔膜简单分隔；菌丝组织遇 KOH 溶液变黑，其他无变化。

菌肉：菌肉生殖菌丝无色至浅黄色，稍厚壁具宽内腔，中度分枝，有时塌陷，疏松交织排列，直径 6～8 μm。

菌管：菌髓菌丝无色至浅黄色，薄壁至稍厚壁具宽内腔，中度分枝，有时塌陷，沿菌管近平行排列，菌丝在亚子实层频繁分枝，直径 5～9 μm；无囊状体和拟囊状体；担子棍棒状，具 4 个小梗并在基部具一横隔膜，大小为 17～27 × 8～11 μm；拟担子与担子形状相似，但略小。

孢子：担孢子宽椭圆形，浅黄色，厚壁，具微小疣，有时塌陷，IKI–，CB–，大小为 (6.5～)7～8.8(～9.7) × (3.5～)4.2～5.8(～6) μm，平均长 L = 7.79 μm，平均宽 W = 4.86 μm，长宽比 Q = 1.57～1.66 (n = 90/3)。

生境：阔叶树腐朽木上生。

研究标本：云南保山（BJFC013296，BJFC013299，模式标本）。

世界分布：中国。

讨论：皮生小集毛孔菌 Coltriciella corticicola Corner 与保山小集毛孔菌相似，前者描述于东南亚（Corner 1991），其担孢子为窄椭圆形至芒果形（Dai and Li 2012; Dai et al. 2014）。

悬垂小集毛孔菌　图 18

Coltriciella dependens (Berk. & M.A. Curtis) Murrill, Bull. Torrey Bot. Club 31(6): 348 (1904)

=*Polyporus dependens* Berk. & M.A. Curtis, Ann. Mag. nat. Hist., Ser. 2 12: 431 (1853)

=*Polystictus dependens* (Berk. & M.A. Curtis) Cooke, Grevillea 14(no. 71): 78 (1886)

=*Microporus dependens* (Berk. & M.A. Curtis) Kuntze, Revis. gen. pl. (Leipzig) 3(2): 496 (1898)

=*Trametes dependens* (Berk. & M.A. Curtis) D.V. Baxter, Pap. Mich. Acad. Sci. 14: 267 (1931)

=*Coltricia dependens* (Berk. & M.A. Curtis) Imazeki, Bull. Tokyo Sci. Mus. 6: 109 (1943)

=*Polyporus subperennis* Z.S. Bi & G.Y. Zheng, in Bi, Zheng & Lu, Acta Mycol. Sin. 1(2): 76 (1982)

子实体：担子果一年生，单生或数个集生，新鲜时无特殊气味，软革质，干后易碎，具悬生菌柄；菌盖药勺形至圆形，直径可达 1 cm，中部厚可达 0.8 mm；菌盖表面褐色至锈褐色，无同心环区，粗糙；边缘薄，撕裂状；孔口表面锈褐色；孔口多角形，每毫米 2～3 个；管口边缘薄，全缘；菌肉褐色，革质，厚可达 0.3 mm；菌管黄褐色，软木栓质，长可达 0.5 mm；菌柄黄褐色，干后硬木栓质，具微绒毛或光滑，长可达 1.5 cm，直径可达 0.5 mm。

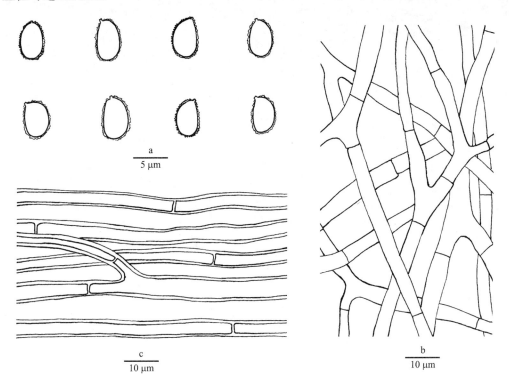

图 18　悬垂小集毛孔菌 *Coltriciella dependens* (Berk. & M.A. Curtis) Murrill 的显微结构图
a. 担孢子；b. 菌髓菌丝；c. 菌肉菌丝

菌丝结构：菌丝系统一体系；所有隔膜简单分隔；菌丝组织遇 KOH 溶液变黑，其他无变化。

菌肉：菌肉生殖菌丝浅黄色至黄褐色，稍厚壁具宽内腔，频繁分枝和分隔，平直，规则排列，直径 4～7 μm；菌柄生殖菌丝与菌肉菌丝相似。

菌管：菌髓菌丝浅黄色至黄褐色，薄壁至稍厚壁具宽内腔，频繁分枝和分隔，有时塌陷，平行于菌管排列，直径 3.5～6.5 μm；无囊状体和拟囊状体；担子棍棒状，具 4 个小梗并在基部具一横膈膜，大小为 16～24 × 6～8.3 μm；拟担子与担子形状相似，但略小。

孢子：担孢子椭圆形，金黄色至褐色，厚壁，具微小疣，IKI−、CB−，大小为 (5～)6～9(～9.6) × (3.8～)4～5.5(～6) μm，平均长 $L = 7.43$ μm，平均宽 $W = 4.78$ μm，长宽比 $Q = 1.45～1.75$（$n = 89/3$）。

生境：针叶树或阔叶树腐朽木上或林地上生。

研究标本：福建梁野山（BJFC015426）；广东南岭（BJFC005185）；海南霸王岭（BJFC004379），海南尖峰岭（BJFC010317，BJFC010318，BJFC010335）；湖南莽山（BJFC010320，IFP001162）；江西庐山（BJFC003890）；西藏林芝（BJFC017243）；云南哀牢山（BJFC015024，BJFC015025），云南高黎贡山（BJFC013313），云南野鸭湖

（BJFC008148）；浙江百山祖（BJFC014897，BJFC014905）。

世界分布：中国、澳大利亚、新西兰、美国、新加坡、泰国、马来西亚、日本。

讨论：拟多年多孔菌 *Polyporus subperennis* Z.G. Yang & Z.S. Bi 描述于广东（Bi et al. 1982），经研究发现它的模式标本实际就是悬垂小集毛孔菌，只是担孢子较小（5.5～7.5 × 4～5 μm，Dai and Yuan 2007）。

球孢小集毛孔菌　图 19

Coltriciella globosa L.S. Bian & Y.C. Dai, Mycoscience 56: 194 (2015)

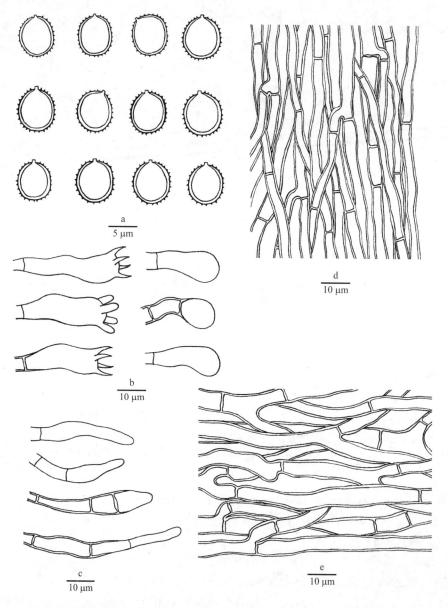

图 19　球孢小集毛孔菌 *Coltriciella globosa* L.S. Bian & Y.C. Dai 的显微结构图
a. 担孢子；b. 担子和拟担子；c. 囊状体；d. 菌髓菌丝；e. 菌肉菌丝

子实体：担子果一年生，通常数个连生，新鲜时软纤维质，干后脆质，具中生菌柄；菌盖圆形，直径可达 15 mm，中部厚可达 2 mm；菌盖表面土黄褐色，具明显的同心环区，具微绒毛至光滑；边缘锐，干后内卷；孔口表面干后土黄色；孔口多角形，每毫米 2～4 个；管口边缘薄，撕裂状；菌肉暗褐色，软木栓质，厚可达 0.3 mm；菌管与孔口表面同色，脆质，长可达 1.7 mm；菌柄灰褐色，具微绒毛，长可达 2.5 cm，直径可达 3 mm。

菌丝结构：菌丝系统一体系；所有隔膜简单分隔；菌丝组织遇 KOH 溶液变黑，其他无变化。

菌肉：菌肉生殖菌丝无色至浅黄色，稍厚壁至厚壁具宽内腔，偶尔分枝，略规则排列，直径 4～10 μm；菌柄生殖菌丝与菌肉菌丝相似，平行于菌柄排列，直径 4～8 μm。

菌管：菌髓菌丝无色至浅黄色，薄壁至稍厚壁具宽内腔，中度分枝，疏松交织排列或略平行于菌管排列，直径 4～6 μm；拟囊状体存在，梭形，无色至浅黄色，薄壁，有时中间分隔，大小为 12～40 × 3～8 μm；担子棍棒状至桶状，具 4 个小梗并在基部具一横膈膜，大小为 17～25 × 7～10 μm；拟担子与担子形状相似，但略小。

孢子：担孢子球形，黄色，厚壁，具微小疣，有时塌陷，IKI–、CB–，大小为 6～7 (～7.5) × (5.2～) 5.8～7 (～7.5) μm，平均长 $L = 6.5$ μm，平均宽 $W = 6.2$ μm，长宽比 $Q = 1.05$ ($n = 60/1$)。

生境：针叶树腐朽木上生。

研究标本：广东南岭 (BJFC006033，模式标本)。

世界分布：中国。

讨论：球孢小集毛孔菌与该属其他种的区别是菌柄直立、中生，担孢子球形；该菌与悬垂小集毛孔菌 Coltriciella dependens (Berk. & M.A. Curtis) Murrill 具有相似的子实体，但后者菌柄悬生、担孢子为椭圆形 (Bian and Dai 2015)。

舟孢小集毛孔菌　图 20

Coltriciella naviculiformis Y.C. Dai & Niemelä, Acta Bot. Fenn. 179: 21 (2006)

子实体：担子果一年生，单生或数个集生，干后软革质，具中生菌柄；菌盖漏斗形，直径可达 2 cm，中部厚可达 2 mm；菌盖表面灰褐色，具明显的同心环区，光滑，略折光；边缘薄，锐，撕裂状，干后内卷；孔口表面黄褐色至黑褐色；孔口圆形至多角形，每毫米 1～2 个；管口边缘薄，全缘；菌肉黑褐色，革质，厚可达 0.5 mm；菌管黄褐色，比孔口颜色浅，长可达 1.5 mm；菌柄锈褐色，干后软木栓质至易碎，具微绒毛或粗糙，长可达 2 cm，直径可达 3 mm，基部明显膨胀直径可达 5 mm。

菌丝结构：菌丝系统一体系；所有隔膜简单分隔；菌丝组织遇 KOH 溶液变黑，其他无变化。

菌肉：菌肉生殖菌丝浅黄色至黄褐色，稍厚壁具宽内腔，偶尔分枝，频繁分隔，略平直，略规则排列，直径 4～8 μm；菌柄生殖菌丝与菌肉菌丝相似。

菌管：菌髓菌丝浅黄色至黄褐色，多数薄壁，有些稍厚壁具宽内腔，频繁分枝和分隔，通常塌陷，略平行于菌管排列，直径 3～6 μm；无囊状体和拟囊状体；担子棍棒状，具 4 个小梗并在基部具一横膈膜，大小为 16～18 × 7～8 μm；拟担子与担子形状相似，但略小。

孢子：担孢子舟形，锈褐色，厚壁，具微小疣，IKI–，弱 CB+，大小为(7.8～)8～11(～12) × (4.5～)5～6.2(～7) μm，平均长 L = 9.48 μm，平均宽 W = 5.55 μm，长宽比 Q = 1.6～1.82 (n = 60/2)。

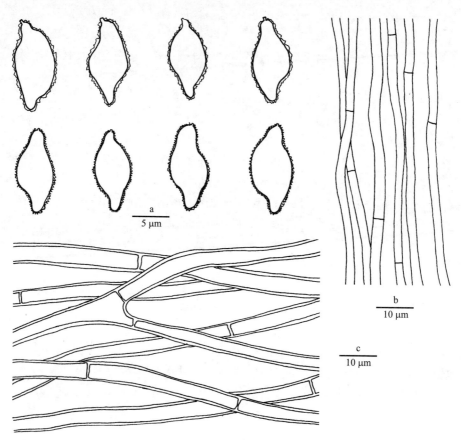

图 20　舟孢小集毛孔菌 *Coltriciella naviculiformis* Y.C. Dai & Niemelä 的显微结构图
a. 担孢子；b.菌髓菌丝；c. 菌肉菌丝

生境：阔叶树林地上生。

研究标本：云南勐海(IFP015634，模式标本)，云南普洱(IFP015633)。

世界分布：中国。

讨论：舟孢小集毛孔菌与同属其他种的区别是该种的孔口大、担孢子舟形。舟小集毛孔菌 *C. navispora* T.W. Henkel, Aime & Ryvarden 也具有舟形担孢子，但它为侧生柄，菌盖边缘全缘，担孢子长而窄(9～12 × 4～4.7 μm，L = 10.5 μm，W = 4.36 μm，Q = 2.41，Dai and Niemelä 2006)。

假悬垂小集毛孔菌　图 21

Coltriciella pseudodependens L.S. Bian & Y.C. Dai, Mycoscience 56: 194 (2015)

子实体：担子果一年生，新鲜时软纤维质，干后韧质至软木栓质，具菌柄，菌柄悬生；菌盖圆形，直径可达 6 mm，中部厚可达 3 mm；菌盖表面褐色至锈褐色，具不明显的同心环区，具微绒毛至光滑；孔口表面新鲜时灰褐色，干后褐色；孔口多角形，每毫米 1～3 个；管口边缘薄，全缘；菌肉褐色，软革质，厚可达 0.2 mm；菌管与孔口表面同色，软纤维质至韧质，长可达 2.8 mm；菌柄褐色，具微绒毛或粗糙，长可达 2 mm，直径可达 0.4 mm。

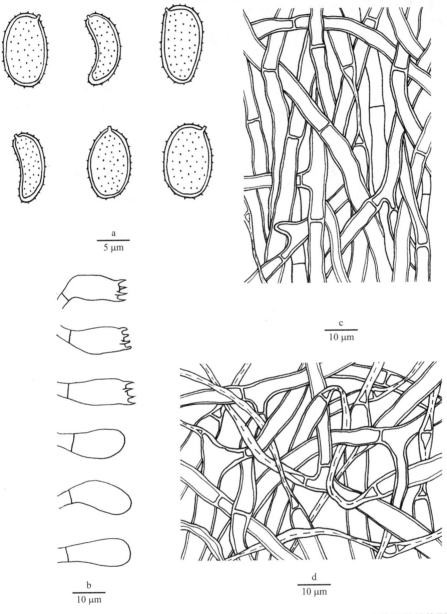

图 21　假悬垂小集毛孔菌 *Coltriciella pseudodependens* L.S. Bian & Y.C. Dai 的显微结构图
a. 担孢子；b. 担子和拟担子；c. 菌髓菌丝；d. 菌肉菌丝

　　菌丝结构：菌丝系统一体系；所有隔膜简单分隔；菌丝组织遇 KOH 溶液变黑，其他无变化。

　　菌肉：菌肉生殖菌丝无色至浅黄色，稍厚壁至厚壁具宽内腔，中度分枝，偶尔塌陷，略弯曲，交织排列，直径 5～10.8 μm；菌柄生殖菌丝与菌肉菌丝相似。

菌管： 菌髓菌丝无色至浅黄色，薄壁至稍厚壁具宽内腔，中度分枝，偶尔塌陷，疏松交织排列或略平行于菌管排列，直径 4～9 μm，有些菌丝膨胀直径可达 13 μm；无囊状体和拟囊状体；担子棒状至桶状，具 4 个小梗并在基部具一横膈膜，大小为 13～20 × 5～8 μm；拟担子与担子形状相似，但略小。

孢子： 担孢子椭圆形，黄色，厚壁，具微小疣，有时塌陷，IKI–，CB–，大小为 (7～) 9～11.8 (～12.6) × (4～) 5～6.2 (～7.2) μm，平均长 $L = 10.14$ μm，平均宽 $W = 5.59$ μm，长宽比 $Q = 1.77～1.91$ ($n = 120/3$)。

生境： 阔叶树腐朽木上生。

研究标本： 云南高黎贡山（BJFC006563，模式标本；BJFC006569，BJFC006575，BJFC006627）。

世界分布： 中国。

讨论： 假悬垂小集毛孔菌与悬垂小集毛孔菌 *Coltriciella dependens* (Berk. & M.A. Curtis) Murrill 具有相似的外观形态，但后者的担孢子较小 (6～8.5 × 4～5.5 μm，Dai 2010)。

近球孢小集毛孔菌 图 22

Coltriciella subglobosa Y.C. Dai, Fungal Diversity 45: 160 (2010)

子实体： 担子果一年生，平伏至反转，新鲜时软纤维质，干后棉质；菌盖通常左右连生，有时覆瓦状，菌盖外伸可达 5 cm，宽可达 5 mm，基部厚可达 3 mm；平伏时长可达 8 cm，宽可达 3 cm，中部厚可达 2 mm；菌盖表面干后暗褐色，具微绒毛至绒毛；孔口表面干后肉桂褐色，不育边缘黄褐色，窄至几乎无；孔口圆形，每毫米 3～4 个；管口边缘薄，略撕裂状；菌肉暗褐色，棉质，厚可达 2 mm；菌管与孔口表面同色，软纤维质，长可达 1 mm。

菌丝结构： 菌丝系统一体系；所有隔膜简单分隔；菌丝组织遇 KOH 溶液变黑，其他无变化。

菌肉： 菌肉生殖菌丝浅黄色至黄褐色，稍厚壁具宽内腔，频繁分枝和分隔，有时塌陷，交织排列，直径 6～10 μm。

菌管： 菌髓菌丝浅黄色至褐色，稍厚壁具宽内腔，频繁分枝和分隔，略平行于菌管排列或疏松交织排列，直径 6～8 μm；菌丝在管口边缘通常念珠状；无囊状体；拟囊状体存在，棒状，腹鼓状或锥形，无色，薄壁至稍厚壁，基部具一简单分隔，大小为 17～30 × 7～9 μm；担子棒状，具 4 个小梗并在基部具一横膈膜，大小为 20～25 × 10～12 μm；拟担子与担子形状相似，但略小。

孢子： 担孢子近球形，黄褐色，厚壁，具微小疣，IKI–，CB–，大小为 (6.2～) 6.3～7.8 (～8) × (4.8～) 5.2～6.5 (～6.7) μm，平均长 $L = 6.84$ μm，平均宽 $W = 5.82$ μm，长宽比 $Q = 1.18$ ($n = 30/1$)。

生境： 阔叶树腐朽木上生。

研究标本： 海南尖峰岭（BJFC012873，模式标本）。

世界分布： 中国。

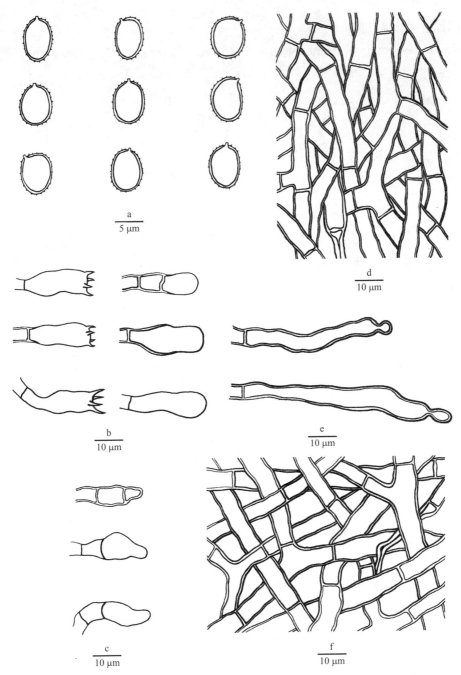

图 22　近球孢小集毛孔菌 *Coltriciella subglobosa* Y.C. Dai 的显微结构图
a. 担孢子；b. 担子和拟担子；c. 拟囊状体；d. 菌髓菌丝；e. 菌髓边缘菌丝；f. 菌肉菌丝

讨论：小集毛孔菌属的种类一般具菌柄，只有近球孢小集毛孔菌和塔斯马尼亚小集毛孔菌 *Coltriciella tasmanica*（Cleland & Rodway）D.A. Reid 无菌柄，但后者的担孢子为椭圆形（7～8 × 5～5.8 μm）。球孢小集毛孔菌 *Coltriciella globosa* L.S. Bian & Y.C. Dai 与近球孢小集毛孔菌具有相似的担孢子，但前者具有菌柄（Bian and Dai 2015）。

塔斯马尼亚小集毛孔菌　图 23

Coltriciella tasmanica (Cleland & Rodway) D.A. Reid, Kew Bull. 17(2): 292 (1963)

=*Poria tasmanica* Cleland & Rodway, Pap. Proc. R. Soc. Tasm.: 43 (1930)

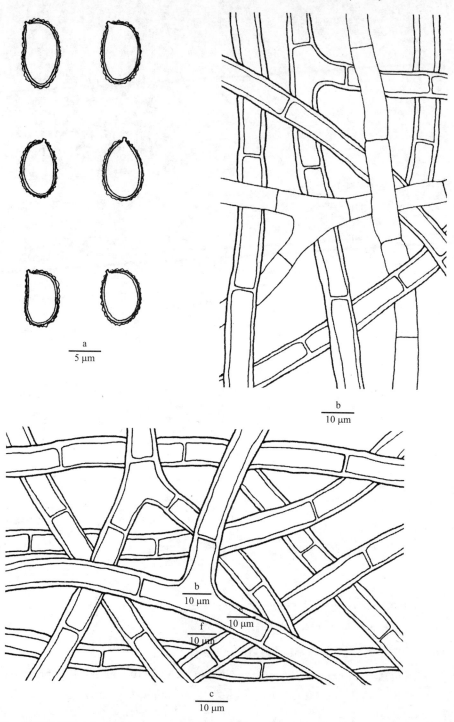

图 23　塔斯马尼亚小集毛孔菌 *Coltriciella tasmanica* (Cleland & Rodway) D.A. Reid 的显微结构图
a. 担孢子；b. 菌髓菌丝；c. 菌肉菌丝

子实体：担子果一年生，平伏，易与基质分离，新鲜时软棉质，无特殊气味，干后棉质，长可达 10 cm，宽可达 5 cm，中部厚可达 3 mm；不育边缘浅锈褐色，宽可达 2 mm；孔口表面新鲜时黄褐色，干后肉桂褐色至锈褐色；孔口圆形至多角形，每毫米 2～3 个；管口边缘薄，全缘；菌肉锈褐色，软棉质，厚可达 1 mm；菌管肉桂褐色至锈褐色，软棉质，长可达 2 mm。

菌丝结构：菌丝系统一体系；所有隔膜简单分隔；菌丝组织遇 KOH 溶液变黑，其他无变化。

菌肉：菌肉生殖菌丝浅黄色至黄褐色，稍厚壁具宽内腔，频繁分枝和分隔，略平直，疏松交织排列，直径 5.2～10 μm。

菌管：菌髓菌丝无色至黄色，薄壁至稍厚壁具宽内腔，频繁分枝，疏松交织排列，直径 5～9 μm；子实层塌陷，担子等未见，根据 Núñez 和 Ryvarden（2000），担子近球形，具 4 个小梗并在基部具一横膈膜，大小为 10～12 × 6～8 μm。

孢子：担孢子椭圆形，浅黄褐色至褐色，厚壁，具微小疣，IKI−，CB−，大小为 (6.5～)7～8(～8.4) × (4.7～)5～5.8(～6) μm，平均长 $L = 7.65$ μm，平均宽 $W = 5.29$ μm，长宽比 $Q = 1.45$（$n = 30/1$）。

生境：阔叶树腐朽木上生。

研究标本：广西十万大山（BJFC013408，IFP018299）；海南霸王岭（IFP012432）；浙江百山祖（BJFC014883）；浙江天目山（BJFC000460）。

世界分布：中国、澳大利亚、日本。

讨论：小集毛孔菌属的种类一般具菌柄，个别种类具有菌盖，只有塔斯马尼亚小集毛孔菌具有平伏的子实体，因此该种很容易与同属其他种区别。

小嗜蓝孢孔菌属 Fomitiporella Murrill

North Amer. Fl.（New York）9（1）：12（1907）

担子果多年生，少数种两年生，多数平伏，木栓质至硬木质；菌肉很薄至几乎无；菌丝系统二体系，生殖菌丝无色至浅黄色，薄壁或稍厚壁；骨架菌丝褐色，壁厚；无刚毛；担孢子椭圆形，浅黄色或褐色，IKI−，CB+或CB−。

模式种：*Poria umbrinella* Bres. 1896。

生境：生于阔叶树活立木或倒木上，引起木材白色腐朽。

讨论：小嗜蓝孢孔菌属与黄层孔菌属 *Fulvifomes* Murrill 和桑黄孔菌属 *Sanghuangporus* Sheng H. Wu, L.W. Zhou & Y.C. Dai 相似，即具有多年生子实体，担孢子黄褐色，厚壁，但黄层孔菌属的种类具有菌盖，桑黄孔菌属具子实层刚毛。

小嗜蓝孢孔菌属 *Fomitiporella* 分种检索表

1. 具梭形拟囊状体 ···························· 拟无针小嗜蓝孢孔菌 *F. subinermis*
1. 无拟囊状体 ·· 2
  2. 孔口表面后期开裂，菌管间具菌肉 ············ 喜洞小嗜蓝孢孔菌 *F. caviphila*
  2. 孔口表面后期不开裂，菌管间无菌肉 ············ 中国小嗜蓝孢孔菌 *F. sinica*

喜洞小嗜蓝孢孔菌　图 24

Fomitiporella caviphila L.W. Zhou, Annales Botanici Fennici 51: 281 (2014)

　　子实体：担子果多年生，平伏，不易与基质分离，新鲜时木质且无特殊气味，干后硬木质；长可达 20 cm，宽可达 8 cm，中部厚可达 20 mm；孔口表面黑褐色，具折光反应，后期开裂；不育边缘明显，浅黄褐色，宽可达 1.5 mm；孔口圆形，每毫米 6～8 个；菌管边缘厚，全缘；菌肉黄褐色，木质，厚可达 0.5 mm；菌管黄褐色，硬木栓质，分层明显，菌管间具菌肉层，单层菌管长达 2 mm；白色次生菌丝束存在于老菌管中。

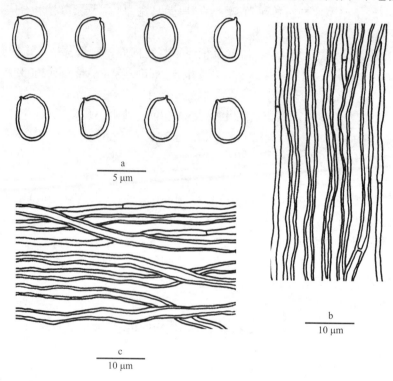

图 24　喜洞小嗜蓝孢孔菌 *Fomitiporella caviphila* L.W. Zhou 的显微结构图

a. 担孢子；b. 菌髓菌丝；c. 菌肉菌丝

　　菌丝结构：菌丝系统二体系；生殖菌丝具简单分隔；菌丝组织遇 KOH 溶液变黑，其他无变化。

　　菌肉：菌肉生殖菌丝少见，无色，薄壁，少分枝，频繁分隔，直径 1～1.5 μm；骨架菌丝占多数，黄褐色，厚壁具窄或宽内腔，不分枝，略规则排列，直径 2～3 μm。

　　菌管：菌髓生殖菌丝少见，无色，薄壁，不分枝，偶尔分隔，直径 1～1.8 μm；骨架菌丝占多数，黄褐色，厚壁具窄至宽内腔，不分枝，平行于菌管排列，直径 1.4～2.6 μm；无子实层刚毛；无囊状体和拟囊状体；担子和拟担子未见。

　　孢子：担孢子宽椭圆形，褐色，厚壁，光滑，IKI−，CB+，大小为 (4.1～)4.2～5(～5.2) × (3.3～)3.4～4(～4.2) μm，平均长 $L = 4.72$ μm，平均宽 $W = 3.75$ μm，长宽比 $Q = 1.26$ ($n = 30/1$)。

　　生境：阔叶树活立木树洞中。

研究标本：浙江（LWZ 20130812-1，IFP019139，模式标本）。

世界分布：中国。

讨论：喜洞小嗜蓝孢孔菌与洞生小嗜蓝孢孔菌 *Fomitiporella cavicola*（Kotl. & Pouzar）T. Wagner & M. Fisch.相似，且后者也生长于阔叶树洞中，但后者的孔口（每毫米 5～6 个）和担孢子都较大（4.7～5.5 × 4～4.5 μm，Kotlaba and Pouzar 1995；Zhou 2014c）。

中国小嗜蓝孢孔菌　图 25

Fomitiporella sinica Y.C. Dai, X.H. Ji & Vlasák, in Ji, Vlasák, Zhou, Wu & Dai, Mycologia 109: 317 (2017)

子实体：担子果多年生，平伏，不易与基质分离，新鲜时硬木质且无特殊气味，干后木质；长可达 15 cm，宽可达 6 cm，中部厚可达 10 mm；孔口表面锈褐色、暗褐色至黑褐色，略具折光反应；不育边缘明显，黄褐色，宽可达 1 mm；孔口多角形，每毫米 6～8 个；菌管边缘薄，几乎全缘；菌肉非常薄至几乎无；菌管分层明显，木质，每层长可达 2.5 mm。

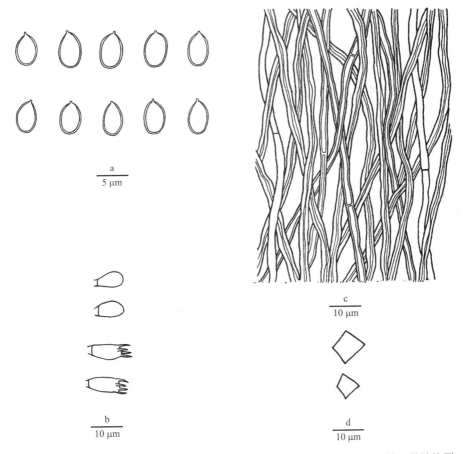

图 25　中国小嗜蓝孢孔菌 *Fomitiporella sinica* Y.C. Dai, X.H. Ji & Vlasák 的显微结构图
a. 担孢子；b. 担子和拟担子；c. 菌髓菌丝；d. 菱形结晶体

菌丝结构：菌丝系统二体系；生殖菌丝具简单分隔；菌丝组织遇 KOH 溶液变黑，其他无变化。

菌管：菌髓生殖菌丝无色，薄壁至稍厚壁，不分枝，频繁分隔，直径 1.8～2.7 μm；骨架菌丝占多数，金黄褐色，厚壁具窄内腔，不分枝，不分隔，交织排列，直径 2～3.5 μm；无子实层刚毛；无囊状体和拟囊状体；担子桶状，具 4 个小梗并在基部具一横膈膜；拟担子与担子形状相似，但略小；菱形结晶大量存在于子实层和菌髓。

孢子：担孢子宽椭圆形至近球形，黄褐色，厚壁，光滑，IKI−，中度 CB+，大小为 3.9～4.3（～4.6）× 3～3.5（～3.7）μm，平均长 L = 4.09 μm，平均宽 W = 3.26 μm，长宽比 Q = 1.23～1.28（n = 60/2）。

生境：阔叶树活立木或倒木上生。

研究标本：广东广州（BJFC008081）；江西新余县（BJFC004799，BJFC004710，模式标本）。

世界分布：中国。

讨论：中国小嗜蓝孢孔菌与美洲小嗜蓝孢孔菌 Fomitiporella americana Y.C. Dai, X.H. Ji & Vlasák 具有相似的外观形态，但后者的孔口较大（每毫米 5～6 个），且子实体较薄（厚可达 5 mm，Ji et al. 2017b）。

拟无针小嗜蓝孢孔菌　图 26

Fomitiporella subinermis Y.C. Dai, X.H. Ji & Vlasá, in Ji, Vlasák, Zhou, Wu & Dai, Mycologia 109: 313 (2017)

子实体：担子果多年生，平伏，不易与基质分离，新鲜时革质且无特殊气味，干后木质；长可达 25 cm，宽可达 10 cm，中部厚可达 10 mm；孔口表面灰褐色至褐色，略具折光反应；不育边缘明显，黄褐色，宽可达 1 mm；孔口圆形，每毫米 6～7 个；菌管边缘厚，全缘；菌肉黑褐色，木栓质，厚可达 0.5 mm；菌管分层明显，暗褐色，木质，每层长可达 2.5 mm。

菌丝结构：菌丝系统二体系；生殖菌丝具简单分隔；菌丝组织遇 KOH 溶液变黑，其他无变化。

菌肉：菌肉生殖菌丝少见，无色，薄壁，少分枝，频繁分隔，直径 1.8～3 μm；骨架菌丝占多数，金黄色，厚壁具窄内腔，不分枝，不分隔，弯曲，交织排列，直径 2～3.8 μm。

菌管：菌髓生殖菌丝无色至浅黄色，薄壁至稍厚壁，偶尔分枝，频繁分隔，直径 1.5～2.5 μm；骨架菌丝黄褐色至褐色，厚壁至几乎实心，不分枝，直径 2～3 μm；无子实层刚毛；梭形拟囊状体存在；大小为 11～17 × 3～5 μm；子实层塌陷，担子和拟担子未见；菱形结晶大量存在于子实层和菌髓。

孢子：担孢子近球形，黄褐色，厚壁，光滑，通常塌陷，IKI−，中度 CB+，大小为（4.1～）4.6～5（～5.3）×（3～）3.6～4（～4.1）μm，平均长 L = 4.7 μm，平均宽 W = 3.76 μm，长宽比 Q = 1.23～1.27（n = 60/2）。

生境：阔叶树倒木上生。

研究标本：湖南省宜章县（BJFC018247，BJFC018226，模式标本）。

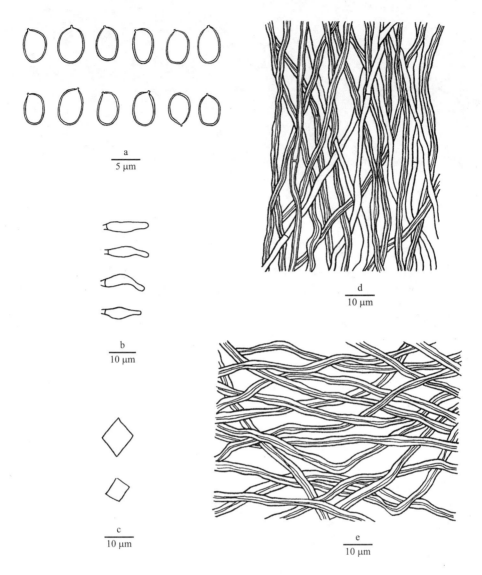

图 26　拟无针小嗜蓝孢孔菌 *Fomitiporella subinermis* Y.C. Dai, X.H. Ji & Vlasá 的显微结构图

a. 担孢子；b. 拟囊状体；c. 菱形结晶体；d. 菌髓菌丝；e. 菌肉菌丝

世界分布：中国。

讨论：拟无针小嗜蓝孢孔菌与无针小嗜蓝孢孔菌 *Fomitiporella inermis*（Ellis & Everh.）Murrill 具有相似的孔口和担孢子，但后者的子实体较薄（不超过 3 mm），且分仅布在美洲（Ji et al. 2017b）。

嗜蓝孢孔菌属 Fomitiporia Murrill

该属在《中国真菌志第二十九卷锈革孔菌科》中已经有描述，但该卷论述了 8 种。本卷论述除上述 8 种之外的 8 种，这些种类基本是近年来发现的新种。嗜蓝孢孔菌属的种类对寄主具有一定的专化性，且绝大部分种类具有分子数据。

嗜蓝孢孔菌属 *Fomitiporia* 分种检索表

罗布林卡嗜蓝孢孔菌　图 27

Fomitiporia norbulingka B.K. Cui & Hong Chen, in Chen, Zhou & Cui, Mycologia 108: 1013 (2016)

　　子实体：担子果多年生，平伏反转至盖形，不易与基质分离，新鲜时木质且无特殊气味，干后硬木质；菌盖马蹄形，外伸可达 6 cm，宽可达 8 cm，基部厚可达 6.8 cm；菌盖表面干后黄褐色、灰褐色至黑褐色，光滑，具同心环沟或环沟不明显；边缘钝；孔口表面黄褐色至黑褐色，具折光反应；不育边缘明显，锈褐色，宽可达 1 mm；孔口圆形至多角形，每毫米 6～9 个；菌管边缘薄至稍厚，全缘；菌肉褐色，木质，不分区，厚可达 2.8 cm；菌管与菌肉同色，硬木栓质，分层明显，菌管间具菌肉层，长可达 4 cm。

　　菌丝结构：菌丝系统二体系；生殖菌丝具简单分隔；菌丝组织遇 KOH 溶液变黑，其他无变化。

　　菌肉：生殖菌丝无色至浅黄色，薄壁至稍厚壁，偶尔分枝，频繁分隔，直径 1.8～3.6 μm；骨架菌丝占多数，黄褐色，厚壁具宽内腔，少分枝，不分隔，平直，规则排列，直径 3～6.5 μm。

　　菌管：生殖菌丝无色至浅黄色，稍厚壁，频繁分隔，偶尔分枝，直径 2.8～4 μm；骨架菌丝占多数，黄褐色，厚壁具宽内腔，少分枝，平直，与菌管近平行排列，直径 3.2～6.5 μm；无刚毛；拟囊状体少见；担子桶状，具 4 个小梗并在基部具一横膈膜，12～18 × 6～10 μm；拟担子与担子形状相似，但略小。

　　孢子：担孢子近球形至球形，无色，厚壁，光滑，具拟糊精反应，强烈 CB+，大小为 $(5.8～)6.2～7.8(～8.5) \times (5.2～)5.4～7.2(～7.4)$ μm，平均长 $L = 7.1$ μm，平均宽 $W = 6.3$ μm，长宽比 $Q = 1.11～1.17$ $(n = 90/3)$。

　　生境：沙棘活立木上生。

　　研究标本：西藏拉萨（BJFC008706，模式标本；BJFC008659，BJFC008702，

BJFC008713）。

世界分布：中国。

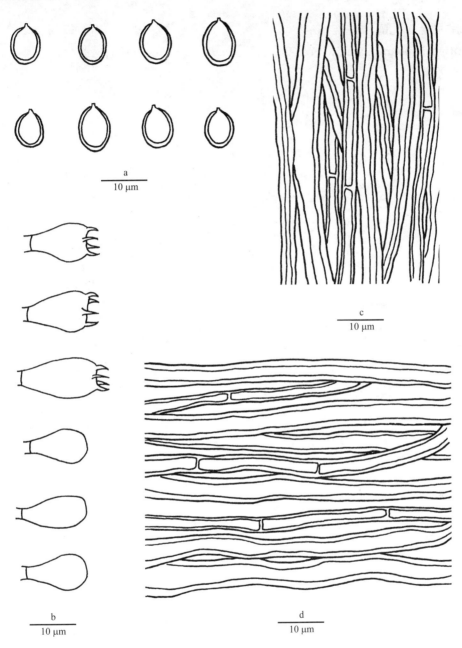

图 27　罗布林卡嗜蓝孢孔菌 *Fomitiporia norbulingka* B.K. Cui & Hong Chen 的显微结构图
a. 担孢子；b. 担子和拟担子；c. 菌髓菌丝；d. 菌肉菌丝

讨论：罗布林卡嗜蓝孢孔菌与沙棘嗜蓝孢孔菌 *Fomitiporia hippophaëicola*（H. Jahn）
Fiasson & Niemelä 和拟沙棘嗜蓝孢孔菌 *Fomitiporia subhippophaëicola* 都生长在沙棘树
木上，过去将这 3 种作为同一物种处理，但分子系统学研究表明三者在系统发育上处于
不同的枝系，且有不同的形态学性状：罗布林卡嗜蓝孢孔菌的孔口为每毫米 6~9 个，

几乎无拟囊状体；沙棘嗜蓝孢孔菌的孔口为每毫米 5～7 个，具腹鼓状囊状体；拟沙棘嗜蓝孢孔菌的孔口为每毫米 8～10 个，具梭形囊状体(Chen et al. 2016)。

五列木嗜蓝孢孔菌　图 28

Fomitiporia pentaphylacis L.W. Zhou, Mycological Progress 11: 910 (2012)

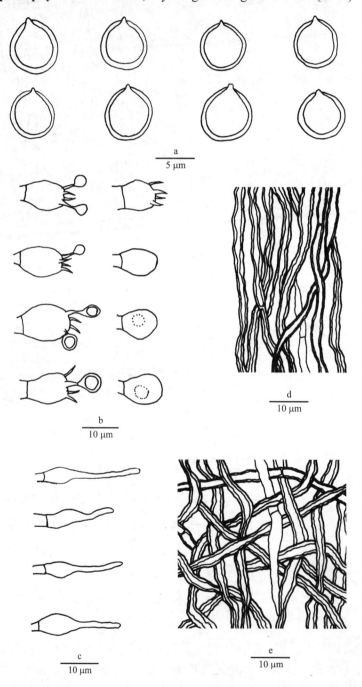

图 28　五列木嗜蓝孢孔菌 *Fomitiporia pentaphylacis* L.W. Zhou 的显微结构图
a. 担孢子；b. 担子和拟担子；c. 拟囊状体；d. 菌髓菌丝；e. 菌肉菌丝

子实体：担子果一年生，平伏反卷至盖形，不易与基质分离，新鲜时木质且无特殊气味，干后硬木质；菌盖三角形，外伸可达 7 mm，宽可达 13 mm，基部厚可达 9 mm；菌盖表面干后黄褐色至肉桂色，具微绒毛或光滑，具同心环沟，有时覆盖苔藓；边缘肉桂黄色，钝；孔口表面土黄色；不育边缘明显，肉桂黄色，宽可达 2 mm；孔口圆形，每毫米 6～9 个；菌管边缘厚，全缘；菌肉肉桂色至橘黄褐色，木栓质，厚可达 8 mm；菌管肉桂黄色，木质，菌管层明显，长可达 1 mm。

菌丝结构：菌丝系统二体系；生殖菌丝具简单分隔；菌丝组织遇 KOH 溶液变黑，其他无变化。

菌肉：生殖菌丝少见，无色至浅黄色，薄壁至稍厚壁，频繁分隔，直径 2～4 μm；骨架菌丝占多数，黄褐色，厚壁，不分枝，不分隔，交织排列，直径 2.5～3.8 μm。

菌管：生殖菌丝少见，无色至浅黄色，薄壁至稍厚壁，频繁分隔，直径 2～3.5 μm；骨架菌丝占多数，黄褐色，厚壁具宽内腔，不分枝，偶尔分隔，与菌管近平行排列，直径 2.5～4 μm；无刚毛；拟囊状体存在，无色，薄壁，锥形或腹鼓状，大小为 15～25 × 4～6 μm；担子桶状，具 4 个小梗并在基部具一横膈膜，10～13 × 7～8 μm；拟担子与担子形状相似，但略小；菱形结晶大量存在于子实层和菌髓。

孢子：担孢子近球形至球形，无色，厚壁，光滑，具拟糊精反应，强烈 CB+，大小为 (5.8～)5.9～7.6(～7.9) × 5.4～6.5(～6.8) μm，平均长 L = 6.61 μm，平均宽 W = 5.86 μm，长宽比 Q = 1.13 (n = 30/1)。

生境：阔叶树倒木上生。

研究标本：广西大明山（IFP015816，模式标本）。

世界分布：中国。

讨论：五列木嗜蓝孢孔菌和小嗜蓝孢孔菌 *Fomitiporia pusilla* (Lloyd) Y.C. Dai 都具有小盖形的子实体(Zhou and Xue 2012)，但后者的子实体菌管多层，且担孢子较小，(3.9～)4～4.9(～5.1) × (3.3～)3.4～4.6(～4.9) μm，L = 4.44 μm，W = 3.98 μm，Q = 1.11～1.12(Dai 2010)。

假斑嗜蓝孢孔菌　图 29

Fomitiporia pseudopunctata (A. David, Dequatre & Fiasson) Fiasson, in Fiasson & Niemelä, Karstenia 24(1): 25 (1984)

=*Phellinus pseudopunctatus* A. David, Dequatre & Fiasson, Mycotaxon 14(1): 171 (1982)

子实体：担子果多年生，平伏，通常为垫形，不易与基质分离，新鲜时木栓质且无特殊气味，干后革木质；长可达 20 cm，宽可达 8 cm，中部厚可达 5 mm；孔口表面黄褐色，新鲜时触摸后变为黑褐色，具折光反应；不育边缘明显，灰褐色，逐年退缩；孔口圆形，每毫米 5～7 个；菌管边缘薄，全缘；菌肉褐色，木栓质，厚可达 1 mm；菌管与孔口表面同色，木质，分层明显，长可达 4 mm。

菌丝结构：菌丝系统二体系；生殖菌丝具简单分隔；菌丝组织遇 KOH 溶液变黑，其他无变化。

菌肉：生殖菌丝无色至浅黄色，薄壁至稍厚壁具窄内腔，偶尔分枝和分隔，直径 2～3 μm；骨架菌丝占多数，黄褐色，厚壁具窄内腔，少分枝，强烈交织排列，直径 2～4 μm。

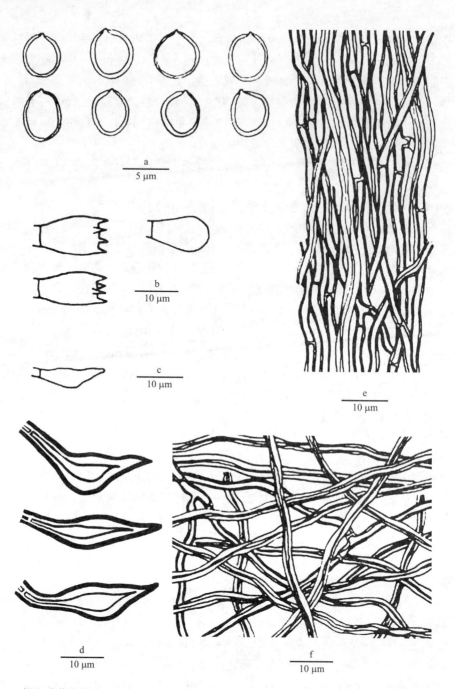

图 29　假斑嗜蓝孢孔菌 *Fomitiporia pseudopunctata* (A. David, Dequatre & Fiasson) Fiasson 的显微

结构图

a. 担孢子；b. 担子和拟担子；c. 拟囊状体；d. 刚毛；e. 菌髓菌丝；f. 菌肉菌丝

　　菌管：生殖菌丝无色至浅黄褐色，薄壁至稍厚壁，偶尔分枝，频繁分隔，直径 2～
3 μm；骨架菌丝占多数，黄褐色，厚壁具窄内腔，少分枝，强烈交织排列，直径 2～5 μm；
刚毛常见，腹鼓状至锥形，黑褐色，厚壁，20～30 × 6～8 μm；拟囊状体偶尔存在，腹
鼓状至锥形，无色，薄壁，大小为 7～14 × 3～4 μm；担子粗棍棒状至桶状，具 4 个小

梗并在基部具一横膈膜，大小为 7~9 × 4~5 μm；拟担子与担子形状相似，但略小。

孢子：担孢子宽椭圆形至近球形，无色，厚壁，光滑，具拟糊精反应，强烈 CB+，大小为 5~6（~6.1）× 4~5（~5.6）μm，平均长 L = 5.4 μm，平均宽 W = 4.55 μm，长宽比 Q = 1.19（n = 30/1）。

生境：阔叶树倒木上生。

研究标本：海南尖峰岭（BJFC009588，BJFC009589）；湖南莽山（IFP014692，IFP014693，IFP014694）；云南西双版纳（BJFC009585）。

世界分布：中国、意大利、津巴布韦。

讨论：假斑嗜蓝孢孔菌的主要特征为子实体平伏、具大量子实层刚毛。外观形态上假斑嗜蓝孢孔菌与斑嗜蓝孢孔菌 Fomitiporia punctata (P. Karst.) Murrill 相似，但后者无刚毛，且其担孢子较大（5.5~7 × 5.2~6.7 μm，Dai 2010）。版纳嗜蓝孢孔菌 Fomitiporia bannaensis Y.C. Dai 也具有平伏的子实体和大量的子实层刚毛，但后者的孔口小（每毫米 8~10 个），担孢子也明显小（4.2~5.2 × 3.8~4.9 μm，Dai 2010）。

石榴嗜蓝孢孔菌　图 30

Fomitiporia punicata Y.C. Dai, B.K. Cui & Decock, Mycol. Res. 112(3): 376 (2008)

子实体：担子果多年生，平伏至反转或明显盖形，单生或覆瓦状叠生，新鲜时木栓质且无特殊气味，干后木质；菌盖三角形或马蹄形，外伸可达 7 cm，宽可达 6 cm，基部厚可达 5 cm；菌盖表面干后黑褐色，粗糙，无环区，开裂；边缘黄褐色，钝；孔口表面浅黄褐色至肉桂褐色，具折光反应；孔口圆形至多角形，每毫米 4~6 个；菌管边缘薄，全缘；菌肉黄褐色，具环区，木质，厚可达 4 cm；菌管比菌肉颜色深，肉桂褐色，木质，分层明显，长可达 1 cm。

菌丝结构：菌丝系统二体系；生殖菌丝具简单分隔；菌丝组织遇 KOH 溶液变黑，其他无变化。

菌肉：生殖菌丝无色至浅黄色，薄壁至稍厚壁具窄内腔，偶尔分枝和分隔，直径 2.4~3.5 μm；骨架菌丝占多数，黄褐色至锈褐色，厚壁具窄或宽内腔，通常不分枝，有时塌陷，疏松交织排列，直径 2.7~5.5 μm。

菌管：生殖菌丝无色，薄壁，偶尔分枝，频繁分隔，直径 2~3 μm；骨架菌丝占多数，黄褐色，厚壁具窄至宽内腔，通常不分枝，略平行于菌管排列，直径 2.5~4.8 μm；无刚毛和囊状体；拟囊状体偶尔存在，梭形至锥形，无色，薄壁，大小为 6~11 × 4~6 μm；担子桶状至近球形，具 4 个小梗并在基部具一横膈膜，大小为 8~15 × 6~8.5 μm；拟担子与担子形状相似，但略小；菱形结晶偶尔存在。

孢子：担孢子近球形至球形，无色，厚壁，光滑，具拟糊精反应，强烈 CB+，大小为（5.4~）5.8~7（~7.4）×（4.1~）4.5~6.2（~6.6）μm，平均长 L = 6.42 μm，平均宽 W = 5.42 μm，长宽比 Q = 1.14~1.24（n = 90/3）。

生境：阔叶树活立木或倒木上生。

研究标本：北京潭柘寺（BJFC008763），北京香山（BJFC000664，BJFC003543，BJFC003716，BJFC004889，BJFC004890，BJFC004894，BJFC004899，BJFC008085，IFP012321）；广西十万大山（IFP018337）；陕西骊山（IFP015639，IFP015640，IFP015641，

模式标本)，陕西西安(BJFC000662，BJFC000663，BJFC000688，BJFC000689)；四川卡龙沟(BJFC009060)。

世界分布：中国。

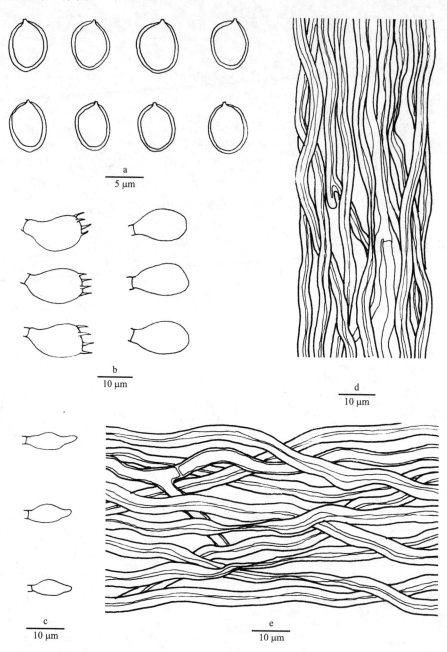

图30　石榴嗜蓝孢孔菌 *Fomitiporia punicata* Y.C. Dai, B.K. Cui & Decock 的显微结构图
a. 担孢子；b. 担子和拟担子；c. 拟囊状体；d. 菌髓菌丝；e. 菌肉菌丝

讨论：石榴嗜蓝孢孔菌与地中海嗜蓝孢孔菌 *Fomitiporia mediterranea* M. Fisch.具有相似的担孢子，但后者的子实体平伏(David et al. 1982)。石榴嗜蓝孢孔菌与稀针嗜蓝孢孔菌 *Fomitiporia robusta* (P. Karst.) Fiasson & Niemelä 有时相混淆，但后者的担孢子大

（6～7.5×5.3～7 μm），具刚毛，且通常生长在栎树活立木或倒木上。

拟沙棘嗜蓝孢孔菌　图31

Fomitiporia subhippophaëicola B.K. Cui & H. Chen, in Chen, Zhou & Cui, Mycologia 108: 1013 (2016)

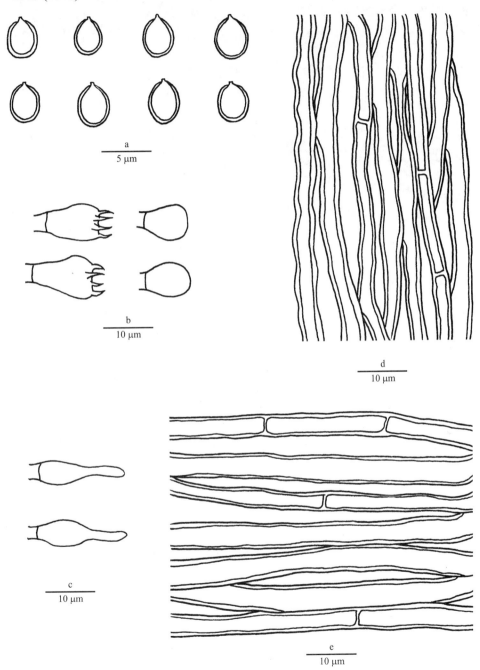

图31　拟沙棘嗜蓝孢孔菌 *Fomitiporia subhippophaëicola* B.K. Cui & H. Chen 的显微结构图
a. 担孢子；b. 担子和拟担子；c. 拟囊状体；d. 菌髓菌丝；e. 菌肉菌丝

子实体：担子果多年生，平伏反转至盖形，不易与基质分离，新鲜时木质且无特殊气味，干后硬木质；菌盖马蹄形，外伸可达 7 cm，宽可达 10 cm，基部厚可达 5.4 cm；菌盖表面干后黄褐色至黑褐色，具同心环区或环沟，粗糙，后期开裂；边缘钝；孔口表面褐色至黑褐色，具折光反应；不育边缘明显，锈褐色，宽可达 2 mm；孔口多角形，每毫米 8～10 个；菌管边缘薄，全缘；菌肉灰褐色，木质，不分区，厚可达 1.7 cm；菌管与菌肉同色，硬木栓质，分层明显，菌管间无菌肉层，长可达 3.7 cm。

菌丝结构：菌丝系统二体系；生殖菌丝具简单分隔；菌丝组织遇 KOH 溶液变黑，其他无变化。

菌肉：生殖菌丝无色至浅黄色，薄壁至稍厚壁，偶尔分枝，频繁分隔，直径 2～4 μm；骨架菌丝占多数，黄褐色至红褐色，厚壁具宽内腔，少分枝，不分隔，平直，规则排列，直径 3.5～7.5 μm。

菌管：生殖菌丝无色至浅黄色，薄壁至稍厚壁，频繁分隔，偶尔分枝，直径 1.2～3.6 μm；骨架菌丝占多数，黄褐色至红褐色，厚壁具明显内腔，少分枝，平直，与菌管近平行排列，直径 2.6～5 μm；无刚毛；拟囊状体梭形，12～15 × 4～6 μm；担子桶状，具 4 个小梗并在基部具一横膈膜，8～15 × 6～10 μm；拟担子与担子形状相似，但略小。

孢子：担孢子近球形至球形，无色，厚壁，光滑，具拟糊精反应，强烈 CB+，大小为 (5.8～)6～8(～9) × (5.2～)5.5～6.8(～7) μm，平均长 L = 6.8 μm，平均宽 W = 6.1 μm，长宽比 Q = 1.1～1.12 (n = 60/2)。

生境：沙棘活立木上生。

研究标本：西藏林芝（BJFC008271，模式标本；BJFC017010，BJFC017016）。

世界分布：中国。

讨论：见罗布林卡嗜蓝孢孔菌的讨论部分。

短管嗜蓝孢孔菌　图 32

Fomitiporia tenuitubus L.W. Zhou, Mycological Progress 11: 910 (2012)

子实体：担子果多年生，盖形，单生，新鲜时木栓质且无特殊气味，干后木质；菌盖马蹄形，外伸可达 5.5 cm，宽可达 10 cm，基部厚可达 7 cm；菌盖表面干后橘黄褐色至浅黄褐色，具微绒毛至光滑，无环区；边缘黄褐色，钝；孔口表面红褐色至浅黄褐色；不育边缘肉桂黄色，宽可达 1.5 mm；孔口多角形至圆形，每毫米 6～8 个；菌管边缘薄，全缘；菌肉黄褐色至肉桂色，木质，厚可达 6.7 cm，明显分层；菌管肉桂黄色，木质，长可达 3 mm。

菌丝结构：菌丝系统二体系；生殖菌丝具简单分隔；菌丝组织遇 KOH 溶液变黑，其他无变化。

菌肉：生殖菌丝少见，无色至浅黄色，薄壁至稍厚壁，偶尔分枝，频繁分隔，直径 2～4.5 μm；骨架菌丝占多数，浅黄色，厚壁具明显内腔，不分枝，不分隔，略规则排列，直径 2～7 μm。

菌管：生殖菌丝少见，无色至浅黄褐色，薄壁至稍厚壁具宽内腔，偶尔分枝，频繁分隔，直径 1.5～3.5 μm；骨架菌丝占多数，浅黄色，厚壁具宽内腔，不分枝，偶尔分隔，略平行于菌管排列，直径 2～4 μm；刚毛存在，腹鼓状至锥形，黑褐色，厚壁，大小为 14～25 × 7～10 μm；拟囊状体存在，锥形，末端渐尖，薄壁，大小为 11～25 × 3～4 μm；担子桶状至近球形，具 4 个小梗并在基部具一横膈膜，10～12 × 7～8 μm；拟担子与担子形状相似，但略小。

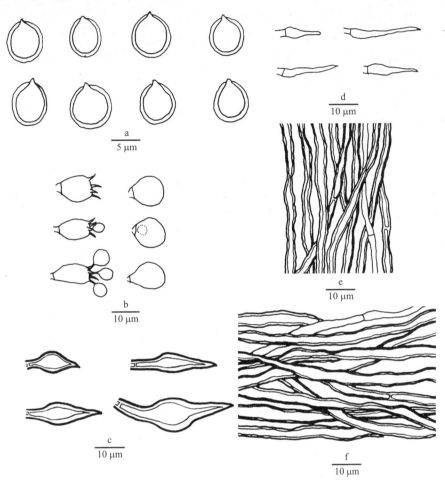

图 32　短管嗜蓝孢孔菌 *Fomitiporia tenuitubus* L.W. Zhou 的显微结构图
a. 担孢子；b. 担子和拟担子；c. 刚毛；d. 拟囊状体；e. 菌髓菌丝；f. 菌肉菌丝

孢子：担孢子近球形至球形，无色，厚壁，光滑，具拟糊精反应，强烈 CB+，大小为 (5.8～)6～6.9(～7.1) × (5.4～)5.5～6.6(～6.9) μm，平均长 $L = 6.44$ μm，平均宽 $W = 6.02$ μm，长宽比 $Q = 1.07$ （$n = 30/1$）。

生境：阔叶树活立木或倒木上生。

研究标本：广西猫儿山(IFP015817，模式标本)；浙江百山祖(BJFC019639)。

世界分布：中国。

讨论：短管嗜蓝孢孔菌与直立嗜蓝孢孔菌 *Fomitiporia erecta*（A. David et al.）Fiasson 相似，但后者的孔口(每毫米 5～6 个，Dai 2010)和担孢子(直径 6.5～7.5 μm，Dai 2010)比前者大。

德州嗜蓝孢孔菌　图 33

Fomitiporia texana (Murrill) Nuss, Biblthca Mycol. 105: 108 (1986)

=*Pyropolyporus texanus* Murrill, N. Amer. Fl. (New York) 9(2): 104 (1908)

=*Phellinus texanus* (Murrill) A. Ames, Annls mycol. 11(3): 246 (1913)

=*Fomes texanus* (Murrill) Lloyd, Mycol. Writ. 4 (Syn. gen. Fomes): 242 (1915)

　　子实体：担子果多年生，盖形，单生，新鲜时木栓质且无特殊气味，干后木质；菌盖平展，外伸可达 15 cm，宽可达 24 cm，基部厚可达 4 cm；菌盖表面干后浅褐色至暗褐色，无环区，具环沟，后期开裂；边缘黄褐色，钝；孔口表面黄褐色，具折光反应；孔口圆形，每毫米 5～7 个；菌管边缘厚，全缘；菌肉黄褐色，木质，厚可达 5 mm；菌管浅黄褐色，木质，分层明显，长可达 3.5 cm。

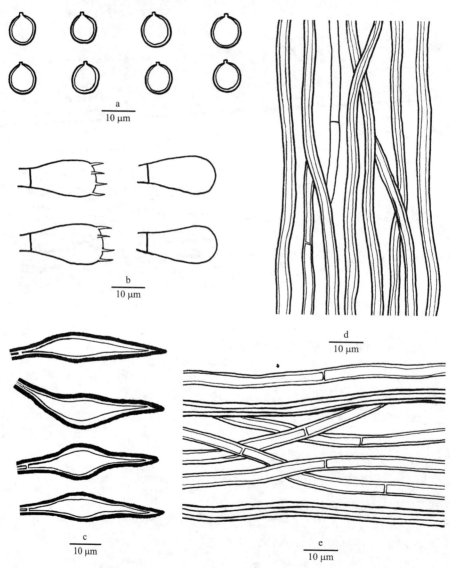

图 33　德州嗜蓝孢孔菌 *Fomitiporia texana* (Murrill) Nuss 的显微结构图
a. 担孢子；b. 担子和拟担子；c. 刚毛；d. 菌髓菌丝；e. 菌肉菌丝

菌丝结构：菌丝系统二体系；生殖菌丝具简单分隔；菌丝组织遇 KOH 溶液变黑，其他无变化。

菌肉：生殖菌丝无色至浅黄色，稍厚壁具宽内腔，少分枝，频繁分隔，略规则排列，直径 3～5.2 μm；骨架菌丝占多数，浅褐色至黄褐色，厚壁具明显内腔，不分枝，略规则排列，稍黏结，直径 3～5.4 μm。

菌管：生殖菌丝无色至浅黄褐色，薄壁至稍厚壁具宽内腔，少分枝，频繁分隔，直径 2.4～5 μm；骨架菌丝占多数，浅褐色至黄褐色，厚壁具明显的内腔，不分枝，略平行于菌管排列，稍黏结，直径 2.8～5.2 μm；子实层刚毛存在，腹鼓状至锥形，黑褐色，厚壁，大小为 20～37 × 7～14 μm；拟囊状体不存在；担子粗棍棒状至桶状，具 4 个小梗并在基部具一横膈膜，大小为 14～21.6 × 8.7～12.4 μm；拟担子与担子形状相似，但略小；菱形结晶偶尔存在于子实层和菌髓。

孢子：担孢子近球形至球形，无色，厚壁，光滑，具拟糊精反应，强烈 CB+，大小为 (7.6～)7.8～8.8(～9) × (6.9～)7～8(～8.2) μm，平均长 $L = 8.22$ μm，平均宽 $W = 7.63$ μm，长宽比 $Q = 1.08$ $(n = 30/1)$。

生境：阔叶树倒木上生。

研究标本：湖南 (HMAS 30866)。

世界分布：中国、美国。

讨论：德州嗜蓝孢孔菌很容易与稀针嗜蓝孢孔菌 *Fomitiporia robusta* (P. Karst.) Fiasson & Niemelä 相混淆，但后者的担孢子小 (6～7.5 × 5.3～7 μm)，且其刚毛稀有甚至无。德州嗜蓝孢孔菌在中国与其在美国有不同的习性：该种在中国生长在亚热带森林，而在美国生长于沙漠地区 (Gilbertson and Ryvarden 1987)，但中国的材料和美国的材料极为相似，暂时无法得到这些研究材料的 DNA，所以目前将中国的材料处理为德州嗜蓝孢孔菌。

香榧嗜蓝孢孔菌　图 34

Fomitiporia torreyae Y.C. Dai & B.K. Cui, Mycotaxon 94: 344 (2005)

子实体：担子果多年生，平伏，不易与基质分离，新鲜时木质且无特殊气味，干后硬木质；长可达 20 cm，宽可达 10 cm，中部厚可达 8 mm；孔口表面新鲜时灰褐色，干后浅褐色至锈褐色，具折光反应，后期开裂；不育边缘明显，浅褐色，逐年退缩；孔口圆形或斜生时扭曲形，每毫米 4～6 个；菌管边缘薄，全缘；菌肉暗褐色，木质，厚可达 0.5 mm；菌管黄褐色至锈褐色，硬木栓质，分层明显，长可达 7.5 mm。

菌丝结构：菌丝系统二体系；生殖菌丝具简单分隔；菌丝组织遇 KOH 溶液变黑，其他无变化。

菌肉：菌肉生殖菌丝无色至浅黄色，稍厚壁具宽内腔，偶尔分枝，频繁分隔，直径 2～3.2 μm；骨架菌丝占多数，金黄褐色至锈褐色，厚壁具窄或宽内腔，不分枝，交织排列，稍黏结，直径 2.3～4.5 μm。

菌管：菌髓生殖菌丝无色至浅黄褐色，薄壁至稍厚壁具宽内腔，偶尔分枝，频繁分隔，直径 1.8～3 μm；骨架菌丝占多数，金黄褐色至锈褐色，厚壁具窄至宽内腔，不分枝，交织排列，稍黏结，直径 2～4.2 μm；无子实层刚毛；拟囊状体存在，锥形，末端锐或钝，无色，薄壁，大小为 14～19.7 × 2.8～4 µm；担子桶状至近球形，具 4 个小梗并在基部具一横膈膜，大小为 8～13 × 6.8～9 µm；拟担子与担子形状相似，但略小；菱形结晶偶尔存在于子实层和菌髓。

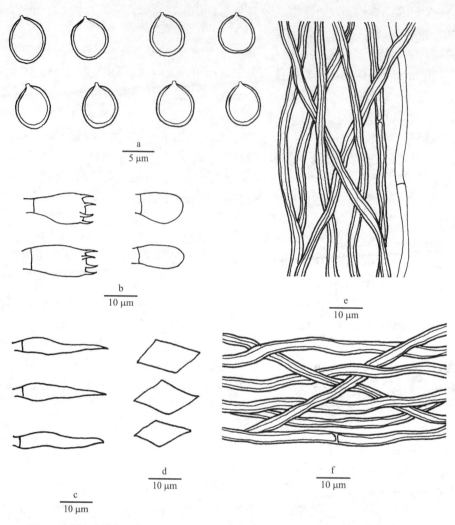

图 34　香榧嗜蓝孢孔菌 *Fomitiporia torreyae* Y.C. Dai & B.K. Cui 的显微结构图
a. 担孢子；b. 担子和拟担子；c. 拟囊状体；d. 菱形结晶体；e. 菌髓菌丝；f. 菌肉菌丝

孢子：担孢子近球形至球形，无色，厚壁，光滑，具拟糊精反应，强烈 CB+，大小为 (4.5～)5～5.9(～6) × (4～)4.4～5.3(～5.9) µm，平均长 L = 5.46 µm，平均宽 W = 4.9 µm，长宽比 Q = 1.11 (n = 60/1)。

生境：针叶树活立木上生。

研究标本：福建武夷山（BJFC000695，模式标本）。

世界分布：中国。

讨论：香榧嗜蓝孢孔菌的主要特征为多年生、平伏、无刚毛、拟囊状体锥形、担孢子小、生长在香榧树活立木上（Dai and Cui 2005）。*Fomitiporia tenuis* Decock, Bitew & Castillo 与香榧嗜蓝孢孔菌具有相似的担孢子，但它的子实体薄（约 2 mm），孔口小（每毫米 10～11 个），且有大量子实层刚毛（Decock et al. 2005）。

黄层孔菌属 Fulvifomes Murrill

North Amer. Polyp. p. 49, 1914

担子果多年生，菌盖单生或覆瓦状叠生，木栓质至硬木质，具明显的菌肉；菌盖表面被绒毛或有皮壳，菌肉均质或两层；菌丝系统二体系，生殖菌丝简单分隔；骨架菌丝褐色，壁厚；无子实层刚毛；无拟囊状体；担孢子近球形至椭圆形，浅黄色或褐色，在 Melzer 试剂中无变色反应，在棉蓝试剂中有嗜蓝反应或无嗜蓝反应。

模式种：*Pyropoloyporus robiniae* Murrill。

生境：生于阔叶树或针叶树活立木或倒木上，引起木材白色腐朽。

讨论：黄层孔菌属与小嗜蓝孢孔菌属 *Fomitiporella* 过去为同一属，但系统发育研究发现这两属属于不同的分支，且小嗜蓝孢孔菌属的子实体通常为平伏，菌肉很薄至几乎无。

黄层孔菌属 *Fulvifomes* 分种检索表

1. 子实体平伏 ·· 2
1. 子实体平伏反转至盖形 ·· 3
　2. 孔口 8～11 个/mm；担孢子长 < 3 μm ··························· 微孢黄层孔菌 *F. minisporus*
　2. 孔口 7～8 个/mm；担孢子长 > 3 μm ·························· 灰褐黄层孔菌 *F. glaucescens*
3. 孔口 3～4 个/mm；担孢子长 > 5 μm ·························· 海南黄层孔菌 *F. hainanensis*
3. 孔口 5～7 个/mm；担孢子长 < 5 μm ··· 4
　4. 担孢子窄椭圆形，塌陷 ·· 塌孢黄层孔菌 *F. collinus*
　4. 担孢子宽椭圆形至近球形，不塌陷 ·· 5
5. 担孢子椭圆形，长 4～5 μm ····································· 硬黄层孔菌 *F. durissimus*
5. 担孢子椭圆形，长 2.8～3.2 μm ·························· 约翰逊黄层孔菌 *F. johnsonianus*

塌孢黄层孔菌　图 35

Fulvifomes collinus (Y.C. Dai & Niemelä) Y.C. Dai, Fungal Diversity 45: 189 (2010)

=*Phellinus collinus* Y.C. Dai & Niemelä, Ann. Bot. Fenn. 40: 386 (2003)

子实体：担子果多年生，平伏反转至盖形，覆瓦状叠生，新鲜时软木栓质且无特殊气味，干后木质；菌盖三角形，外伸可达 2.5 cm，宽可达 5 cm，基部厚可达 2.5 cm；菌盖表面干后黑褐色，具同心环沟；边缘黄褐色，锐；孔口表面杏黄色至污黄色，具折光反应；不育边缘黄褐色；孔口圆形，每毫米 5～6 个；菌管边缘薄，全缘；菌肉黄褐色，硬木栓质，厚可达 2 mm，上表面具黑壳；菌管褐色至灰褐色，木栓质，长可达 2.3 cm；次生菌丝束存在于老菌管中。

菌丝结构：菌丝系统二体系；生殖菌丝简单分隔；菌丝组织遇 KOH 溶液变黑，其他无变化。

菌肉：生殖菌丝无色，薄壁，偶尔分枝，频繁分隔，直径 1.5～3 μm；骨架菌丝占多数，锈褐色，厚壁具窄内腔或近实心，不分枝，弯曲，疏松交织排列，直径 1.8～3.2 μm；菌盖表面皮壳菌丝与菌肉菌丝相似，但强烈黏结。

菌管：生殖菌丝少见，无色，薄壁，偶尔分枝，频繁分隔，直径 1.5～2.8 μm；骨架菌丝占多数，金黄褐色，厚壁具明显内腔，不分枝，略弯曲，疏松交织排列，直径 1.6～3 μm；子实层由担子和拟担子组成；担子粗棍棒状至桶状，具 4 个小梗并在基部具一横膈膜，大小为 12～15 × 4.5～5.5 μm；拟担子与担子形状相似，但略小；菱形结晶偶尔存在于子实层和菌髓；次生菌丝无色，薄壁，强烈分枝和分隔，直径 1.4～2.8 μm。

孢子：担孢子窄椭圆形，金黄色，厚壁，光滑，IKI–，年幼时 CB+，成熟后通常塌陷，大小为 (4～) 4.2～5.1 (～5.2) × (2.8～) 3～3.5 (～3.7) μm，平均长 L = 4.69 μm，平均宽 W = 3.1 μm，长宽比 Q = 1.42～1.58 (n = 90/3)。

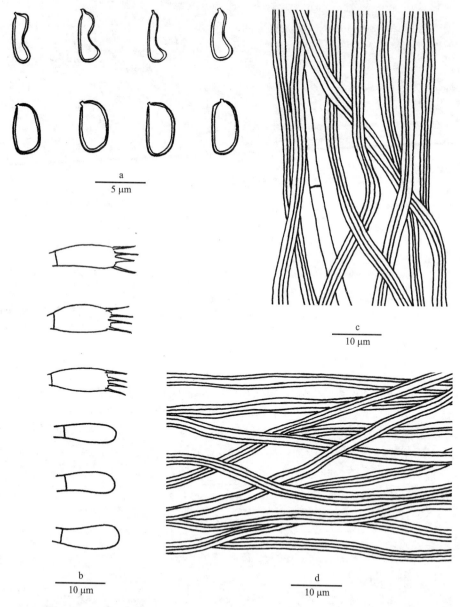

图 35　塌孢黄层孔菌 *Fulvifomes collinus* (Y.C. Dai & Niemelä) Y.C. Dai 的显微结构图
a. 担孢子；b. 担子和拟担子；c. 菌肉菌丝；d. 菌髓菌丝

生境：阔叶树倒木上生。

研究标本：海南霸王岭（IFP004126，IFP004129）；湖北神农架（IFP004128）；湖南大围山（IFP004127）；江苏南京（BJFC001659）；江西大岗山（BJFC006247，BJFC006314，BJFC006398）；陕西（HMAS 33578）；四川都江堰（IFP004125），四川峨眉山（IFP004124），四川雾妓山（BJFC009056）；云南莱阳河（BJFC010659），云南西双版纳（IFP015885）；浙江天目山（BJFC001646，BJFC001647，BJFC001648，BJFC001652，BJFC001653，BJFC001654，BJFC001655，BJFC001656）。

世界分布：中国。

讨论：塌孢黄层孔菌的主要特征为子实体多年生，孔口表面具折光反应，菌肉层薄，无刚毛，担孢子窄椭圆形且塌陷。*Phellinus fushanus* T.T. Chang 与塌孢黄层孔菌有些相似，但该种的孔口小（每毫米 7～8 个），菌肉厚（达 8 mm），担孢子不塌陷且小（3～3.6 × 2～2.3 μm，Dai et al. 2003）。

硬黄层孔菌　图 36

Fulvifomes durissimus (Lloyd) Bondartseva & S. Herrera, Mikol. Fitopatol. 26(1): 13 (1992)

=*Fomes durissimus* Lloyd, Mycol. Writ. 6: 943 (1920)

=*Phellinus durissimus* (Lloyd) A. Roy, Mycologia 71(5): 1006 (1979)

子实体：担子果多年生，盖形，单生，新鲜时木栓质且无特殊气味，干后木质；菌盖半圆形至漏斗形，外伸可达 6 cm，宽可达 8 cm，基部厚可达 2 cm；菌盖表面干后浅灰褐色至锈褐色，具同心环区，具微绒毛；边缘锐；孔口表面黄褐色至黑褐色；不育边缘黄褐色，窄至几乎无；孔口圆形，每毫米 6～7 个；菌管边缘薄，全缘；菌肉褐色至暗褐色，比菌管颜色深，木质，厚可达 5 mm；菌管褐色，与孔口表面同色，硬木栓质，分层明显，长可达 1.5 cm。

菌丝结构：菌丝系统二体系；生殖菌丝简单分隔；菌丝组织遇 KOH 溶液变黑，其他无变化。

菌肉：生殖菌丝无色至浅黄色，薄壁至稍厚壁，偶尔分枝，频繁分隔，弱 CB+，直径 3～5.5 μm；骨架菌丝占多数，锈褐色，厚壁具宽内腔，不分枝，分隔，平直，规则排列至疏松交织排列，略黏结，直径 5～8 μm。

菌管：生殖菌丝无色，薄壁，偶尔分枝，频繁分隔，弱 CB+，直径 2.8～5 μm；骨架菌丝占多数，黄褐色至锈褐色，厚壁具窄或宽内腔，不分枝，频繁分隔，弯曲，强烈交织排列，直径 4～6 μm；无子实层刚毛；担子桶状，具 4 个小梗并在基部具一横膈膜，大小为 8～10 × 6～7 μm；拟担子与担子形状相似，但略小。

孢子：担孢子近球形，黄褐色至锈褐色，厚壁，光滑，IKI−，年幼时 CB+，成熟后 CB−，通常塌陷，大小为 (3.9～)4～5(～5.2) × (3.3～)3.6～4.4(～4.6) μm，平均长 $L = 4.42$ μm，平均宽 $W = 3.68$ μm，长宽比 $Q = 1.13～1.29$ （$n = 60/2$）；厚垣孢子存在，近球形，褐色，厚壁，IKI−，CB−，大小为 7～8 × 6～7 μm。

生境：阔叶树活立木或倒木上生。

研究标本：海南尖峰岭（BJFC003276），海南黎母山（IFP015079）；云南哀牢山

（BJFC001685），云南西双版纳（IFP015884）。

世界分布：中国、印度。

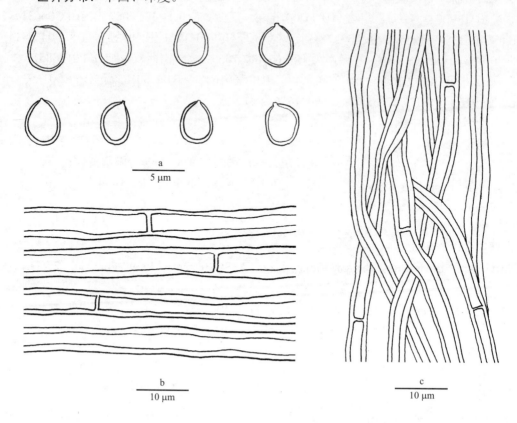

图 36 　硬黄层孔菌 *Fulvifomes durissimus* (Lloyd) Bondartseva & S. Herrera 的显微结构图

a. 担孢子；b. 菌肉菌丝；c. 菌髓菌丝

讨论：以前的报道中硬黄层孔菌无厚垣孢子，但中国的标本确实有厚垣孢子存在，且中国的标本与硬黄层孔菌的模式材料相吻合（Lowe 1957）。Ryvarden（1989）认为硬黄层孔菌与高贵黄层孔菌 *Fulvifomes fastuosus*（Lév.）Bondartseva & S. Herrera 为同一种，但后者的担孢子大（5～6.1 × 4.2～5.6 μm，Dai 2010）。

灰褐黄层孔菌　图 37

Fulvifomes glaucescens (Petch) Y.C. Dai, Fungal Diversity 45: 192 (2010)

=*Poria glaucescens* Petch, Ann. R. bot. Gdns Peradeniya 6: 139 (1916)

=*Phellinus glaucescens* (Petch) Ryvarden, Norw. Jl Bot. 19: 234 (1972)

子实体：担子果一年生，平伏，不易与基质分离，新鲜时革质且无特殊气味，干后木质；长可达 20 cm，宽可达 10 cm，中部厚可达 2 mm；孔口表面新鲜时灰褐色，触摸后变褐色，干后黄褐色至黑褐色，具折光反应，后期开裂；不育边缘锈褐色，窄至几乎无；孔口圆形至多角形，每毫米 7～8 个；菌管边缘薄，全缘；菌肉暗褐色，革质，厚可达 0.3 mm；菌管与孔口表面同色，硬木栓质，长可达 2.7 mm。

菌丝结构：菌丝系统二体系；生殖菌丝简单分隔；菌丝组织遇 KOH 溶液变黑，其他无变化。

菌肉：生殖菌丝少见，无色，薄壁至稍厚壁，少分枝，直径 2～3 μm；骨架菌丝占多数，黄色，厚壁具窄内腔，不分枝，弯曲，交织排列，直径 2～3.5 μm。

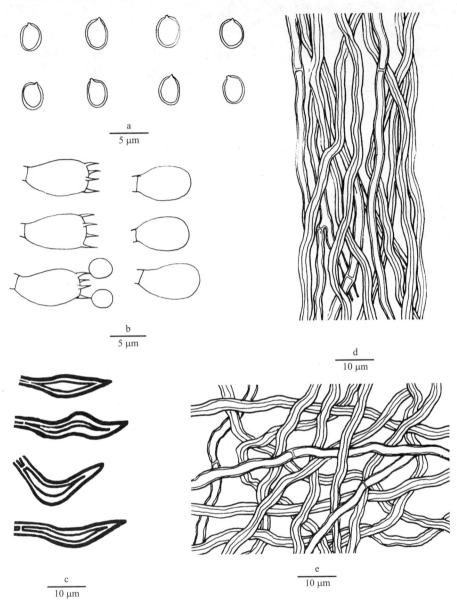

图 37　灰褐黄层孔菌 *Fulvifomes glaucescens* (Petch) Y.C. Dai 的显微结构图
a. 担孢子；b. 担子和拟担子；c. 刚毛；d. 菌髓菌丝；e. 菌肉菌丝

菌管：生殖菌丝无色，薄壁至稍厚壁，偶尔分枝，直径 2～2.8 μm；骨架菌丝占多数，黄褐色，厚壁具窄内腔，不分枝，直径 2.5～3.2 μm；子实层刚毛常见，锥形至腹鼓状，末端锐，黑红褐色，厚壁，至近实心，大小为 12～23 × 5～6.5 μm；无拟囊状体；担子近球形至桶状，具 4 个小梗并在基部具一横膈膜，大小为 6～8 × 4.5～6 μm；拟担子多数近球形，但比担子略小。

孢子：担孢子宽椭圆形至近球形，浅黄色，厚壁，光滑，通常塌陷，IKI−，CB−，大小为(3.2～)3.6～4(～4.5) × (2.7～)2.8～3.4(～3.5) μm，平均长 L = 3.76 μm，平均宽 W = 3.11 μm，长宽比 Q = 1.21 (n = 30/1)。

生境：阔叶树倒木上生。

研究标本：海南霸王岭(IFP004387)，海南吊罗山(BJFC001765，IFP004388)。

世界分布：中国、肯尼亚、乌干达、尼日利亚、坦桑尼亚、赞比亚、马来西亚、印度尼西亚、斯里兰卡、日本。

讨论：平滑木层孔菌 Phellinus laevigatus (Fr.) Bourdot & Galzin 与灰褐黄层孔菌具有相似的子实体，但前者的担孢子无色，且只生长在桦属树木上。David 和 Rajchenberg(1985)认为锈毛木层孔菌 Phellinus ferrugineovelutinus (Henn.) Ryvarden 与灰褐黄层孔菌为同一种，但 Corner(1991)和 Quanten(1997)认为它们是不同的两个种。

海南黄层孔菌　图38

Fulvifomes hainanensis L.W. Zhou, Mycoscience 55:72（2014）

子实体：担子果多年生，无柄盖形，单生，与基物紧密连接，不易分离，新鲜时木栓质且无特殊气味；菌盖马蹄形，外伸可达 2.5 cm，宽可达 9.5 cm，基部厚可达 2.5 cm；菌盖表面橘黄褐色，具微绒毛，具同心环沟和窄分区；边缘黄褐色，钝；孔口表面肉桂黄色至土黄色，具折光反应；不育边缘黄褐色，宽可达 3 mm；孔口圆形，每毫米 3～4 个；菌管边缘薄，全缘；菌肉肉桂色，木栓质，厚可达 5 mm，异质，上层为绒毛层，下层为致密菌肉，两层间具一黑色皮壳；菌管肉桂色，木质，单层菌管长可达 5 mm。

菌丝结构：菌丝系统二体系；生殖菌丝具简单分隔；菌丝组织遇 KOH 溶液变黑，其他无变化。

菌肉：下层菌肉生殖菌丝浅黄色，稍厚壁至厚壁具宽内腔，频繁分枝和分隔，直径 2～3.5 μm；骨架菌丝黄褐色，厚壁具窄内腔，不分枝，弯曲，疏松交织排列，直径 3～4.5 μm；绒毛层菌丝与菌肉菌丝相似，但更加弯曲；黑线区菌丝非常厚壁具窄内腔，弯曲，强烈黏结，交织排列。

菌管：生殖菌丝少见，无色至浅黄色，稍厚壁，偶尔分枝，频繁分隔，直径 2～2.5 μm；骨架菌丝占多数，金黄褐色至褐色，厚壁具窄内腔，不分枝，略弯曲，疏松交织排列，直径 2.3～4.5 μm；子实层塌陷，未见担子和拟担子；菱形结晶偶尔存在于子实层和菌髓。

孢子：担孢子椭圆形，黄色，稍厚壁，光滑，IKI−，CB+，通常 4 个黏结在一起，大小为(5～)5.2～6.2(～6.4) × 4～4.8(～5.1) μm，平均长 L = 5.71 μm，平均宽 W = 4.37 μm，长宽比 Q = 1.31 (n = 60/1)。

生境：阔叶树倒木上生。

研究标本：海南霸王岭(IFP015818)。

世界分布：中国。

讨论：海南黄层孔菌与裂蹄黄层孔菌 Fulvifomes rimosus (Berk.) Fiasson & Niemela 具有相似的子实体，但后者的菌肉同质，无黑色皮壳，且菌盖表皮后期开裂(Zhou

2014b)。此外，裂蹄黄层孔菌的孢子为宽椭圆形至近球形。

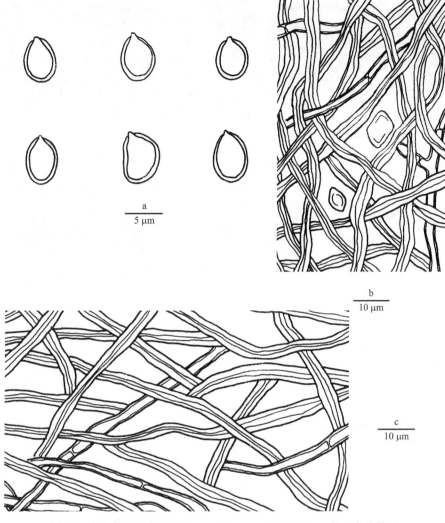

图 38 海南黄层孔菌 *Fulvifomes hainanensis* L.W. Zhou 的显微结构图
a. 担孢子；b. 菌髓菌丝；c. 菌肉菌丝

约翰逊黄层孔菌 图 39

Fulvifomes johnsonianus (Murrill) Y.C. Dai, Fungal Diversity 45: 195 (2010)

=*Fomitiporella johnsoniana* Murrill, N. Amer. Fl. (New York) 9(1): 13 (1907)

=*Poria johnsoniana* (Murrill) Sacc. & Trotter, Syll. fung. (Abellini) 21: 329 (1912)

=*Fomes johnsonianus* (Murrill) J. Lowe, Tech. Publ. N.Y. St. Univ. Coll. For. 80: 36 (1957)

=*Phellinus johnsonianus* (Murrill) Ryvarden, Norw. Jl Bot. 19: 234 (1972)

　　子实体：担子果多年生，平伏反转至盖形，新鲜时硬木栓质且无特殊气味，干后木质；菌盖外伸可达 3 cm，宽可达 8 cm，基部厚可达 3 cm；菌盖表面干后黑褐色至黑色，具不明显的同心环沟；边缘鲜黄色，遇 KOH 溶液变血红色，钝；孔口表面黄褐色至浅锈褐色，具折光反应；不育边缘鲜黄色，宽可达 5 mm；孔口圆形，每毫米 6～7 个；

菌管边缘薄，全缘；菌肉暗黄褐色，木质，具环区，厚可达 1.5 cm；菌管与菌肉同色，木质，长可达 1.5 cm。

菌丝结构：菌丝系统二体系；生殖菌丝具简单分隔；菌丝组织遇 KOH 溶液变黑，其他无变化。

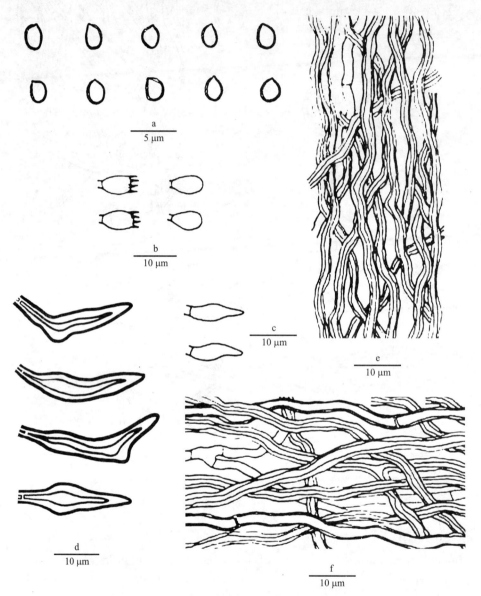

图 39　约翰逊黄层孔菌 *Fulvifomes johnsonianus* (Murrill) Y.C. Dai 的显微结构图

a. 担孢子；b. 担子和拟担子；c. 拟囊状体；d. 刚毛；e. 菌髓菌丝；f. 菌肉菌丝

菌肉：生殖菌丝无色至浅黄褐色，薄壁至稍厚壁，偶尔分枝，频繁分隔，直径 2～3 μm；骨架菌丝占多数，黄褐色，厚壁具窄内腔，少分枝，弯曲，强烈交织排列，直径 2.5～4 μm。

菌管：生殖菌丝无色至浅黄褐色，薄壁至稍厚壁，偶尔分枝，直径 1.2～2 μm；骨架菌丝占多数，黄褐色，厚壁具窄内腔，少分枝，强烈交织排列，直径 2.1～3 μm；子实层刚毛常见，锥形，末端锐，黑红褐色，厚壁，大小为 30～40 × 4～7 μm；拟囊状体少见，锥形至腹鼓状，无色薄壁，大小为 7～14 × 3～4 μm；担子粗棍棒状至桶状，具 4 个小梗并在基部具一横膈膜，大小为 7～9 × 4～5 μm；拟担子形状与担子相似，但比担子略小。

孢子：担孢子宽椭圆形至近球形，浅黄色，厚壁，光滑，IKI–，CB–，大小为 (2.5～)2.8～3.2 × (2.1～)2.2～2.6(～2.8) μm，平均长 L = 2.94 μm，平均宽 W = 2.4 μm，长宽比 Q = 1.23（n = 30/1）。

生境：阔叶树倒木和腐朽木上生。

研究标本：广东车八岭（BJFC007665，BJFC007670，BJFC007674）；贵州梵净山（IFP014306）；湖南衡山（IFP015101）。

世界分布：中国、加拿大、美国。

讨论：约翰逊黄层孔菌的主要特征是子实体平伏反转至盖形，具大量刚毛，较小的宽椭圆形至球形的担孢子。约翰逊黄层孔菌与瓦宁桑黄孔菌 Sanghuangporus vaninii (Ljub.) L.W. Zhou & Y.C. Dai 相似，但后者的担孢子较大（3.8～4.4 × 2.8～3.7 μm），且只生长于杨树活立木或倒木上（Dai 2010）。

微孢黄层孔菌　图 40

Fulvifomes minisporus (B.K. Cui & Y.C. Dai) Y.C. Dai, Fungal Diversity 45: 200 (2010)
=*Phellinus minisporus* B.K. Cui & Y.C. Dai, Mycotaxon 110: 126 (2009)

子实体：担子果多年生，平伏，不易与基质分离，新鲜时木栓质且无特殊气味，干后木质；长可达 12 cm，宽可达 4 cm，中部厚可达 4 mm；孔口表面新鲜时黄褐色，触摸后变黑褐色，干后暗褐色，稍具折光反应；不育边缘浅黄色至褐色，宽可达 1 mm；孔口圆形，少数扭曲形，每毫米 8～11 个；菌管边缘薄，全缘；菌肉肉桂褐色，硬木栓质，厚可达 0.1 mm；菌管与孔口表面同色，硬木栓质，分层明显，长可达 3.9 mm。

菌丝结构：菌丝系统二体系；生殖菌丝具简单分隔；菌丝组织遇 KOH 溶液变黑，其他无变化。

菌肉：生殖菌丝无色至浅黄褐色，薄壁至稍厚壁具宽内腔，少分枝，频繁分隔，直径 2～4.6 μm；骨架菌丝占多数，黄褐色至锈褐色，厚壁具窄至宽的内腔，不分枝，疏松交织排列，直径 2.5～5.4 μm。

菌管：生殖菌丝无色至浅黄褐色，薄壁至稍厚壁，少分枝，频繁分隔，直径 1.7～3.6 μm；骨架菌丝占多数，黄褐色至锈褐色，厚壁具窄至宽的内腔，略平直，规则排列，黏结，直径 2.2～5 μm；子实层刚毛常见，锥形至腹鼓状，黑褐色，厚壁，大小为 16～30 × 5.4～9.5 μm；拟囊状体偶见，纺锤形，无色薄壁，大小为 9.2～16.7 × 3.5～5.6 μm；担子桶状，具 4 个小梗并在基部具一横膈膜，大小为 9～15 × 4.6～7.5 μm；拟担子形状与担子相似，但比担子略小；菱形结晶体常见于子实层和菌髓中。

孢子：担孢子宽椭圆形至近球形，浅黄色，稍厚壁，光滑，IKI–，中度 CB+，大小为(1.8～)2～2.5(～2.8) × (1.5～)1.6～2(～2.3) μm，平均长 L = 2.21 μm，平均宽 W = 1.92 μm，长宽比 Q = 1.12～1.2（n = 120/4）。

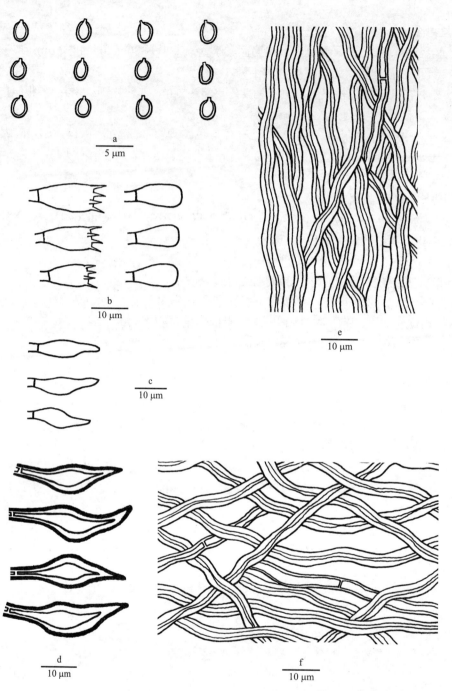

图 40　微孢黄层孔菌 *Fulvifomes minisporus* (B.K. Cui & Y.C. Dai) Y.C. Dai 的显微结构图

a. 担孢子；b. 担子和拟担子；c. 拟囊状体；d. 刚毛；e. 菌髓菌丝；f. 菌肉菌丝

生境：阔叶树活立木或倒木上生。

研究标本：广东车八岭（BJFC007656）；广西弄岗（BJFC001822）；贵州梵净山（IFP014306）；海南霸王岭（BJFC001819，模式标本；IFP012420），海南吊罗山（BJFC013875），海南七仙岭（BJFC013856）；湖南衡山（IFP015101）；江苏南京（BJFC007209），江苏南通（BJFC007186）；云南景洪（BJFC015068），云南西双版纳

（BJFC001820，BJFC001821，BJFC010558）。

世界分布：中国。

讨论：黄层孔菌属中塞萨特黄层孔菌 *Fulvifomes cesatii* (Bres.) Y.C. Dai 和灰褐黄层孔菌 *F. glaucescens* (Petch) Y.C. Dai 具有平伏的子实体、腹鼓状刚毛和黄色担孢子，但这两个种的担孢子都比微孢黄层孔菌的大，分别为(3.3～4.1 × 2.5～3.1 μm 和 3.6～4 × 2.8～3.4 μm，Dai 2010)。

褐卧孔菌属 **Fuscoporia** Murrill

North Amer. Fl. 9: 3, 1907.

担子果多数多年生，少数种一年生，平伏，平伏反卷至盖形，表面被绒毛或短绒毛，木栓质至硬木质，无皮壳；菌肉均质；菌丝系统二体系，生殖菌丝具简单分隔，菌丝组织遇 KOH 溶液变黑；管口边缘处或子实层处的生殖菌丝通常有结晶覆盖；多数种具子实层刚毛；担孢子圆柱形、长椭圆形、宽椭圆形或近球形，无色，薄壁，平滑，在 Melzer 试剂中无变色反应，在棉蓝试剂中无嗜蓝反应或有弱嗜蓝反应。

模式种：*Polyporus ferruginosus* Schrad.。

生境：倒木上生，引起木材白色腐朽。

讨论：该属的特征是担孢子无色，薄壁，生殖菌丝被有结晶。由于结晶通常在 KOH 试剂中溶解或消失，这一特征常常被忽略。然而这个特性在棉蓝试剂中非常突出。该属的子实层刚毛主要来源于菌髓菌丝，担孢子无色，薄壁，从而与木层孔菌属 *Phellinus* 容易区分。

褐卧孔菌属 *Fuscoporia* 分种检索表

1. 担孢子椭圆形 ·· 金黄褐卧孔菌 *F. chrysea*
1. 担孢子圆柱形 ··· 2
  2. 子实体平伏反转 ······························ 硬毛褐卧孔菌 *F. setifer*
  2. 子实体平伏 ··· 3
3. 孔口 3～4 个/mm；担孢子长 6～8.3 μm ·············· 云南褐卧孔菌 *F. yunnanensis*
3. 孔口 7～8 个/mm；担孢子长 4.2～6.2 μm ············ 亚铁木褐卧孔菌 *F. subferrea*

金黄褐卧孔菌　图 41

Fuscoporia chrysea (Lév.) Baltazar & Gibertoni, Mycotaxon 111: 206 (2010)

=*Polyporus chryseus* Lév., Annls Sci. Nat., Bot., sér. 35: 301 (1846)

=*Poria chrysea* (Lév.) Sacc., Syll. fung. (Abellini) 6: 317 (1888)

=*Phellinus chryseus* (Lév.) Ryvarden, in Ryvarden & Johansen, Prelim. Polyp. Fl. E. Afr. (Oslo): 151 (1980)

子实体：担子果多年生，平伏，不易与基质分离，新鲜时革质且无特殊气味，干后木质；长可达 20 cm，宽可达 10 cm，中部厚可达 5 mm；孔口表面褐色至黄褐色；不育边缘土黄色，非常窄至几乎无；孔口圆形，每毫米 9～10 个；菌管边缘薄，全缘；菌肉黄褐色，木质，厚可达 2 mm；菌管与孔口表面同色，硬木栓质，长可达 3 mm。

菌丝结构：菌丝系统二体系；生殖菌丝具简单分隔；菌丝组织遇 KOH 溶液变黑，其他无变化。

菌肉：生殖菌丝少见，无色，薄壁至稍厚壁具宽内腔，不分枝，直径 2～2.6 μm；骨架菌丝占多数，黄色，厚壁具窄内腔，不分枝，平直或稍弯曲，交织排列，直径 2.8～3.5 μm。

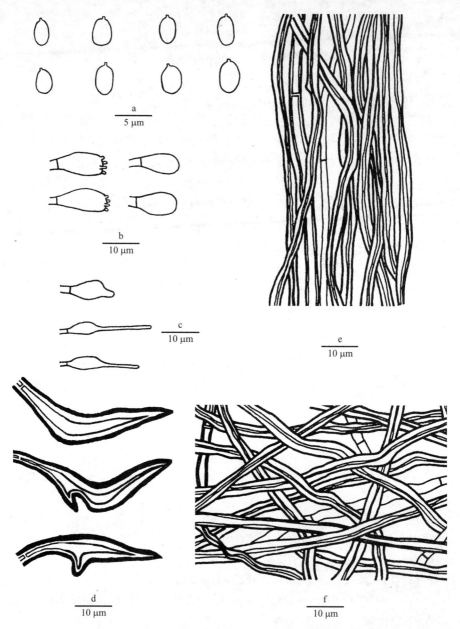

图 41　金黄褐卧孔菌 *Fuscoporia chrysea* (Lév.) Baltazar & Gibertoni 的显微结构图

a. 担孢子；b. 担子和拟担子；c. 拟囊状体；d. 刚毛；e. 菌髓菌丝；f. 菌肉菌丝

菌管：生殖菌丝无色，薄壁至稍厚壁，不分枝，直径 2～2.5 μm；骨架菌丝占多数，黄褐色，厚壁具窄内腔，不分枝，疏松交织排列或与菌管近平行排列，直径 2.5～3.2 μm；

子实层刚毛常见，锥形至腹鼓状，末端锐，黑红褐色，厚壁，大小为 24～33.8 × 5.5～9.8 μm；拟囊状体偶见，通常伸出子实层，纺锤形，无色薄壁，大小为 18～21.5 × 3～3.9 μm；担子棍棒状，具 4 个小梗并在基部具一横膈膜，大小为 10～12.6 × 5～6 μm；拟担子形状与担子相似，但比担子略小。

孢子：担孢子椭圆形，无色，薄壁，光滑，IKI–，CB–，大小为 (3～)3.5～4(～4.2) × (2.2～)2.5～3(～3) μm，平均长 L = 3.8 μm，平均宽 W = 2.77 μm，长宽比 Q = 1.37 (n = 30/1)。

生境：阔叶树倒木上生。

研究标本：海南尖峰岭（BJFC005084）。

世界分布：中国、哥伦比亚、委内瑞拉、牙买加。

讨论：金黄褐卧孔菌容易与 *Phellinus sarcites* (Fr.) Ryvarden 混淆，因为这两种都具有金黄色孔口和小担孢子，但 *Phellinus sarcites* 具有菌盖且刚毛较短（15～25 × 5～10 μm，Larsen and Cobb-Poulle 1990; Ryvarden and Johansen 1980）。

硬毛褐卧孔菌　图 42

Fuscoporia setifer (T. Hatt.) Y.C. Dai, Fungal Diversity 45: 217 (2010)

=*Phellinus setifer* T. Hatt., Mycoscience 40(6): 483 (1999)

子实体：担子果一年生，平伏反转，新鲜时软木栓质且无特殊气味，干后木栓质；菌盖贝壳形，外伸可达 1 cm，宽可达 4 cm，基部厚可达 3 cm；菌盖表面干后黄褐色至黑褐色，具粗毛，边缘鲜黄褐色，锐；孔口表面干后黄褐色，具折光反应；不育边缘黄色，宽可达 2 mm；孔口圆形至多角形，每毫米 3～4 个；菌管边缘薄，全缘；菌肉黄褐色至暗黄褐色，木栓质，无环区，厚可达 0.4 mm；菌管黄褐色，比菌肉颜色浅，木栓质，长可达 2.6 mm。

菌丝结构：菌丝系统二体系；生殖菌丝具简单分隔；菌丝组织遇 KOH 溶液变黑，其他无变化。

菌肉：生殖菌丝常见，无色至浅黄色，薄壁至稍厚壁，偶尔分枝，直径 1.5～3 μm；骨架菌丝占多数，黄褐色，中度厚壁具窄内腔，不分枝，交织排列，直径 2～4 μm。

菌管：生殖菌丝常见，无色，薄壁，偶尔分枝，有些菌丝在孔口边缘具结晶，直径 2～3 μm；骨架菌丝占多数，黄褐色，厚壁具宽内腔，少分枝，平直，与菌管近平行排列，直径 2～4.3 μm；子实层刚毛常见，多数来自菌髓菌丝，锥形，黑褐色，厚壁，大小为 26～62 × 6～7.5 μm；拟囊状体偶见，无色薄壁，大小为 12～20 × 3.6～4.9 μm；担子粗棍棒状，具 4 个小梗并在基部具一横膈膜，大小为 12.6～15.8 × 4.8～5.5 μm；拟担子形状与担子相似，大小为 11～18.8 × 3.8～7.2 μm。

孢子：担孢子圆柱形，无色，薄壁，光滑，IKI–，CB–，大小为 (5.2～)5.8～7 × (1.9～)2～2.5(～2.8) μm，平均长 L = 6.54 μm，平均宽 W = 2.2 μm，长宽比 Q = 2.97 (n = 30/1)。

生境：阔叶树倒木上生。

研究标本：湖南莽山（BJFC018227，BJFC018253）；贵州宽阔水（BJFC018165）；江西大岗山（BJFC006348）；云南高黎贡山（BJFC013293），云南莱阳河（BJFC010638）。

世界分布：中国、日本。

讨论：硬毛褐卧孔菌与淡黄褐卧孔菌 *Fuscoporia gilva* （Schwein.） T. Wagner & M. Fisch.外观非常相似，但后者的担孢子为椭圆形，且菌盖表面后期无粗毛。

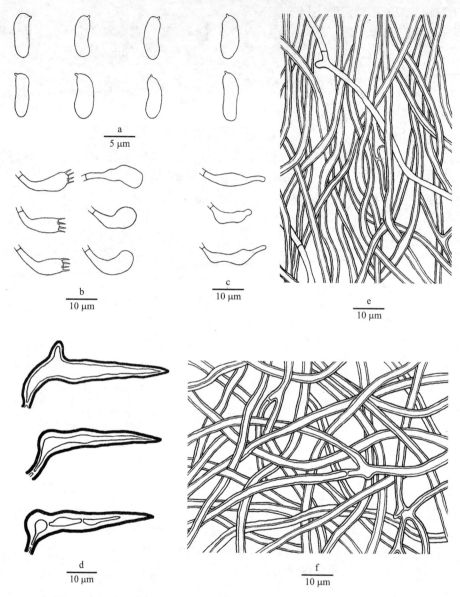

图 42　硬毛褐卧孔菌 *Fuscoporia setifer* (T. Hatt.) Y.C. Dai 的显微结构图

a. 担孢子；b. 担子和拟担子；c. 拟囊状体；d. 刚毛；e. 菌髓菌丝；f. 菌肉菌丝

亚铁木褐卧孔菌　图 43

Fuscoporia subferrea Q. Chen & Yuan Yuan, Mycosphere 8:1241 (2017)

子实体：担子果一年生，平伏，不易与基质分离，新鲜时木栓质且无特殊气味，干后硬木栓质；长可达 26 cm，宽可达 3 cm，中部厚可达 2 mm；孔口表面新鲜时灰褐色，后期浅黄褐色，干后红褐色并开裂，无折光反应；不育边暗红褐色，宽可达 1.5 mm；

孔口圆形，每毫米 7～10 个；菌管边缘薄，全缘；菌肉暗褐色，木栓质，厚可达 0.4 mm；菌管黄褐色，比菌肉和孔口颜色浅，硬木栓质，长可达 1.6 mm。

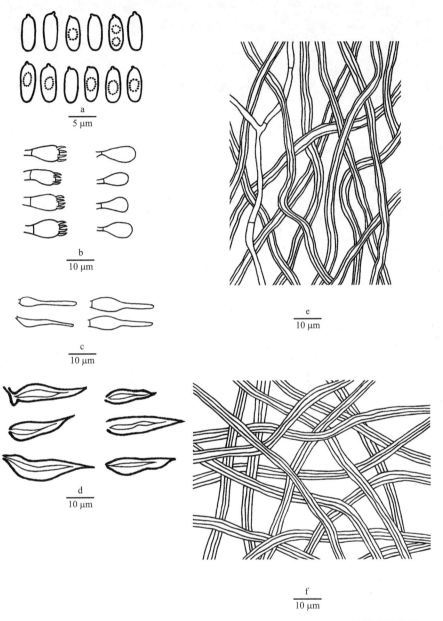

图 43　亚铁木褐卧孔菌 *Fuscoporia subferrea* Q. Chen & Yuan Yuan 的显微结构图
a. 担孢子；b. 担子和拟担子；c. 拟囊状体；d. 刚毛；e. 菌髓菌丝；f. 菌肉菌丝

菌丝结构：菌丝系统二体系；生殖菌丝具简单分隔；菌丝组织遇 KOH 溶液变黑，其他无变化。

菌肉：生殖菌丝少见，无色，薄壁至稍厚壁，偶尔分枝，直径 2～2.6 μm；骨架菌丝占多数，锈褐色，厚壁，具窄或中度宽内腔，不分枝，略平直，交织排列，直径 2.4～3.2 μm。

菌管：生殖菌丝少见，通常在亚子实层，无色，薄壁，频繁分枝，有些菌丝在孔口边缘具结晶，直径 1.8～2.4 μm；骨架菌丝占多数，黄褐色，厚壁具窄或中度宽内腔，少分枝，略平直，交织排列，直径 2.2～3 μm；子实层刚毛常见，多数来自亚子实层，锥形，黑褐色，厚壁，大小为 18～34 × 4～7 μm；拟囊状体常见，披针形，无色，薄壁，有些具结晶；担子桶状，具 4 个小梗并在基部具一横膈膜，大小为 9.5～11 × 4.8～6.2 μm；拟担子在子实层占多数，形状与担子相似但比担子略小。

孢子：担孢子圆柱形，无色，薄壁，光滑，通常 4 个黏结在一起，有时具 1 个或 2 个液泡，IKI−，CB−，大小为 (4～) 4.2～6.2 (～6.4) × (1.8～) 2～2.6 (～2.8) μm，平均长 $L = 5.11$ μm，平均宽 $W = 2.28$ μm，长宽比 $Q = 2.15～2.27$ ($n = 60/2$)。

生境：阔叶树落枝上生。

研究标本：云南高白沙县鹦哥岭（BJFC020414，模式标本；BJFC020413），云南高黎贡山（BJFC006662）。

世界分布：中国。

讨论：亚铁木褐卧孔菌与铁褐卧孔菌 *Fuscoporia ferrea* (Pers.) G. Cunn. 相似，但后者的孔口（每毫米 5～7 个）和担孢子（5.8～7.6 × 2～2.6 μm）较大，而且两者的分布也不同，前者分布在热带地区，而后者通常生长在温带地区（Chen and Yuan 2017）。

云南褐卧孔菌　图 44

Fuscoporia yunnanensis Y.C. Dai, Fungal Diversity 45: 221 (2010)

子实体：担子果一年生，平伏，不易与基质分离，新鲜时木栓质且无特殊气味，干后硬木质；长可达 15 cm，宽可达 4 cm，中部厚可达 3 mm；孔口表面肉桂色至土黄褐色，具折光反应；不育边缘黄褐色，非常窄至几乎无；孔口圆形至多角形，每毫米 3～4 个；菌管边缘薄，全缘且粗糙；菌肉黑褐色，木质，厚可达 0.5 mm；菌管黄褐色，比菌肉颜色浅，硬木栓质，长可达 2.5 mm。

菌丝结构：菌丝系统二体系；生殖菌丝具简单分隔；菌丝组织遇 KOH 溶液变黑，其他无变化。

菌肉：生殖菌丝少见，无色，薄壁至稍厚壁，中度分枝，直径 2～3.5 μm；骨架菌丝占多数，黄褐色，中度厚壁具窄或宽内腔，不分枝，略平直，交织排列，直径 2.5～3.7 μm。

菌管：生殖菌丝少见，通常在亚子实层，无色，薄壁至稍厚壁，中度分枝，有些菌丝在孔口边缘具结晶，直径 1.8～3 μm；骨架菌丝占多数，黄褐色，厚壁具窄内腔，少分枝，略平直，与菌管近平行排列，直径 2～2.8 μm；子实层刚毛常见至少见，多数来自亚子实层，锥形，黑褐色，厚壁，大小为 49～78 × 5～9 μm；拟囊状体常见，披针形，无色，薄壁，有些具结晶，大小为 18～33 × 3～5 μm；担子棍棒状，具 4 个小梗并在基部具一横膈膜，大小为 16～35 × 4～8 μm；拟担子在子实层占多数，形状与担子相似，大小为 11～18.8 × 3.8～7.2 μm。

孢子：担孢子圆柱形，无色，薄壁，光滑，IKI−，CB−，大小为 (5.7～) 6～8.3 (～9.8) × 2.4～3 (～3.3) μm，平均长 $L = 7.12$ μm，平均宽 $W = 2.7$ μm，长宽比 $Q = 2.63$ ($n = 60/1$)。

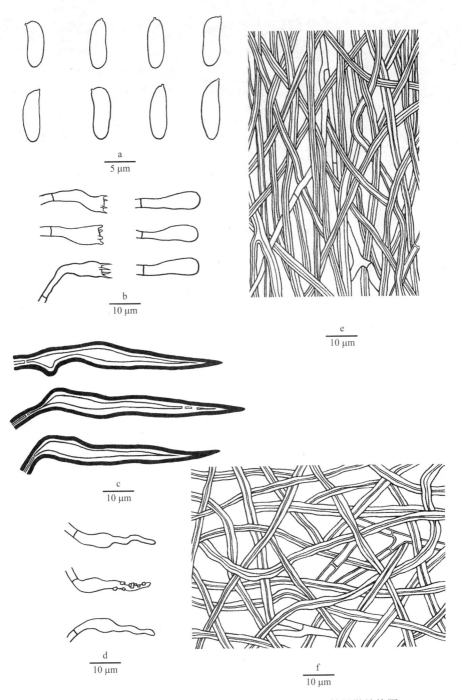

图 44　云南褐卧孔菌 *Fuscoporia yunnanensis* Y.C. Dai 的显微结构图

a. 担孢子；b. 担子和拟担子；c. 刚毛；d. 拟囊状体；e. 菌髓菌丝；f. 菌肉菌丝

生境： 阔叶树倒木上生。

研究标本： 云南高黎贡山（BJFC006633，模式标本）。

世界分布： 中国。

讨论： 云南褐卧孔菌与铁褐卧孔菌 *Fuscoporia ferrea* (Pers.) G. Cunn. 相似，但后者

的孔口(每毫米 5～7 个)和孢子(5.8～7.6 × 2～2.6 μm)都小，且刚毛短(27～37 × 5～7 μm，Dai 2010)。

核纤孔菌属 Inocutis Fiasson & Niemelä

该属在《中国真菌志第二十九卷锈革孔菌科》中已经有描述，但该卷论述了 3 种。本卷论述除上述 3 种之外的 2 种。

核纤孔菌属 *Inocutis* 分种检索表

1. 担孢子宽 4～4.8 μm，菌肉菌丝直径 >5 μm ·························· 拟栎核纤孔菌 *I. subdryophila*
1. 担孢子宽 3.2～4 μm，菌肉菌丝直径 <5 μm ···················· 路易斯安纳核纤孔菌 *I. ludoviciana*

路易斯安纳核纤孔菌　图 45

Inocutis ludoviciana (Pat.) T. Wagner & M. Fisch. [as 'ludovicianus'], Mycologia 94(6): 1011 (2002)

=*Xanthochrous ludovicianus* Pat., Bull. Mus. Hist. Nat., Paris 14: 6 (1908)
=*Polyporus ludovicianus* (Pat.) Sacc. & Trotter, Syll. fung. (Abellini) 21: 269 (1912)
=*Inonotus ludovicianus* (Pat.) Bondartsev & Singer, Annls mycol. 13(1): 56 (1915)

子实体：担子果一年生，盖形，单生，新鲜时无特殊气味，韧革质，干后纤维质；菌盖三角形或扇形，外伸可达 4 cm，宽可达 2.5 cm，基部厚可达 2 cm；菌盖表面干后锈褐色，具疣状突起，无环区；孔口表面干后锈褐色至土黄色；不育边缘不明显；孔口圆形至多角形，每毫米 2～3 个；菌管边缘薄，全缘；菌肉锈褐色，脆质，厚可达 1.9 cm；菌核存在于菌肉基部；菌管与孔口表面同色，干后脆质，长可达 1 mm。

菌丝结构：菌丝系统一体系；生殖菌丝具简单分隔；菌丝组织遇 KOH 溶液变黑，其他无变化。

菌肉：生殖菌丝黄褐色至蜜黄色，稍厚壁至明显厚壁，不分枝，弯曲，交织排列，略黏结，直径 3.5～5 μm。

菌管：生殖菌丝黄褐色，稍厚壁至明显厚壁，少分枝，平直，近平行于菌管排列，直径 2.5～4.5 μm；无刚毛和其他不育结构；担子棍棒状，具 4 个小梗并在基部具一横膈膜，大小为 10～15 × 6～7 μm；拟担子与担子形状相似，但略小。

孢子：担孢子椭圆形，锈褐色，厚壁，光滑，IKI−，CB−，大小为 (4.8～)5～6(～6.2) × (3～)3.2～4(～4.2) μm，平均长 $L = 5.48$ μm，平均宽 $W = 3.67$ μm，长宽比 $Q = 1.49$ ($n = 30/1$)。

生境：阔叶树倒木上生。

研究标本：广东南岭(BJFC005176，BJFC006067)。

世界分布：中国、美国。

讨论：路易斯安纳核纤孔菌是最近由纤孔菌属转到核纤孔菌属的，主要根据其系统发育关系(Wagner and Fischer 2002)，该种的担孢子长度小于 6 μm，同属其他种的担孢子长度大于 6 μm(Dai 2010)。

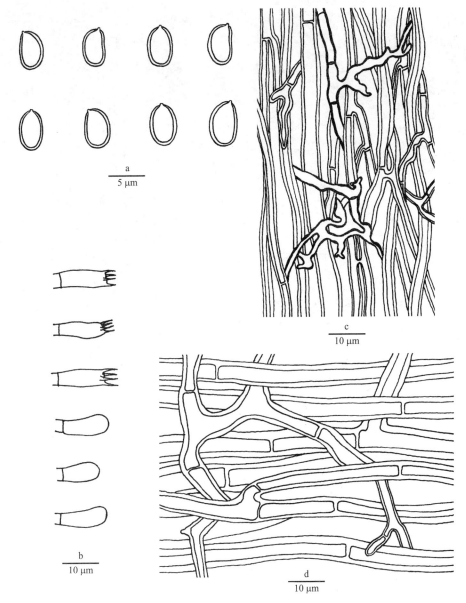

图 45　路易斯安纳核纤孔菌 *Inocutis ludoviciana* (Pat.) T. Wagner & M. Fisch. 的显微结构图
a. 担孢子；b. 担子和拟担子；c. 菌髓菌丝；d. 菌肉菌丝

拟栎核纤孔菌　图 46

Inocutis subdryophila Y.C. Dai & H.S. Yuan, Mycotaxon 93: 168 (2005)

　　子实体：担子果一年生，盖形，单生，新鲜时无特殊气味，木栓质，干后硬纤维质
或硬木栓质；菌盖马蹄形，外伸可达 5 cm，宽可达 6 cm，基部厚可达 4 cm；菌盖表面
浅灰褐色至黄褐色，具微绒毛或光滑，无环区；边缘锐，干后内卷；孔口表面浅灰褐色
至黄褐色；孔口多角形，每毫米 2～4 个；菌管边缘薄，略撕裂状；菌肉黄褐色，纤维
质至木栓质，具环区，厚可达 3 cm；菌核存在，占菌肉的绝大部分，黄褐色具白色的
菌丝束，直径可达 3 cm；菌管褐色，比菌肉颜色略浅，比孔口表面颜色深，木栓质，

长可达 2 cm。

菌丝结构：菌丝系统一体系；生殖菌丝具简单分隔；菌丝组织遇 KOH 溶液变黑，其他无变化。

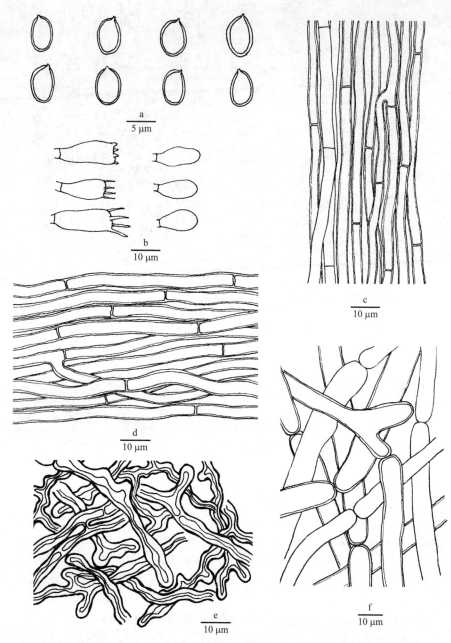

图 46 拟栎核纤孔菌 *Inocutis subdryophila* Y.C. Dai & H.S. Yuan 的显微结构图
a. 担孢子；b. 担子和拟担子；c. 菌髓菌丝；d. 菌肉菌丝；e. 菌核中硬菌丝；f. 菌丝束菌丝

菌肉：生殖菌丝无色至金黄色，薄壁至稍厚壁具宽内腔，偶尔分枝，频繁分隔，平直，规则排列，直径 3～6 μm；菌核中的硬菌丝多分枝，黑褐色，非常厚壁具窄内腔，弯曲，直径可达 8 μm；白色菌丝束菌丝无色，薄壁至稍厚壁，偶尔分枝，分隔处缢缩，直径通常 5～8 μm，少数膨胀可达 12 μm。

菌管：生殖菌丝浅黄色，薄壁至稍厚壁具宽内腔，偶尔分枝，频繁分隔，平行于菌管排列，直径 2.5～4.5 μm；无刚毛和其他不育结构；担子棍棒状，具 4 个小梗并在基部具一横膈膜，大小为 13～20 × 5～7 μm；拟担子与担子形状相似，但略小。

孢子：担孢子椭圆形，黄褐色，厚壁，光滑，IKI–，年幼时 CB+，大小为 (5.6～) 5.7～6.6 (～6.8) × (3.9～) 4～4.8 (～4.9) μm，平均长 $L = 6.08$ μm，平均宽 $W = 4.28$ μm，长宽比 $Q = 1.38～1.47$ ($n = 90/2$)。

生境：针叶树倒木上生。

研究标本：西藏波密 (BJFC001050，IFP015663，模式标本)。

世界分布：中国。

讨论：拟栎核纤孔菌描述于中国西藏 (Dai and Yuan 2005)，外观上它与栎核纤孔菌 *Inocutis dryophila* (Berk.) Fiasson & Niemelä 很相似，但后者的担孢子大 (7.2～8.2 × 5.4～6.1 μm)，且具胶化菌丝。拟栎核纤孔菌与杨核纤孔菌 *I. rheades* (Pers.) Fiasson & Niemelä 具有相似的担孢子，但后者的子实体上表面有环区，菌管脆质，通常生长在杨属树木上 (Dai 2010)。

纤孔菌属 Inonotus P. Karst.

该属在《中国真菌志第二十九卷锈革孔菌科》中已经有描述，但该卷只论述 9 种。本卷论述除上述 9 种之外的 21 种，这些种类基本是近年来发现的新种。

纤孔菌属 *Inonotus* 分种检索表

11. 担孢子宽 >5 μm；子实体单生 ·· 拟粗毛纤孔菌 *I. subhispidus*
11. 担孢子宽 <5 μm；子实体叠生 ·· 12
    12. 孔口表面不折光，菌盖表面无皮壳 ················· 海南纤孔菌 *I. hainanensis*
    12. 孔口表面折光，菌盖表面具皮壳 ························· 窄肉纤孔菌 *I. tenuicarnis*
13. 仅具子实层刚毛或菌丝状刚毛 ·· 14
13. 同时具子实层刚毛和菌丝状刚毛 ··· 16
    14. 仅具子实层刚毛 ··· 锐边纤孔菌 *I. acutus*
    14. 仅具菌丝状刚毛 ·· 15
15. 担孢子宽 >5 μm；具厚垣孢子 ··· 里克纤孔菌 *I. rickii*
15. 担孢子宽 <5 μm；无厚垣孢子 ··································· 聚生纤孔菌 *I. compositus*
    16. 担孢子球形至近球形 ··· 17
    16. 担孢子椭圆形 ·· 19
17. 担孢子长 <6 μm ·· 木麻黄纤孔菌 *I. casuarinae*
17. 担孢子长 >6 μm ·· 18
    18. 孔口 3~4 个/mm；担孢子 CB– ··························· 橄榄纤孔菌 *I. canaricola*
    18. 孔口 4~6 个/mm；担孢子弱 CB+ ················· 宽边纤孔菌 *I. latemarginatus*
19. 担孢子宽 <4 μm；孔口 7~9 个/mm ····················· 普洱纤孔菌 *I. puerensis*
19. 担孢子宽 >4 μm；孔口 5~8 个/mm ·· 20
    20. 担孢子宽 <5 μm；子实体叠生 ················· 金边纤孔菌 *I. chrysomarginatus*
    20. 担孢子宽 >5 μm；子实体单生 ······························· 赭纤孔菌 *I. ochroporus*

锐边纤孔菌　图 47

Inonotus acutus B.K. Cui & Y.C. Dai, Mycological Progress 10: 108 (2011)

子实体：担子果一年生，盖形，覆瓦状叠生，强烈收缩形成亚菌柄，新鲜时无特殊气味，木栓质，干后脆质；菌盖平展至半圆形，外伸可达 2.5 cm，宽可达 3 cm，基部厚可达 0.5 cm；菌盖表面肉桂褐色至橘黄色，光滑，具不明显的环区；边缘肉桂色至黄褐色，锐，波状；孔口表面灰褐色，具折光反应；不育边缘奶油黄色，宽可达 1 mm；孔口圆形至多角形，每毫米 5~6 个；菌管边缘薄，全缘；菌肉黄褐色至肉桂褐色，木栓质，无环区，厚可达 0.5 mm；菌管肉桂褐色至浅黄褐色，纤维质至木栓质，长可达 4.5 mm。

菌丝结构：菌丝系统一体系；生殖菌丝具简单分隔；菌丝组织遇 KOH 溶液变黑，其他无变化。

菌肉：生殖菌丝黄褐色至红褐色，稍厚壁具宽内腔，少分枝，频繁分隔，交织排列，直径 3.8~6 μm。

菌管：生殖菌丝黄褐色至红褐色，稍厚壁具宽内腔，少分枝，频繁分隔，略平行于菌管排列，直径 2~5 μm；刚毛常见，腹鼓状，厚壁，黄褐色至黑褐色，大小为 17~30 × 7~12 μm；无囊状体和拟囊状体；担子棍棒状至桶状，具 4 个小梗并在基部具一横膈膜，大小为 7~13 × 5~8 μm；拟担子与担子形状相似，但略小。

孢子：担孢子椭圆形，黄褐色，稍厚壁，光滑，IKI–，弱 CB+，大小为 (4.1~)4.2~5(~5.2) × (2.9~)3~3.8(~3.9) μm，平均长 $L = 4.6$ μm，平均宽 $W = 3.22$ μm，长宽比 $Q = 1.43$ ($n = 60/1$)。

生境：阔叶树倒木上生。

研究标本：海南五指山（BJFC003441，模式标本）。
世界分布：中国。

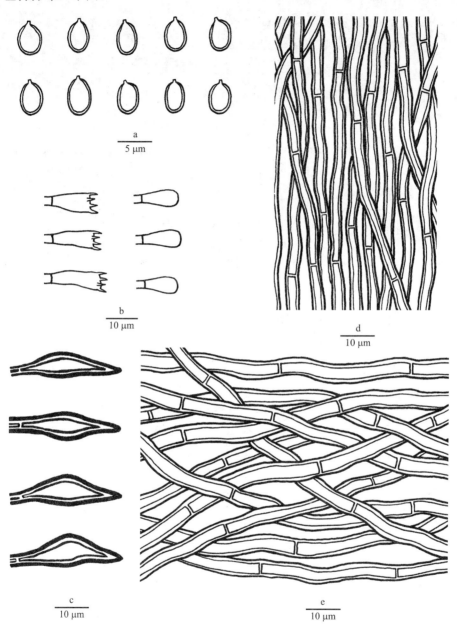

图 47　锐边纤孔菌 *Inonotus acutus* B.K. Cui & Y.C. Dai 的显微结构图
a. 担孢子；b. 担子和拟担子；c. 刚毛；d. 菌髓菌丝；e. 菌肉菌丝

　　讨论：锐边纤孔菌的主要特征为具有亚菌柄的子实体，菌盖边缘锐且波状，具子实层刚毛，稍厚壁的担孢子。该种与假辐射纤孔菌 *Inonotus pseudoradiatus* (Pat.) Ryvarden 具有相似的担孢子形状，但后者的孔口表面黑褐色，孔口大（每毫米 3～4 个），担孢子无色（Ryvarden 2005）。

橄榄纤孔菌　图 48

Inonotus canaricola Y.C. Dai, Mycoscience 53: 40 (2012)

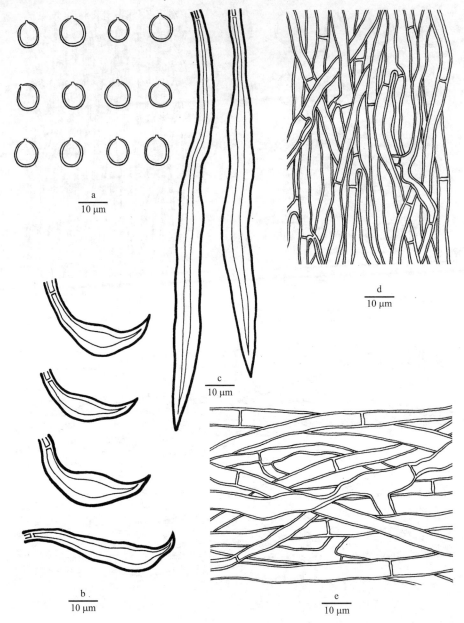

图 48　橄榄纤孔菌 *Inonotus canaricola* Y.C. Dai 的显微结构图
a. 担孢子；b. 刚毛；c. 菌髓中菌丝状刚毛；d. 菌髓菌丝；e. 菌肉菌丝

　　子实体：担子果一年生，盖形，单生，新鲜时无特殊气味，木栓质；菌盖平展，外伸可达 23 cm，宽可达 25 cm，基部厚可达 3.3 cm；菌盖表面黑褐色至几乎黑色，具黑色皮壳，光滑，无环区，干后略开裂；边缘钝；孔口表面黄褐色至黑褐色，干后开裂；孔口圆形，每毫米 3～4 个；菌管边缘薄至稍厚，全缘；菌肉黄褐色至黑褐色，木栓质，厚可达 19 mm；菌管黄褐色，木栓质，长可达 14 mm。

菌丝结构：菌丝系统一体系；生殖菌丝具简单分隔；菌丝组织遇 KOH 溶液变黑，其他无变化。

菌肉：生殖菌丝黄褐色，稍厚壁具宽内腔，中度分枝，频繁分隔，有时塌陷，疏松交织排列，直径 3～6 μm。

菌管：生殖菌丝黄色至黄褐色，稍厚壁具宽内腔，频繁分枝和分隔，略平行于菌管排列，直径 2.5～5 μm；菌丝状刚毛存在，不占多数，黑褐色，非常厚壁具窄或宽内腔，末端锐，略平行于菌管排列，大小为 106～160 × 7～11 μm；子实层刚毛常见，锥形，末端弯曲，黑褐色，厚壁，大小为 25～50 × 6～10 μm；子实层塌陷，未见担子和拟担子等。

孢子：担孢子近球形至球形，黄褐色，厚壁，光滑，IKI−、CB−，大小为 7～8.9（～9.2）×（6～）6.2～8（～8.5）μm，平均长 L = 7.98 μm，平均宽 W = 7.23 μm，长宽比 Q = 1.1（n = 30/1）。

生境：阔叶树木上生。

研究标本：海南霸王岭（BJFC009139，模式标本）。

世界分布：中国。

讨论：橄榄纤孔菌的主要特征是子实体大，上表面具黑色皮壳，菌髓中具有菌丝状刚毛和弯曲的子实层刚毛，担孢子褐色、球形。赫氏纤孔菌 *Inonotus hemmesii* Gilb. & Ryvarden 与橄榄纤孔菌相似，但它的子实层刚毛不弯曲，担孢子椭圆形至卵圆形（7～9 × 5.5～7 μm，Ryvarden 2005）。

木麻黄纤孔菌　图 49

Inonotus casuarinae L.S. Bian, Nova Hedwigia 102: 213 (2016)

子实体：担子果一年生，盖形，单生，新鲜时无特殊气味，木栓质，干后重量明显变轻；菌盖蹄形，外伸可达 9 cm，宽可达 11 cm，基部厚可达 13 cm；菌盖新鲜时柠檬黄色至灰色，光滑至开裂；边缘钝；孔口表面新鲜时浅黄褐色至酒红褐色，干后肉桂褐色，不育边缘明显，宽可达 2 mm；孔口多角形，每毫米 4～6 个；菌管边缘薄，全缘；菌肉肉桂黄色至肉桂褐色，木质，厚可达 11 cm；菌管与菌肉同色，硬木栓质，长可达 20 mm。

菌丝结构：菌丝系统一体系；生殖菌丝具简单分隔；菌丝组织遇 KOH 溶液变黑，其他无变化。

菌肉：生殖菌丝黄色至黄褐色，薄壁至略厚壁，具宽内腔，中度分枝，频繁分隔，规则排列，直径 4～8 μm；菌丝状刚毛偶尔存在。

菌管：生殖菌丝浅黄色至黄褐色，薄壁至略厚壁，具宽内腔，中度分枝，频繁分隔，平直，略平行于菌管排列，直径 3～5 μm；菌丝状刚毛存在，不占多数，黑褐色，非常厚壁具窄或宽内腔，末端锐，略平行于菌管排列，长可达 250 μm，宽 9～12 μm；子实层刚毛常见，腹鼓状，末端钩状，厚壁，黑褐色，大小为 18～28 × 8～10 μm；担子桶状，具 4 个小梗并在基部具一横膈膜，拟担子形状与担子相似，但略小。

孢子：担孢子近球形至球形，无色至浅黄色，稍厚壁，光滑，IKI−、CB−，大小为（4～）4.5～5.5（～5.7）×（3.8～）4～5 μm，平均长 L = 5.05 μm，平均宽 W = 4.77 μm，长宽比 Q = 1.07（n = 30/1）。

生境：木麻黄活立木上生。

研究标本：海南儋州（BJFC017402，模式标本）。

世界分布：中国。

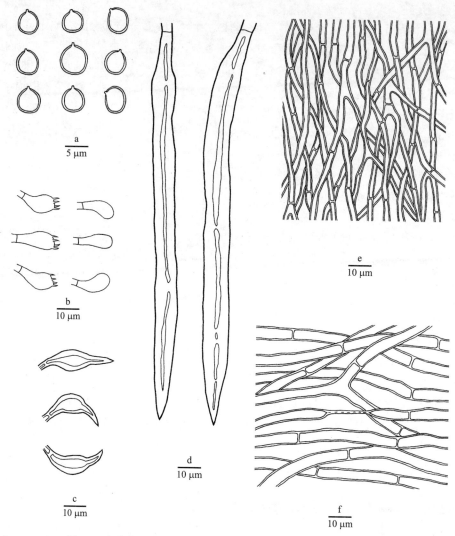

图 49　木麻黄纤孔菌 *Inonotus casuarinae* L.S. Bian 的显微结构图

a. 担孢子；b. 担子和拟担子；c. 刚毛；d. 菌丝状刚毛；e. 菌髓菌丝；f. 菌肉菌丝

讨论：木麻黄纤孔菌与 *Inonotus pseudoglomeratus* Ryvarden 具有相似的子实层刚毛和菌丝状刚毛，但后者菌盖表面黑褐色，担孢子略小（5～6 × 4～4.3 μm），且分布于南美洲（Ryvarden 2005）。厚皮纤孔菌 *Inonotus pachyphloeus*（Pat.）T. Wagner & M. Fisch. 与木麻黄纤孔菌在系统发育上亲缘关系较近，但前者的孔口小（每毫米 7～9 个），担孢子小且为椭圆形（3.7～4.3 × 2.7～3.9 μm，Wagner and Fischer 2002）。

金边纤孔菌　图 50

Inonotus chrysomarginatus B.K. Cui & Y.C. Dai, Mycological Progress 10: 109 (2011)

子实体: 担子果多年生, 盖形, 单生或覆瓦状叠生, 新鲜时无特殊气味, 木栓质, 干后木质; 菌盖平展至马蹄状, 外伸可达 9 cm, 宽可达 15 cm, 基部厚可达 6 cm; 菌盖表面干后肉桂褐色至深褐色, 具不明显的环区至无环区, 光滑至具瘤状突起, 后期稍开裂; 边缘黄褐色至金黄色, 钝; 孔口表面灰褐色至橄榄褐色, 具折光反应; 孔口圆形至多角形, 每毫米 5~8 个; 菌管边缘薄, 全缘; 菌肉黄褐色至肉桂褐色, 木质, 具环区, 厚可达 4 cm; 菌管肉桂褐色, 硬纤维质至木质, 长可达 2 cm。

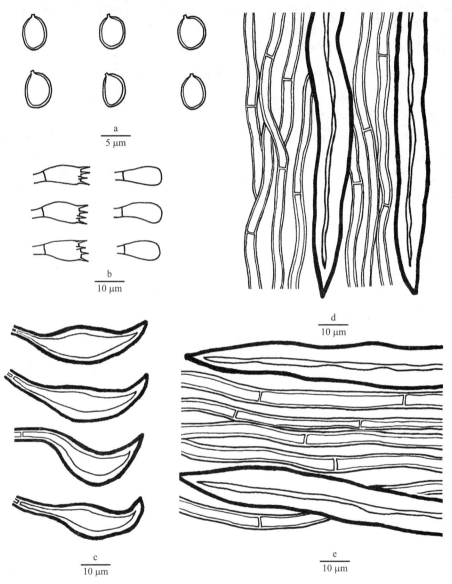

图 50 金边纤孔菌 *Inonotus chrysomarginatus* B.K. Cui & Y.C. Dai 的显微结构图

a. 担孢子; b. 担子和拟担子; c. 刚毛; d. 菌髓中菌丝和刚毛状菌丝; e. 菌肉中菌丝和刚毛状菌丝

菌丝结构: 菌丝系统一体系; 生殖菌丝具简单分隔; 菌丝组织遇 KOH 溶液变黑, 其他无变化。

菌肉: 生殖菌丝黄褐色, 稍厚壁具宽内腔, 少分枝, 平直, 略规则排列, 直径 3.5~

6 μm；刚毛状菌丝存在，非常厚壁具窄内腔，不分隔，末端尖锐，长可达 200 μm，宽 11.5～20 μm。

菌管：生殖菌丝黄褐色，薄壁至稍厚壁具宽内腔，少分枝，频繁分隔，平直，略平行于菌管排列，直径 2.2～5.2 μm；刚毛状菌丝存在，非常厚壁具窄内腔，不分隔，末端尖锐，略平行于菌管排列，有时伸出子实层外，长可达 200 μm，直径 10～17 μm；子实层刚毛常见至少见，黄褐色至黑褐色，通常腹鼓状，末端钩状，厚壁，大小为 25～45 × 8～15 μm；无囊状体和拟囊状体；担子桶状，具 4 个小梗并在基部具一横膈膜，大小为 7～14 × 5～11 μm；拟担子形状与担子相似，但略小。

孢子：担孢子宽椭圆形至近球形，浅黄褐色，稍厚壁，光滑，IKI−，弱 CB+，大小为 (4.3～)4.7～6(～6.4) × (3.8～)4～5(～5.3) μm，平均长 L = 5.26 μm，平均宽 W = 4.34 μm，长宽比 Q = 1.16～1.25 (n = 76/2)。

生境：阔叶树倒木上生。

研究标本：海南万宁（BJFC004543，模式标本）；云南西双版纳（BJFC001053）。

世界分布：中国。

讨论：金边纤孔菌与同属其他种的区别是子实体多年生，具有刚毛状菌丝和钩状子实层刚毛，担孢子宽椭圆形至近球形，稍厚壁，弱嗜蓝。

聚生纤孔菌　图 51

Inonotus compositus H.C. Wang, Nova Hedwigia 83: 138 (2006)

子实体：担子果一年生，盖形，覆瓦状叠生，新鲜时无特殊气味，木栓质，干后硬木栓质；菌盖半圆形，外伸可达 8 cm，宽可达 10 cm，基部厚可达 3.5 cm；菌盖表面新鲜时柠檬黄色，后期变暗，粗糙，具同心环沟；边缘肉桂色至橘黄褐色，钝；孔口表面灰黄色、浅黄色，触摸后变红褐色；孔口多角形，每毫米 2～3 个；菌管边缘薄，全缘；菌肉浅褐色，木栓质，厚可达 3 cm；菌管与孔口表面同色，木栓质，长可达 5 mm。

菌丝结构：菌丝系统一体系；生殖菌丝具简单分隔；菌丝组织遇 KOH 溶液变黑，其他无变化。

菌肉：生殖菌丝浅黄色，稍厚壁具宽内腔，偶尔分枝，频繁分隔，交织排列，直径 3.5～6.5 μm，少数菌丝膨胀，直径可达 12.5 μm。

菌管：生殖菌丝无色至浅黄色，薄壁至稍厚壁具宽内腔，偶尔分枝和分隔，疏松交织排列，直径 2.5～6 μm；菌丝状刚毛偶尔存在，厚壁具宽内腔，末端尖锐，黑褐色，厚壁，有时分叉，大小为 50～400 × 8.5～18 μm；担子棍棒状，具 4 个小梗并在基部具一横膈膜，大小为 12～87 × 5.5～9.5 μm；拟担子形状与担子相似，但略小。

孢子：担孢子椭圆形，浅黄色，稍厚壁，光滑，IKI−，CB+，大小为 (5.5～)6～7.2 (～7.5) × 4～4.9(～5) μm，平均长 L = 6.6 μm，平均宽 W = 4.31 μm，长宽比 Q = 1.5～1.56 (n = 60/2)。

生境：阔叶树树桩上生。

研究标本：陕西周至（IFP002602）；西藏林芝（IFP015664，模式标本）。

世界分布：中国。

讨论：聚生纤孔菌最近描述于中国（Wang 2006），该种与栎纤孔菌 *Inonotus*

quercustris M. Blackw. & Gilb.相似，但后者的菌盖无环区，孔口小，菌管边缘撕裂状，担孢子大（长大于 7 μm），菌髓中具大量的菌丝状刚毛（Gilbertson and Ryvarden 1986）。

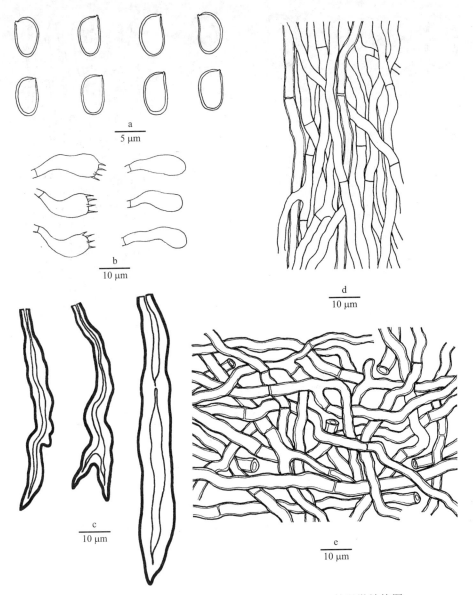

图 51　聚生纤孔菌 *Inonotus compositus* H. C. Wang 的显微结构图

a. 担孢子；b. 担子和拟担子；c. 菌丝状刚毛；d. 菌髓菌丝；e. 菌肉菌丝

海南纤孔菌　图 52

Inonotus hainanensis H.X. Xiong & Y.C. Dai, Cryptogamie Mycologie 29: 280 (2008)

　　子实体：担子果一年生，盖形，覆瓦状叠生，新鲜时无特殊气味，软木栓质，干后木栓质或脆质；菌盖半圆形，外伸可达 1.5 cm，宽可达 3 cm，基部厚可达 3 mm；菌盖表面新鲜时从基部到边缘为深褐色至黄褐色，干后暗褐色至锈褐色，粗糙至光滑，具不明显的同心环区；边缘暗褐色，锐，干后内卷；孔口表面黄色至褐色；孔口多角形，每毫米 3～4 个；菌管边缘薄，全缘；菌肉黑褐色，木栓质，厚可达 1 mm；菌管与菌肉同色，木栓质，长可达 2 mm。

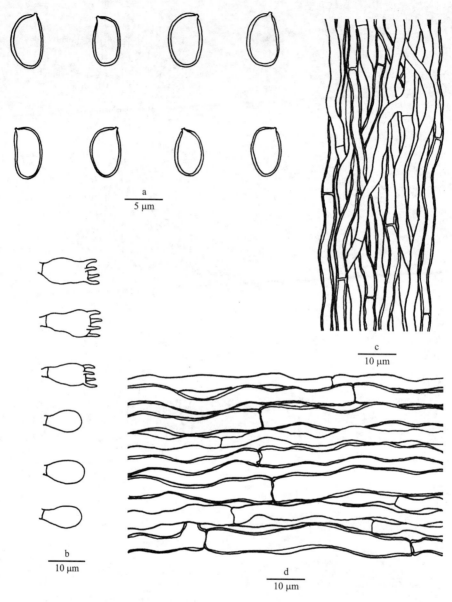

图 52　海南纤孔菌 *Inonotus hainanensis* H.X. Xiong & Y.C. Dai 的显微结构图

a. 担孢子；b. 担子和拟担子；c. 菌髓菌丝；d. 菌肉菌丝

菌丝结构：菌丝系统一体系；生殖菌丝具简单分隔；菌丝组织遇 KOH 溶液变黑，其他无变化。

菌肉：生殖菌丝黄褐色，薄壁至稍厚壁具宽内腔，偶尔分枝，频繁分隔，分隔处缢缩，略规则排列，直径 3～5 μm。

菌管：生殖菌丝黄褐色，薄壁至稍厚壁具宽内腔，偶尔分枝，频繁分隔，与菌管近平行排列，直径 2～4.5 μm；无任何刚毛；担子粗棍棒状，具 4 个小梗并在基部具一横膈膜，大小为 11~15 × 5~7 µm；拟担子形状与担子相似，但略小。

孢子：担孢子椭圆形，黄褐色，厚壁，光滑，IKI−，弱 CB+，大小为 6~7(~7.8) × (3.5~)3.9~4.9(~5.8) µm，平均长 L = 6.55 µm，平均宽 W = 4.19 µm，长宽比 Q = 1.56 (n = 30/1)。

生境：阔叶树腐朽木上生。

研究标本：海南尖峰岭(BJFC001058，模式标本)。

世界分布：中国。

讨论：海南纤孔菌与薄纤孔菌 Inonotus tenuicarnis Pegler & D.A. Reid 相似，但后者的子实体坚硬，具红褐色的皮壳，孔口具折光反应。齿纤孔菌 Inonotus dentatus Decock & Ryvarden 和小纤孔菌 I. pusillus Murrill 具有薄菌盖，褐色、厚壁的担孢子，无子实层刚毛及刚毛状菌丝，但齿纤孔菌 Inonotus dentatus 的孔口大(每毫米 1~3 个)，担孢子小(4.5~5 × 3~3.5 µm，Ryvarden 2004)。小纤孔菌 Inonotus pusillus 与海南纤孔菌的不同在于孔口小(每毫米 4~6 个)，担孢子短(4.5~6 µm，Ryvarden 2004)。

河南纤孔菌　图 53

Inonotus henanensis Juan Li & Y.C. Dai, in Li, Xiong, Zhou & Dai, Sydowia 59: 134 (2007)

子实体：担子果一年生，平伏，与基质不易分离，新鲜时无特殊气味，木栓质，干后木质，长可达 15 cm，宽可达 7 cm，中部厚可达 7 mm；孔口表面新鲜时灰色至灰褐色，具折光反应，干后颜色几乎不变；不育边缘浅黄褐色，非常窄至几乎无；孔口多角形，每毫米 6~7 个；菌管边缘薄，全缘；菌肉黄褐色，木栓质，厚不到 0.5 mm；菌管黄褐色，木质，长可达 7 mm。

菌丝结构：菌丝系统一体系；生殖菌丝具简单分隔；菌丝组织遇 KOH 溶液变黑，其他无变化。

菌肉：生殖菌丝无色至浅黄色，稍厚壁至厚壁具宽内腔，偶尔分枝，弯曲，疏松交织排列，直径 2~5 µm。

菌管：生殖菌丝无色至浅黄色，薄壁至稍厚壁具宽内腔，偶尔分枝，平行于菌管排列，直径 2.5~4.5 µm；菌丝状刚毛存在，明显，非常厚壁具窄内腔，不分隔，末端尖锐，长可达 300 µm，直径 8~13 µm；子实层刚毛少见至常见，锥形，末端尖锐，锈褐色，厚壁，大小为 16~22 × 6.5~8 µm；拟囊状体通常存在，腹鼓形，无色，薄壁，大小为 10~15 × 5~7 µm；担子粗棍棒状至近球形，具 4 个小梗并在基部具一横膈膜，大小为 10~12 × 7~9 µm；拟担子形状与担子相似，但略小。

孢子：担孢子近球形，无色，薄壁，光滑，IKI−，CB−，大小为(5~)5.5~6.5(~7) × 4.5~5.7(~6) µm，平均长 L = 5.9 µm，平均宽 W = 5.15 µm，长宽比 Q = 1.13~1.16 (n = 60/2)。

生境：阔叶树倒木上生。

研究标本：河南宝天曼(BJFC001059，IFP015666，模式标本；IFP015667，IFP015668，IFP015669)；云南莱阳河(BJFC010504)，云南铜壁关(BJFC013367)。

世界分布：中国。

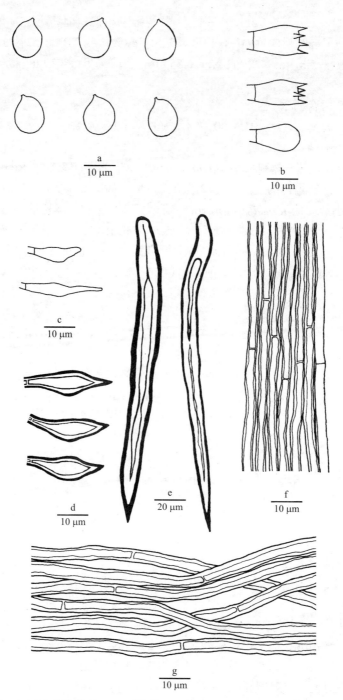

图 53 河南纤孔菌 *Inonotus henanensis* Juan Li & Y.C. Dai 的显微结构图

a. 担孢子；b. 担子和拟担子；c. 拟囊状体；d. 刚毛；e. 菌丝状刚毛；f. 菌髓菌丝；g. 菌肉菌丝

讨论：河南纤孔菌与 *Inonotus pegleri* Ryvarden 相似，但后者的孔口较大（每毫米 4～5 个），担孢子浅黄色（Ryvarden 2005）。*Inonotus adnatus* Ryvarden 和 *I. marginatus* Ryvarden 具有菌丝状刚毛和子实层刚毛，而且它们的担孢子为球形至近球形；*I. adnatus* 与河南纤孔菌的不同是具有厚壁、褐色的担孢子（直径 7～8 μm，Ryvarden 2005）。*I.*

marginatus 与河南纤孔菌的不同是它的担孢子较小（直径 4.5～5 μm，Ryvarden 2005）。

克氏纤孔菌　图 54

Inonotus krawtzewii (Pilát) Pilát, Annls mycol. 38(1): 81 (1940)

=*Xanthochrous krawtzewii* Pilát, Bull. trimest. Soc. mycol. Fr. 48(1): 31 (1932)

　　子实体：担子果一年生，平伏，与基质不易分离，新鲜时无特殊气味，木栓质，干后木质，长可达 150 cm，宽可达 20 cm，中部厚可达 10 mm；孔口表面新鲜时灰褐色至金黄褐色，具折光反应，干后暗褐色，不规则开裂；不育边缘渐薄，非常窄至几乎无；孔口多角形，每毫米 3～5 个；菌管边缘薄，撕裂状；菌肉红褐色，木栓质，厚可达 0.5 mm；菌管黄褐色，脆质，长可达 9.5 mm。

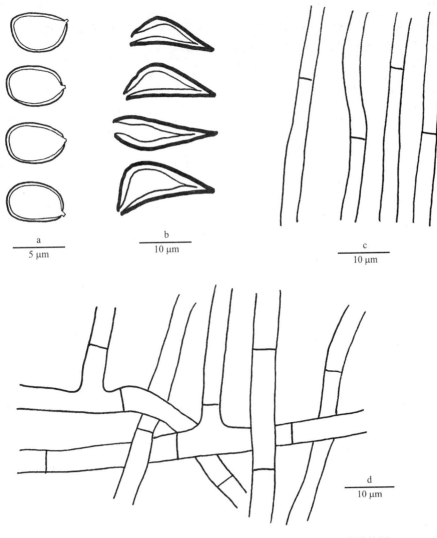

图 54　克氏纤孔菌 *Inonotus krawtzewii* (Pilát) Pilát 的显微结构图

a. 担孢子；b. 刚毛；c. 菌髓菌丝；d. 菌肉菌丝

　　菌丝结构：菌丝系统一体系；生殖菌丝具简单分隔；菌丝组织遇 KOH 溶液变黑，

其他无变化。

菌肉：生殖菌丝浅黄色至金黄色，薄壁至稍厚壁至厚壁具宽内腔，偶尔分枝和分隔，弯曲，疏松交织排列，直径 3.5～5.5 μm；有些菌丝明显厚壁，黑褐色。

菌管：生殖菌丝无色至浅黄色，薄壁至稍厚壁具宽内腔，少分枝，频繁分隔，与菌管近平行排列，直径 3～5 μm；子实层刚毛常见，锥形至腹鼓形，末端尖锐，锈褐色，厚壁，大小为 17～26 × 6.5～9 μm；担子棍棒状，具 4 个小梗并在基部具一横膈膜，大小为 15～18 × 5～6 μm；拟担子形状与担子相似，但略小。

孢子：担孢子椭圆形，黄色，厚壁，光滑，IKI–，CB–，大小为(5.5～)5.9～7.2(～7.5) × (4.2～)4.5～5.3(～5.5) μm，平均长 $L = 6.6$ μm，平均宽 $W = 5$ μm，长宽比 $Q = 1.31～1.33$ $(n = 60/2)$。

生境：阔叶树倒木树皮内生。

研究标本：甘肃平凉（IFP018560）；内蒙古大兴安岭（IFP002601）；山西（PRM 807111，807112，907113）；陕西太白山（IFP014823）。

世界分布：中国、俄罗斯、捷克、斯洛伐克。

讨论：克氏纤孔菌以前处理为安氏纤孔菌 Inonotus andersonii（Ellis & Everh.）Černý，但最近的研究表明安氏纤孔菌只分布于北美洲，亚洲和欧洲的为克氏纤孔菌（Zhou et al. 2014）。

宽边纤孔菌　图 55

Inonotus latemarginatus Y.C. Dai, Ann. Bot. Fenn. 48: 222 (2011)

子实体：担子果一年生，盖形，单生，新鲜时无特殊气味，软木栓质，干后木质至脆质；菌盖平展至半圆形，外伸可达 8 cm，宽可达 10 cm，基部厚可达 1 cm；菌盖表面新鲜时从基部到边缘暗褐色至砖红色，干后暗褐色，收缩，具厚绒毛至微绒毛，具不明显的同心环区；边缘棕黄色，钝；孔口表面新鲜时棕黄色至黄褐色，触摸后变为烟褐色，干后肉桂褐色，不育边缘明显，宽可达 5 mm；孔口圆形，每毫米 4～6 个；菌管边缘薄，粗糙，略撕裂状；菌肉新鲜时软，海绵质，干后收缩，纤维质，黄褐色，具深褐色皮壳，厚可达 5 mm；菌管与菌肉同色，硬纤维质至木质，长可达 5 mm。

菌丝结构：菌丝系统一体系；生殖菌丝具简单分隔；菌丝组织遇 KOH 溶液变黑，其他无变化。

菌肉：生殖菌丝无色至浅黄色，薄壁至稍厚壁具宽内腔，偶尔分枝，略平直，直径 4～8 μm；皮壳菌丝非常厚壁，黑褐色，强烈黏结，直径 4～6 μm。

菌管：生殖菌丝无色至黄褐色，薄壁至稍厚壁具宽内腔，少分枝，平直，略平行于菌管排列，直径 3～5 μm；菌丝状刚毛存在，明显，非常厚壁具窄或宽内腔，不分隔，末端尖锐，略平行于菌管排列，长可达 200 μm，直径 8～15 μm；子实层刚毛少见，黄褐色至黑褐色，腹鼓状，末端钩状，厚壁，大小为 16～18 × 6～9 μm；无囊状体和拟囊状体；担子桶状，具 4 个小梗并在基部具一横膈膜，大小为 10～12 × 7～9 μm；拟担子形状与担子相似，但略小。

孢子：担孢子近球形，浅黄褐色，稍厚壁，光滑，IKI–，弱 CB+，大小为(7～)7.1～8.7(～9.3) × (5.9～)6.2～7.8(～8.8) μm，平均长 $L = 7.85$ μm，平均宽 $W = 7.05$ μm，长

宽比 $Q = 1.11$（$n = 32/1$）。

生境：阔叶树倒木上生。

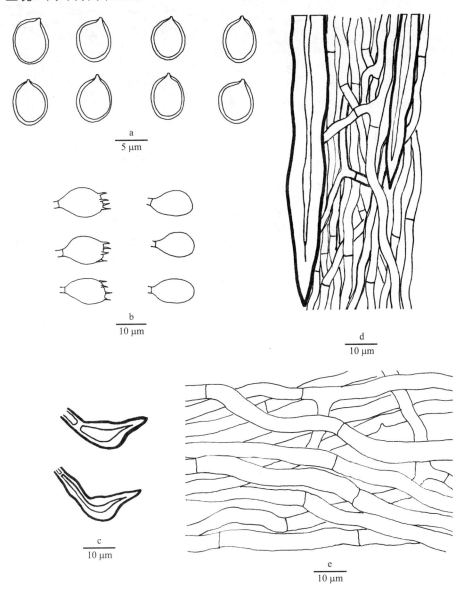

图 55　宽边纤孔菌 *Inonotus latemarginatus* Y.C. Dai 的显微结构图

a. 担孢子；b. 担子和拟担子；c. 刚毛；d. 菌髓菌丝；e. 菌肉菌丝

研究标本：海南保亭（IFP015672，模式标本；IFP 015673）。

世界分布：中国。

讨论：宽边纤孔菌与栎纤孔菌 *Inonotus quercustris* M. Blackw. & Gilb.相似，后者发现于美国（Blackwell and Gilbertson 1985）和阿根廷（Urcelay and Rajchenberg 1999），栎纤孔菌与宽边纤孔菌的区别为子实体马蹄形，菌髓中有大量菌丝状刚毛，担孢子较大（9~10 × 6~8 μm，Blackwell and Gilbertson 1985）。

巨形刚毛纤孔菌　图 56

Inonotus magnisetus Y.C. Dai, Fungal Diversity 45: 277, 2010

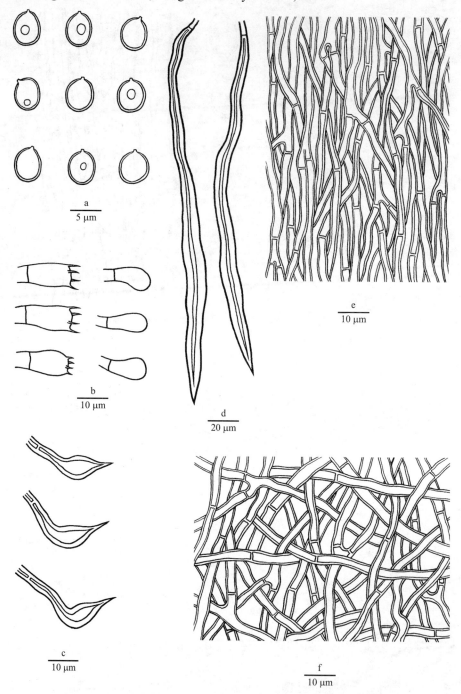

图 56　巨形刚毛纤孔菌 *Inonotus magnisetus* Y.C. Dai 的显微结构图
a. 担孢子；b. 担子和拟担子；c. 刚毛；d. 菌丝状刚毛；e. 菌髓菌丝；f. 菌肉菌丝

子实体：担子果一年生，平伏，与基质不易分离，新鲜时无特殊气味，软木栓质，干后木质，长可达 40 cm，宽可达 6 cm，中部厚可达 0.6 mm；孔口表面新鲜时肉桂色，触摸后变黑褐色，干后肉桂黄色；不育边缘奶油色，宽可达 2 mm；孔口多角形，通常很浅，每毫米 5~6 个；菌管边缘薄，全缘至撕裂状；菌肉褐色，很薄，厚不到 0.1 mm；菌管褐色，木质、纤维质或脆质，长可达 0.5 mm。

菌丝结构：菌丝系统一体系；生殖菌丝具简单分隔；菌丝组织遇 KOH 溶液变黑，其他无变化。

菌肉：生殖菌丝浅黄色至黄褐色，稍厚壁具宽内腔，中度分枝，频繁分隔，弯曲，交织排列，直径 2~4 μm；菌丝状刚毛稀少。

菌管：生殖菌丝无色至浅黄色，薄壁至稍厚壁，频繁分枝和分隔，略平直，沿菌管平行排列，直径 2~3.7 μm；菌丝状刚毛突出，但不占多数，黄褐色至黑褐色，末端尖锐，厚壁，与菌管近平行排列，埋藏于菌髓或伸出菌髓，长可达 300 μm，直径 9~15 μm；子实层刚毛常见，腹鼓状，末端尖锐，黄褐色至黑褐色，厚壁，大小为 22~43 × 7~8 μm；无拟囊状体；担子粗棍棒状，具 4 个小梗并在基部具一横膈膜，大小为 12~16 × 6~8 μm；拟担子形状与担子相似，但略小。

孢子：担孢子近球形至球形，浅黄色，稍厚壁，光滑，通常具小液泡，IKI−，CB−，大小为 (3.9~)4~4.5(~4.9) × (3.6~)3.7~4(~4.1) μm，平均长 L = 4.24 μm，平均宽 W = 3.91 μm，长宽比 Q = 1.06~1.07 (n = 60/2)。

生境：阔叶树倒木上生。

研究标本：广东车八岭（BJFC007677，BJFC007710，模式标本）。

世界分布：中国。

讨论：巨形刚毛纤孔菌的主要特征为子实体平伏，肉桂色，同时具有菌丝状刚毛和子实层刚毛。粉纤孔菌 Inonotus pruinosus Bondartsev 与巨形刚毛纤孔菌有些相似，但它的孔口大（每毫米 2~3 个），担孢子大（6~7.4 × 4.5~6 μm），且无刚毛（Dai 2010）。

白边纤孔菌　图 57

Inonotus niveomarginatus H.Y. Yu, C.L. Zhao & Y.C. Dai, Mycotaxon 124: 62 (2013)

子实体：担子果一年生，平伏，与基质不易分离，垫状，新鲜时无特殊气味，干后木栓质，长可达 4 cm，宽可达 2.5 cm，中部厚可达 4 mm；孔口表面新鲜时深褐色且边缘白色，干后深褐色至黄褐色；孔口圆形，每毫米 6~8 个；菌管边缘薄，全缘；菌肉褐色，木栓质，很薄，厚不到 1 mm；菌管暗褐色至黑褐色，木栓质，长可达 3 mm。

菌丝结构：菌丝系统一体系；生殖菌丝具简单分隔；菌丝组织遇 KOH 溶液变黑，其他无变化。

菌肉：生殖菌丝黄色，薄壁至稍厚壁具宽内腔，少分枝，频繁分隔，略平直，交织排列，直径 3~4.5 μm；无菌丝状刚毛。

菌管：生殖菌丝黄色，薄壁至厚壁，频繁分枝和分隔，略平直，沿菌管近平行排列，直径 2.5~3.5 μm；无拟囊状体；担子桶状，具 4 个小梗并在基部具一横膈膜，大小为 13~16 × 6~8.5 μm；拟担子形状与担子相似，但略小。

孢子：担孢子近球形至卵圆形，浅黄色，厚壁，光滑，通常具一液泡，IKI−，CB−，大小为 (4.5~)4.9~5.7(~6) × (4.2~)4.5~5.2(~5.5) μm，平均长 L = 5.35 μm，平均宽 W = 4.95 μm，长宽比 Q = 1.06 (n = 30/1)。

生境：阔叶树倒木上生。

研究标本：云南西双版纳（BJFC010599，模式标本）。

世界分布：中国。

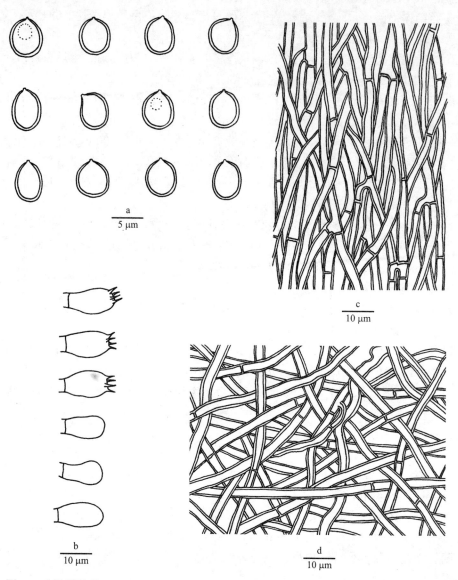

图 57　白边纤孔菌 *Inonotus niveomarginatus* H.Y. Yu, C.L. Zhao & Y.C. Dai 的显微结构图

a. 担孢子；b. 担子和拟担子；c. 菌髓菌丝；d. 菌肉菌丝

讨论：纤孔菌属中哥斯达黎加纤孔菌 *I. costaricensis* Ryvarden、硬纤孔菌 *I. rigidus*、截孢纤孔菌 *I. truncatisporus* Corner 和委内瑞拉纤孔菌 *I. venezuelicus* Ryvarden 具有平伏子实体、厚壁有色的担孢子、无任何刚毛（Corner 1991; Cui et al. 2011; Ryvarden 1987, 2005）。*I. costaricensis* 与白边纤孔菌的区别是担孢子球形且比白边纤孔菌的长；*Inonotus rigidus* 的担孢子椭圆形而且小（3.9～4.5 × 2.9～3.7 μm）而不同于白边纤孔菌；*Inonotus truncatisporus* 具有较大的孔口（4～6 个/mm）和截形的担孢子，故容易区别于白边纤孔

菌；*Inonotus venezuelicus* 区别于白边纤孔菌是因为它的孔口大、担孢子椭圆形，仅发现于南美洲(Yu et al. 2013)。

赭纤孔菌　图 58

Inonotus ochroporus (Van der Byl) Pegler, Trans. Br. Mycol. Soc. 47(2): 183 (1964)

=*Polyporus ochroporus* Van der Byl, S. Afr. J. Sci. 18: 269 (1922)

=*Daedalea fuscospora* Lloyd, S. Afr. J. Bot. 21: 308 (1924)

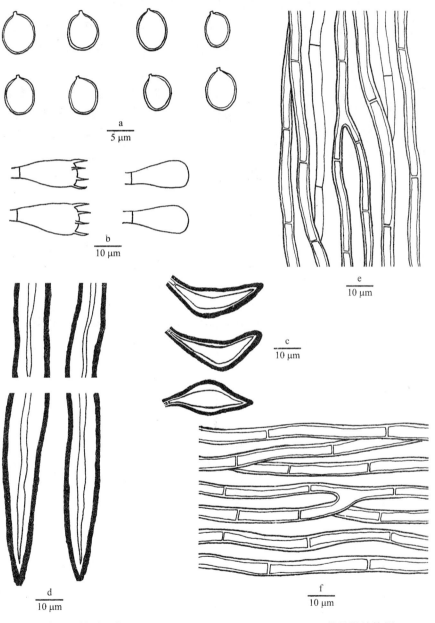

图 58　赭纤孔菌 *Inonotus ochroporus* (Van der Byl) Pegler 的显微结构图

a. 担孢子；b. 担子和拟担子；c. 刚毛；d. 菌丝状刚毛；e. 菌髓菌丝；f. 菌肉菌丝

子实体：担子果一年生，盖形，单生，基部收缩，新鲜时无特殊气味，软木栓质至海绵质，干后硬纤维质；菌盖平展至半圆形，外伸可达 30 cm，宽可达 40 cm，基部厚可达 25 cm；菌盖表面浅褐色至黑褐色，无环区，具皮壳；边缘黄褐色，钝，宽不过 0.5 mm；孔口表面土黄褐色；孔口不规则形，每毫米 5～7 个；菌管边缘薄，通常全缘；年幼时菌肉异质，后期变为同质，黑肉桂褐色，具环区，硬木栓质，厚可达 15 cm；菌管肉桂褐色，硬木栓质，长可达 10 cm。

菌丝结构：菌丝系统一体系；生殖菌丝具简单分隔；菌丝组织遇 KOH 溶液变黑，其他无变化。

菌肉：生殖菌丝浅黄色至黄褐色，薄壁至稍厚壁具宽内腔，偶尔分枝，频繁分隔，略规则排列，直径 3.4～6.5 μm；菌丝状刚毛明显，锈褐色，厚壁，末端尖锐，长可达 300 μm，直径 9.4～17 μm。

菌管：生殖菌丝无色至浅黄色，薄壁至稍厚壁具宽内腔，偶尔分枝，频繁分隔，略平直，沿菌管平行排列，直径 3～5.6 μm；菌丝状刚毛突出，锈褐色，末端尖锐，厚壁，长可达 300 μm，直径 9～16.5 μm；子实层刚毛偶见，腹鼓状，黄褐色至黑褐色，厚壁，大小为 13.6～24.8 × 6.3～9.2 μm；无囊状体和拟囊状体；担子粗棍棒状，具 4 个小梗并在基部具一横膈膜，大小为 12～17 × 7.2～10 μm；拟担子形状与担子相似，但略小。

孢子：担孢子宽椭圆形至近球形，浅黄色，稍厚壁，光滑，通常具小液泡，IKI−，弱 CB+，大小为 (5.3～)5.8～7 × (4.5～)4.9～6.2(～6.8) μm，平均长 $L = 6.32$ μm，平均宽 $W = 5.43$ μm，长宽比 $Q = 1.16$ ($n = 30/1$)。

生境：阔叶树倒木上生。

研究标本：云南河口 (IFP014846)。

世界分布：中国、肯尼亚、乌干达、津巴布韦、南非、坦桑尼亚。

讨论：赭纤孔菌与剖氏纤孔菌 *Inonotus patouillardii* (Rick) Imazeki 相似，但后者的孔口(每毫米 3～5 个)和担孢子(7.8～8.1 × 4.9～5.8 μm，Dai 2010)较大。此外，剖氏纤孔菌的菌丝状刚毛存在于菌髓。

暗褐纤孔菌　图 59

Inonotus perchocolatus Corner, Beih. Nova Hedwigia 101: 123 (1991)

子实体：担子果一年生，平伏，不易与基质分离，新鲜时无特殊气味，木栓质，干后木质；长可达 10 cm，宽可达 5 cm，中部厚可达 0.5 mm；孔口表面新鲜时土黄色至浅黄褐色，触摸后赭色，略具折光反应；不育边缘褐色，薄且窄；孔口圆形至多角形，每毫米 9～10 个；菌管边缘薄，全缘；菌肉赭色，非常薄至几乎无；菌管与孔口表面同色，坚硬，长可达 0.5 mm。

菌丝结构：菌丝系统一体系；生殖菌丝具简单分隔；菌丝组织遇 KOH 溶液变黑，其他无变化。

菌肉：生殖菌丝浅黄色至浅褐色，稍厚壁至厚壁，偶尔分枝，平直至弯曲，交织排列，强烈黏结，直径 2.5～4.5 μm。

菌管：生殖菌丝无色至浅黄色，薄壁至稍厚壁，少分枝，直径 2～3.8 μm；菌丝状刚毛埋藏在子实层，末端尖锐，黑红褐色，厚壁，可达 220 × 13 μm；子实层刚毛锥形至腹鼓状，末端尖锐，黑红褐色，厚壁至几乎实心，大小为 18～40×6～8 μm；无囊状体和拟囊状体；担子粗棍棒状至桶状，具 4 个小梗并在基部具一横膈膜，大小为 10～13×5～6 μm；拟担子与担子形状相似，但略小。

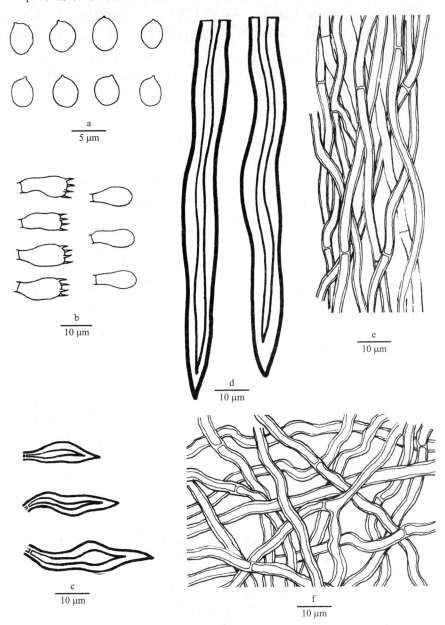

图 59　暗褐纤孔菌 *Inonotus perchocolatus* Corner 的显微结构图
a. 担孢子；b. 担子和拟担子；c. 刚毛；d. 菌丝状刚毛；e. 菌髓菌丝；f. 菌肉菌丝

孢子： 担孢子椭圆形至近球形，无色，薄壁，光滑，IKI–，CB–，大小为 4～5×3.5～4.5 μm，平均长 $L = 4.46$ μm，平均宽 $W = 3.76$ μm，长宽比 $Q = 1.19$ $(n = 30/1)$。

生境： 阔叶树倒木上生。

研究标本： 福建武夷山（IFP002629，IFP002630）；海南尖峰岭（IFP002628）。

世界分布：中国、新加坡。

讨论：*Inonotus chihshanyenus* T.T. Chang & W.N. Chou、*I. glomeratus*（Peck）Murrill 和 *I. micantissimus*（Rick）Rajchenb.与暗褐纤孔菌都具有平伏的子实体、子实层刚毛和菌丝状刚毛，但 *Inonotus chihshanyenus* 的孔口大且不规则（每毫米 1～3 个，Chang and Chou 1998），*Inonotus micantissimus* 的担孢子大且厚壁（10～13 × 8～12 μm，Ryvarden 2005），*Inonotus glomeratus* 的孔口和担孢子都大（每毫米 3～5 个，5～7 × 4～5 μm，Ryvarden 2005）。中国暗褐纤孔菌的担孢子比原始描述（Corner 1991）的稍小，但所有其他性状与模式标本的描述相似。

杨纤孔菌　图 60

Inonotus plorans (Pat.) Bondartsev & Singer, Annls Mycol. 39(1): 56 (1941)

=*Polyporus plorans* (Pat.) Sacc. & D. Sacc., Syll. fung. (Abellini) 17: 110 (1905)

=*Xanthochrous plorans* Pat., Bull. Soc. mycol. Fr. 20: 52 (1904)

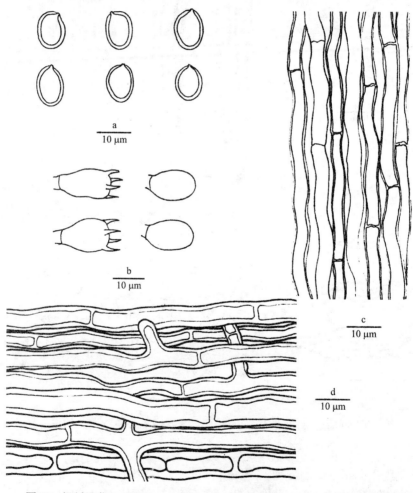

图 60　杨纤孔菌 *Inonotus plorans* (Pat.) Bondartsev & Singer 的显微结构图

a. 担孢子；b. 担子和拟担子；c. 菌髓菌丝；d. 菌肉菌丝

子实体：担子果一年生，盖形，通常单生，新鲜时无特殊气味，木栓质，干后木质；菌盖平展至半圆形，外伸可达 16 cm，宽可达 20 cm，基部厚可达 4 cm；菌盖表面干后肉桂色，具微绒毛，无环区；边缘钝；孔口表面黑褐色至赭褐色；孔口多角形，每毫米 1～3 个；菌管边缘薄，略撕裂状；菌肉赭褐色，硬木栓质，厚可达 2 cm，上表面具皮壳，在皮壳和菌肉之间具一明显的黑线区；菌管肉桂黄色，比菌肉和孔口略浅，木栓质至硬纤维质，长可达 2 cm。

菌丝结构：菌丝系统一体系；生殖菌丝具简单分隔；菌丝组织遇 KOH 溶液变黑，其他无变化。

菌肉：生殖菌丝黄褐色至黑褐色，稍厚壁至厚壁具宽内腔，偶尔分枝，频繁分隔，分隔处缢缩，略规则排列，有时塌陷，直径 3～12 μm。

菌管：生殖菌丝浅黄色至浅褐色，薄壁，少分枝，频繁分隔，与菌管平行排列，有时塌陷，直径 2.5～5 μm；无刚毛和拟囊状体；担子桶状，具 4 个小梗并在基部具一横膈膜，大小为 9～12 × 5～7 μm；拟担子与担子形状相似，但略小。

孢子：担孢子宽椭圆形至近球形，金黄褐色，厚壁，光滑，具萌发孔，IKI–，弱 CB+，大小为 (9～)9.6～11(～11.5) × (7.8～)8～9.1(～9.4) μm，平均长 $L = 10.2$ μm，平均宽 $W = 8.34$ μm，长宽比 $Q = 1.21～1.22$ ($n = 60/2$)。

生境：阔叶树活立木上生。

研究标本：宁夏灵武（BJFC008906）；新疆（BJFC001076，BJFC001077，BJFC001078，BJFC001079，IFP014850）。

世界分布：中国、阿尔及利亚。

讨论：杨纤孔菌与粗毛纤孔菌 Inonotus hispidus（Bull.）P. Karst.很相似，但后者菌管表面具粗毛，担孢子基本是球形，菌髓菌丝均匀、规则（Dai 2010）。

普洱纤孔菌　图61

Inonotus puerensis Hai J. Li & S.H. He, Mycotaxon 121: 286 (2013)

子实体：担子果多年生，盖形，通常单生，新鲜时无特殊气味，木栓质，干后木质；菌盖平展，外伸可达 3 cm，宽可达 4.5 cm，基部厚可达 6 mm；菌盖表面干后黑褐色，具微绒毛或绒毛，具同心环区和环沟；边缘钝，黄褐色；孔口表面新鲜时锈褐色，触摸后变黑褐色，干后土黄色，具折光反应；不育边缘明显，黄褐色，宽可达 2 mm，着生大量菌丝状刚毛；孔口圆形至多角形，每毫米 7～9 个；菌管边缘薄，全缘；菌肉锈褐色，木栓质，厚可达 2 mm，异质，在绒毛层和菌肉之间具一黑线区，下层菌肉厚可达 1.5 mm，绒毛层厚可达 0.5 mm；菌肉和菌管之间具一黑线；菌管与孔口表面同色，木栓质，分层明显，长可达 4 mm。

菌丝结构：菌丝系统一体系；生殖菌丝具简单分隔；菌丝组织遇 KOH 溶液变黑，其他无变化。

菌肉：生殖菌丝浅黄色至黄褐色，厚壁具宽内腔，不分枝，频繁分隔，略平直，交织排列，直径 3.2～4.7 μm；菌丝状刚毛存在，不占多数，黑褐色，厚壁具窄内腔，有时近实心，末端渐尖，大小为 240～400 × 10～13 μm；黑线区菌丝明显厚壁，具窄内腔，黑褐色，弯曲，强烈黏结，交织排列，直径 3～4 μm；绒毛层菌丝褐色，厚壁具窄或宽内腔，黏结，交织排列，直径 3～6 μm。

菌管：生殖菌丝无色至浅黄色，薄壁至稍厚壁，少分枝，频繁分隔，平直，与菌管近平行排列，直径 2.5～3.9 μm；菌丝状刚毛存在，不占多数，黑褐色，厚壁具窄内腔，有时近实心，末端渐尖，大小为 90～250 × 8～12 μm；子实层刚毛常见，锥形，暗褐色，厚壁，末端尖，大小为 25～42 × 7～11 μm；无囊状体和拟囊状体；担子桶状，具 4 个小梗并在基部具一横膈膜，大小为 9～11 × 5～6 μm；拟担子与担子形状相似，但略小。

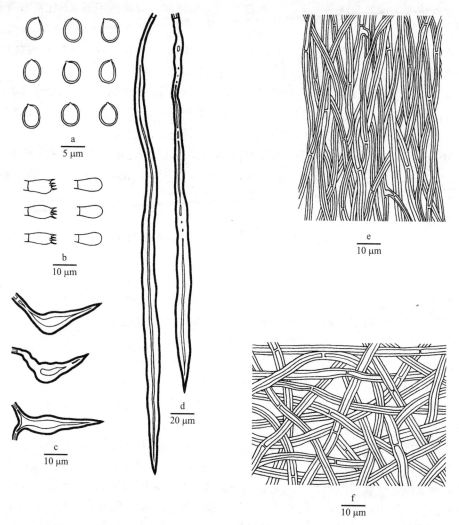

图61　普洱纤孔菌 *Inonotus puerensis* Hai J. Li & S.H. He 的显微结构图
a. 担孢子；b. 担子和拟担子；c. 刚毛；d. 菌丝状刚毛；e. 菌髓菌丝；f. 菌肉菌丝

孢子：担孢子宽椭圆形，金黄褐色，厚壁，光滑，IKI–，弱 CB–，大小为 (4.4～) 4.5～5 (～5.2) × (3.6～) 3.7～4 (～4.2) μm，平均长 L = 4.78 μm，平均宽 W = 3.9 μm，长宽比 Q = 1.23（n = 30/1）。

生境：阔叶树倒木上生。

研究标本：云南普洱（BJFC010524，模式标本）。

世界分布：中国。

讨论：普洱纤孔菌的主要特征是子实体多年生，菌肉异质，单系菌丝，菌丝状刚毛和子时层刚毛同时存在，担孢子黄褐色(Li and He 2013)。

里克纤孔菌　图 62

Inonotus rickii (Pat.) D.A. Reid, Kew Bull. 12: 141 (1957)

=*Xanthochrous rickii* Pat., Bull. Soc. mycol. Fr. 24: 6 (1908)

=*Polyporus rickii* (Pat.) Sacc. & Trotter, Syll. fung. (Abellini) 21: 270 (1912)

=*Phaeoporus rickii* (Pat.) Spirin, Zmitr. & Malysheva, Nov. sist. Niz. Rast. 40: 164 (2006)

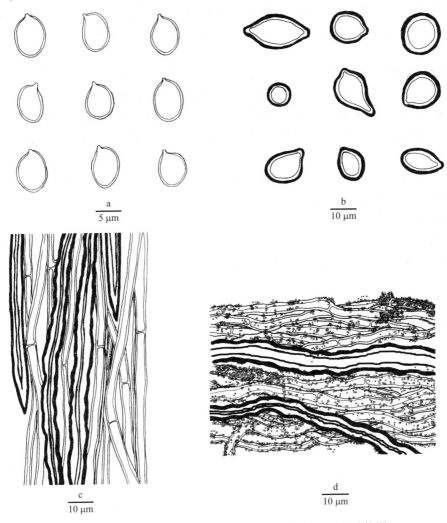

图 62　里克纤孔菌 *Inonotus rickii* (Pat.) D.A. Reid 的显微结构图
a. 担孢子；b. 厚恒孢子；c. 菌髓菌丝；d. 菌肉菌丝

子实体：担子果一年生，盖形，通常单生，新鲜时无特殊气味，软木栓质，干后木栓质至易碎；菌盖平展，外伸可达 3 cm，宽可达 4 cm，基部厚可达 1.1 cm，边缘钝；菌盖表面干后暗黄褐色，具微绒毛，无环区；孔口表面新鲜时黄褐色，触摸后变黑褐色；不育边缘明显，宽可达 2 mm；孔口圆形，每毫米 3～4 个；菌管边缘厚，全缘至略撕裂状；菌肉肉桂色至赭褐色，木栓质，厚可达 0.6 cm；菌管肉桂褐色，比菌肉颜色略浅，硬木栓质至硬纤维质，长可达 0.5 cm；无性阶段：子实体为不规则形状的褐色粉末。

菌丝结构：菌丝系统一体系；生殖菌丝具简单分隔；菌丝组织遇 KOH 溶液变黑，其他无变化。

菌肉：生殖菌丝黄褐色，稍厚壁具宽内腔，偶尔分枝，弯曲，有时覆盖结晶，交织排列，直径 3.5～5.5 μm；菌丝状刚毛偶尔存在，明显厚壁具窄内腔，不分隔，末端尖锐，长可达 200 μm，直径 7～12 μm。

菌管：生殖菌丝黄褐色，稍厚壁具宽内腔，少分枝，平直，沿菌管近平行排列，直径 3～5 μm；菌丝状刚毛偶尔存在，明显厚壁具窄内腔，不分隔，末端尖锐，沿菌管近平行排列，长可达 300 μm，直径 6～10 μm；无子实层刚毛，子实层塌陷，担子和拟担子未见。

孢子：担孢子椭圆形至宽椭圆形，黄色，厚壁，光滑，IKI−，弱 CB+，大小为 (7～)7.1～8.1(～8.2) × (5.3～)5.5～6.2(～6.3) μm，平均长 $L = 7.57$ μm，平均宽 $W = 5.93$ μm，长宽比 $Q = 1.28$ ($n = 30/1$)；厚垣孢子大量存在于菌肉，偶尔也在菌髓，多数不规则形状，有时球形或椭圆形，黑褐色，厚壁，CB−，IKI−，大小为 10～26 × 8～14 μm。

生境：阔叶树活立木或倒木上生。

研究标本：福建厦门（BJFC001093）；海南保亭（IFP014860）；四川攀枝花（BJFC013237）；云南西双版纳（BJFC014702）。

世界分布：中国、美国。

讨论：里克纤孔菌具有易碎的子实体，大量的厚垣孢子，因此很容易与其他种类区别。该种是橡胶树的一种病原菌（Dai et al. 2010）。

硬纤孔菌　图 63

Inonotus rigidus B.K. Cui & Y.C. Dai, Mycological Progress 10: 111 (2011)

子实体：担子果一年生，平伏，干后坚硬；长可达 25 cm，宽可达 10 cm，中部厚可达 2.5 mm；孔口表面蜜黄色，具折光反应；不育边缘蜜黄色，非常窄至几乎无；孔口圆形，每毫米 8～9 个；菌管边缘厚，全缘；菌肉黄褐色，坚硬，厚不到 0.5 mm；菌管蜜黄色至黄褐色，坚硬，长可达 2 mm。

菌丝结构：菌丝系统一体系；生殖菌丝具简单分隔；菌丝组织遇 KOH 溶液变黑，其他无变化。

菌肉：生殖菌丝浅黄色至黄褐色，厚壁具宽内腔，偶尔分枝，频繁分隔，交织排列，直径 3～5 μm。

菌管：生殖菌丝浅黄色至黄褐色，厚壁具宽内腔，偶尔分枝，频繁分隔，疏松交织排列，直径 2.2～4.5 μm；无菌丝状刚毛和子实层刚毛；担子棍棒状，具 4 个小梗并在基部具一横膈膜，大小为 10.7～15 × 4.6～6.5 μm；拟担子与担子形状相似，但略小。

孢子：担孢子椭圆形，黄褐色，稍厚壁，光滑，IKI−，弱 CB+，大小为 (3.8～)3.9～4.5(～4.7) × (2.8～)2.9～3.7(～3.8) μm，平均长 $L = 4.18$ μm，平均宽 $W = 3.26$ μm，长宽比 $Q = 1.28$ ($n = 60/1$)。

生境：阔叶树倒木上生。

研究标本：云南西双版纳（BJFC001094，模式标本）。

世界分布：中国。

讨论：硬纤孔菌与同属其他种的区别是子实体一年生，平伏，坚硬，孔口蜜黄色，担孢子椭圆形，黄褐色，无菌丝状刚毛和子实层刚毛（Cui et al. 2011）。

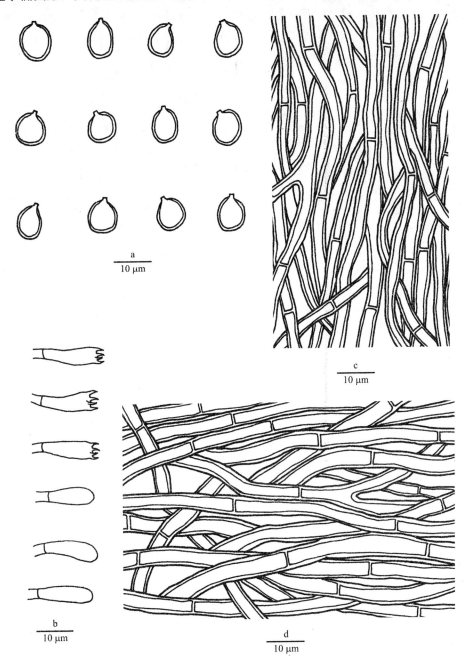

图 63　硬纤孔菌 *Inonotus rigidus* B.K. Cui & Y.C. Dai 的显微结构图

a. 担孢子；b. 担子和拟担子；c. 菌髓菌丝；d. 菌肉菌丝

拟粗毛纤孔菌　图 64

Inonotus subhispidus Pegler & D.A. Reid, Trans. Br. Mycol. Soc. 47(2): 170 (1964)

　　子实体：担子果一年生，盖形，通常单生；菌盖平展，外伸可达 4 cm，宽可达 5 cm，基部厚可达 2 cm；菌盖表面干后褐色，具粗毛，无环区，边缘钝；孔口表面干后灰褐色至黑褐色；不育边缘窄至明显；孔口多角形，每毫米 4～6 个；菌管边缘薄，全缘；菌肉赭褐色，木质，无环区，厚可达 1 cm；菌管黄褐色，木质，长可达 1 cm。

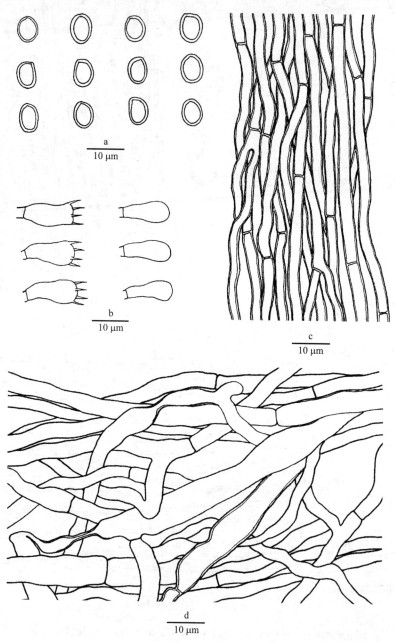

图 64　拟粗毛纤孔菌 *Inonotus subhispidus* Pegler & D.A. Reid 的显微结构图
a. 担孢子；b. 担子和拟担子；c. 菌髓菌丝；d. 菌肉菌丝

菌丝结构：菌丝系统一体系；生殖菌丝具简单分隔；菌丝组织遇 KOH 溶液变黑，其他无变化。

菌肉：生殖菌丝浅黄褐色至褐色，薄壁至稍厚壁具宽内腔，偶尔分枝，频繁分隔，弯曲，交织排列，直径 4～9 μm。

菌管：生殖菌丝浅黄色至浅褐色，薄壁至稍厚壁，中度分枝，频繁分隔，平直，与菌管平行排列，直径 3～5 μm；无刚毛和拟囊状体；担子桶状，具 4 个小梗并在基部具一横膈膜，大小为 8～14 × 5.5～8.7 μm；拟担子与担子形状相似，但略小。

孢子：担孢子宽椭圆形，金黄褐色，厚壁，光滑，IKI−，CB−，大小为(6.3～)6.5～7.3(～7.6) × 5～5.9(～6) μm，平均长 $L = 6.92$ μm，平均宽 $W = 5.41$ μm，长宽比 $Q = 1.28$ ($n = 30/1$)。

生境：阔叶树倒木上生。

研究标本：云南紫溪山(IFP012562)。

世界分布：中国、美国。

讨论：拟粗毛纤孔菌与粗毛纤孔菌 Inonotus hispidus (Bull.) P. Karst.很相似，Sharma (1995) 曾经把该种处理为粗毛纤孔菌的同物异名，但粗毛纤孔菌的担孢子为近球形、较大，菌肉异质。Ryvarden (2005) 将两种处理为独立的种。

拟光纤孔菌　图 65

Inonotus sublevis Y.C. Dai & Niemelä, Acta Bot. Fenn. 179: 59 (2006)

子实体：担子果一年生，盖形，通常单生；菌盖平展，外伸可达 3 cm，宽可达 4 cm，基部厚可达 1.2 cm；菌盖表面干后灰褐色至暗褐色，粗糙，无环区，边缘钝；孔口表面干后黑褐色；不育边缘明显；孔口圆形，每毫米 3～4 个；菌管边缘厚，全缘；菌肉赭褐色，软木栓质，同质，厚可达 0.7 cm；菌管与孔口表面同色，木栓质至纤维质，长可达 0.5 cm。

菌丝结构：菌丝系统一体系；生殖菌丝具简单分隔；菌丝组织遇 KOH 溶液变黑，其他无变化。

菌肉：生殖菌丝浅金黄褐色，薄壁至稍厚壁，少分枝，频繁分隔，疏松交织排列，直径 6～10 μm。

菌管：生殖菌丝浅黄色，薄壁至稍厚壁，少分枝，频繁分隔，与菌管平行排列，直径 3～5 μm；子实层塌陷，刚毛、拟囊状体、担子、拟担子未见。

孢子：担孢子椭圆形，褐色，厚壁，光滑，IKI−，CB−，大小为(7～)8～10.2(～11) × (5.5～)6～7.2(～7.7) μm，平均长 $L = 9.97$ μm，平均宽 $W = 6.5$ μm，长宽比 $Q = 1.54$ ($n = 30/1$)。

生境：阔叶树木上生。

研究标本：海南黎母山(IFP015674，模式标本)，海南鹦哥岭(BJFC020370，BJFC020389)。

世界分布：中国。

讨论：拟光纤孔菌与粗毛纤孔菌 Inonotus hispidus (Bull.) P. Karst.很相似，但后者的孔口大(每毫米 1～3 个)，菌肉异质，担孢子近球形。热带纤孔菌 Inonotus neotropicus

Ryvarden 描述于中美洲，该种也无刚毛和菌丝状刚毛，但它的担孢子较小（7～8 × 6～7 μm，Ryvarden 2002）。

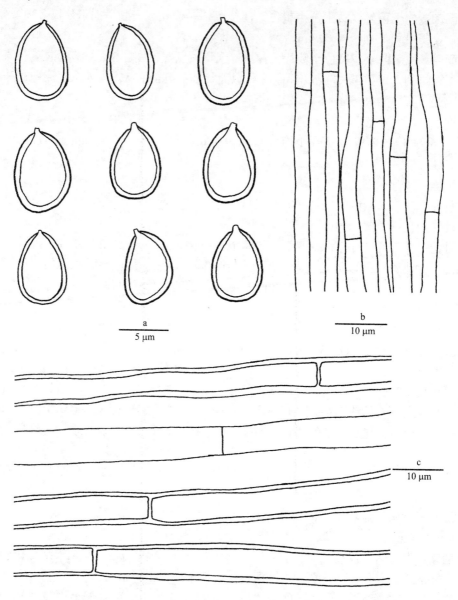

图 65　拟光纤孔菌 *Inonotus sublevis* Y.C. Dai & Niemelä 的显微结构图
a. 担孢子；b. 菌髓菌丝；c. 菌肉菌丝

窄肉纤孔菌　图 66

Inonotus tenuicarnis Pegler & D.A. Reid, Trans. Br. Mycol. Soc. 47(2): 172 (1964)

　　子实体：担子果一年生，盖形，覆瓦状叠生，干后坚硬；菌盖平展，外伸可达 3 cm，宽可达 5 cm，基部厚可达 5 mm；菌盖表面干后锈褐色，粗糙，具不明显的环区和放射状皱纹；边缘锐，波状，干后内卷；孔口表面灰褐色至赭褐色，具折光反应；孔口多角形，每毫米 4～5 个；菌管边缘薄，全缘至略撕裂状；菌肉赭褐色，硬木栓质，具环区，厚可达 1 mm，上表面具红褐色皮壳；菌管与菌肉同色，比孔口表面颜色浅，纤维质，长可达 4 mm。

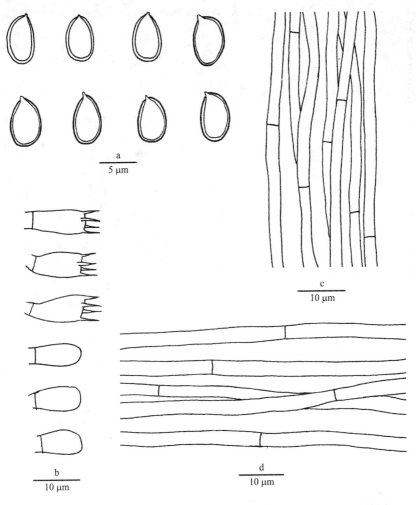

图 66　窄肉纤孔菌 *Inonotus tenuicarnis* Pegler & D.A. Reid 的显微结构图
a. 担孢子；b. 担子和拟担子；c. 菌髓菌丝；d. 菌肉菌丝

菌丝结构：菌丝系统一体系；生殖菌丝具简单分隔；菌丝组织遇 KOH 溶液变黑，其他无变化。

菌肉：生殖菌丝浅黄色，薄壁至稍厚壁，少分枝，频繁分隔，平直，规则排列，直径 3～7 μm。

菌管：生殖菌丝无色至金黄色，薄壁至稍厚壁具宽内腔，偶尔分枝，频繁分隔，与菌管近平行排列，直径 2.5～4.5 μm；无刚毛；担子棍棒状，具 4 个小梗并在基部具一横膈膜，大小为 10～14 × 5～6 μm；拟担子与担子形状相似，但略小。

孢子：担孢子椭圆形，褐色，厚壁，光滑，IKI−，CB+，大小为(5.5～)6～7 ×(3.5～)3.9～4.9(～5) μm，平均长 $L = 6.28$ μm，平均宽 $W = 4.24$ μm，长宽比 $Q = 1.48$ ($n = 30/1$)。

生境：阔叶树倒木上生。

研究标本：西藏林芝（IFP002690）；云南昆明（IFP014865）。

世界分布：中国、印度、马来西亚。

讨论：薄肉纤孔菌与薄壳纤孔菌 Inonotus cuticularis（Bull.）P. Karst.相似，但后者的菌盖表面具有分枝的菌丝状刚毛。

薄肉纤孔菌　图 67

Inonotus tenuissimus H.Y. Yu, C.L. Zhao & Y.C. Dai, Mycotaxon 124: 64 (2013)

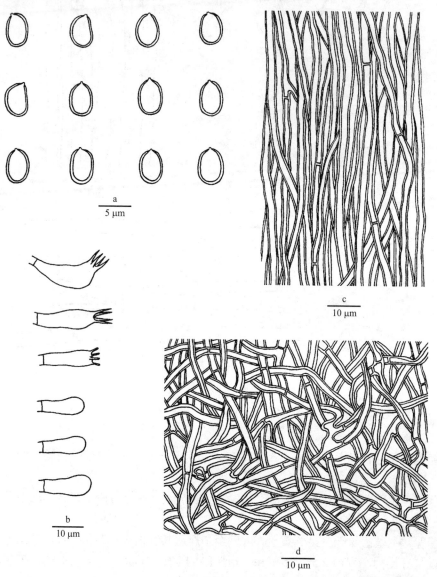

图 67　薄肉纤孔菌 Inonotus tenuissimus H.Y. Yu, C.L. Zhao & Y.C. Dai 的显微结构图

a. 担孢子；b. 担子和拟担子；c. 菌髓菌丝；d. 菌肉菌丝

子实体：担子果一年生，平伏，与基质不易分离，新鲜时无特殊气味，干后木栓质，长可达 15 cm，宽可达 7 cm，中部厚可达 1.5 mm；孔口表面灰色至灰褐色，干后褐色；

孔口多角形，每毫米 3～4 个；菌管边缘薄，全缘；菌肉褐色，木栓质，很薄，厚不到 0.2 mm；菌管暗褐色，木栓质，长可达 1.3 mm。

菌丝结构：菌丝系统一体系至假二体系；生殖菌丝具简单分隔；有些菌骨架菌丝状菌丝极少分隔；菌丝组织遇 KOH 溶液变黑，其他无变化。

菌肉：生殖菌丝黄色，厚壁，频繁分隔，略平直，交织排列，直径 2.5～4.5 μm；骨架菌丝状菌丝与生殖菌丝相似，但极少分隔。

菌管：生殖菌丝黄色，厚壁，偶尔分枝，少分隔，略平直，沿菌管近平行排列，直径 3～4 μm；骨架菌丝状菌丝与生殖菌丝相似，但极少分隔；无拟囊状体；担子棍棒状至桶状，具 4 个小梗并在基部具一横膈膜，大小为 12～18 × 4.5～6.5 μm；拟担子形状与担子相似，但略小。

孢子：担孢子椭圆形，黄色，厚壁，光滑，IKI−，CB−，大小为 $(4\sim)4.3\sim5(\sim5.2) \times (3\sim)3.2\sim4(\sim4.2)$ μm，平均长 $L = 4.8$ μm，平均宽 $W = 3.6$ μm，长宽比 $Q = 1.31\sim1.38$（$n = 90/3$）。

生境：阔叶树倒木上生。

研究标本：云南普洱（BJFC010528，BJFC010610，BJFC010538，模式标本）。

世界分布：中国。

讨论：委内瑞拉纤孔菌 *Inonotus venezuelicus* Ryvarden 与薄肉纤孔菌都具有平伏的子实体，相似的孔口，厚壁和有色的担孢子，无任何刚毛，但委内瑞拉纤孔菌的孔口干后为灰色，明显单系菌丝，椭圆形和较大的担孢子（5～6 × 4.5～5 μm），且仅发现于南美洲（Yu et al. 2013）。

托盘孔菌属 Mensularia Lázaro Ibiza

担子果多数一年生，平伏反卷至盖形，木栓质，无皮壳；菌肉均质；菌丝系统一体系，生殖菌丝具简单分隔，菌丝组织遇 KOH 溶液变黑；多数种有子实层刚毛且从菌髓生长；担孢子椭圆形，无色，稍厚壁，平滑，在 Melzer 试剂中无变色反应，在棉蓝试剂中具嗜蓝反应。

模式种：*Boletus radiatus* Sower。

生境：阔叶树活立木或倒木上生，引起木材白色腐朽。

讨论：该属的特征是子实层具刚毛且从菌髓生长，担孢子椭圆形，无色，稍厚壁，平滑，在棉蓝试剂中具嗜蓝反应。

托盘孔菌属 *Mensularia* 分种检索表

1. 担孢子 3.9～4.6 × 2.9～3.5 μm；生长在石栎树木上 ·················· 石栎托盘孔菌 *M. lithocarpi*
1. 担孢子 4.6～5.1 × 3～4 μm；生长在杜鹃树木上 ·················· 杜鹃托盘孔菌 *M. rhododendri*

石栎托盘孔菌　图 68

Mensularia lithocarpi L.W. Zhou, Mycotaxon 127: 105 (2014)

子实体：担子果一年生，平伏至平伏反卷盖形，不易与基质分离，木栓质，平伏时长可达 5 cm，宽可达 7 cm，中部厚可达 3 mm；菌盖外伸可达 2 mm，宽可达 7 mm，厚可达 3 mm；菌盖表面草黄色，光滑；边缘钝，蜜黄色；孔口表面草黄色至蜜黄色；不育边缘明显，草黄色至蜜黄色，宽可达 5 mm；孔口多角形，每毫米 4～6 个；菌管边缘薄，全缘至撕裂状；菌肉草黄色，木栓质，厚可达 0.5 mm；菌管与菌肉同色，木栓质，分层明显，长可达 3 mm。

菌丝结构： 菌丝系统一体系；生殖菌丝具简单分隔；菌丝组织遇 KOH 溶液变黑，其他无变化。

菌肉： 生殖菌丝无色至浅黄色，薄壁，具宽内腔，不分枝，频繁分隔，平直，规则排列，直径 2～4 μm。

菌管： 生殖菌丝无色至浅黄色，薄壁至稍厚壁，具宽内腔，不分枝，频繁分隔，平直，与菌管近平行排列，直径 3～4.5 μm；无子实层刚毛，具菌丝状刚毛，黑褐色，厚壁，具宽内腔，有时伸出子实层，长可达数百微米，直径可达 5 μm，顶端尖锐；无囊状体和拟囊状体；担子桶状，具 4 个小梗并在基部具一横膈膜，大小为 7～11 × 4～7 μm；拟担子形状与担子相似，但略小。

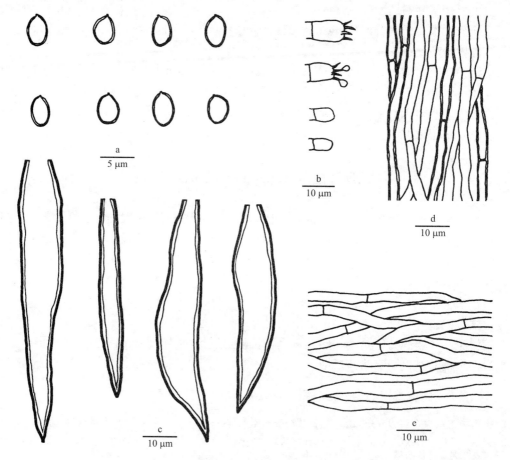

图 68　石栎托盘孔菌 *Mensularia lithocarpi* L.W. Zhou 的显微结构图
a. 担孢子；b. 担子和拟担子；c. 刚毛；d. 菌髓菌丝；e. 菌肉菌丝

孢子： 担孢子椭圆形，无色，稍厚壁，光滑，IKI−，强烈 CB+，大小为 (3.8～)3.9～4.6(～4.9) × (2.8～)2.9～3.5(～3.7) μm，平均长 L = 4.19 μm，平均宽 W = 3.19 μm，长

宽比 $Q = 1.31$（$n = 30/1$）。

　　生境：石栎属树木腐朽木上生。

　　研究标本：云南哀牢山（BJFC020708，模式标本）。

　　世界分布：中国。

　　讨论：石栎托盘孔菌与节托盘孔菌 *Mensularia nodulosa*（Fr.）T. Wagner & M. Fisch.
具有相似的生活习性和子实体形态，但后者的担孢子较大（4.5～5 × 3.5～4 μm），且无
菌丝状刚毛（Ryvarden 2005; Zhou 2014a）。

杜鹃托盘孔菌　图 69

Mensularia rhododendri F. Wu, Y.C Dai & L.W. Zhou, Phytotaxa 212: 159 (2015)

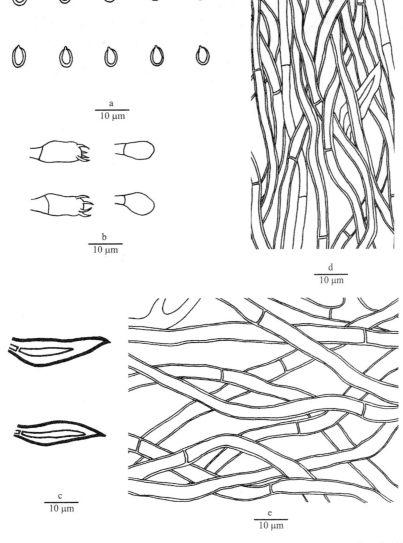

图 69　杜鹃托盘孔菌 *Mensularia rhododendri* F. Wu, Y.C Dai & L.W. Zhou 的显微结构图
a. 担孢子；b. 担子和拟担子；c. 刚毛；d. 菌髓菌丝；e. 菌肉菌丝

子实体：担子果一年生，平伏至平伏反卷盖形，不易与基质分离，木栓质，平伏时长可达 30 cm，宽可达 8 cm；菌盖外伸可达 2 mm，宽可达 18 cm，厚可达 2.5 mm；菌盖表面黄褐色，具微绒毛至光滑；边缘钝，浅黄色，干后内卷；孔口表面新鲜时粉黄色至黄色，具折光反应，干后黄色；不育边缘明显，宽可达 1 mm；孔口多角形，每毫米 5～6 个；菌管边缘薄，撕裂状；菌肉暗褐色，木栓质，厚可达 0.5 mm；菌管灰褐色，木栓质至脆质，长可达 2 mm。

菌丝结构：菌丝系统一体系；生殖菌丝具简单分隔；菌丝组织遇 KOH 溶液变黑，其他无变化。

菌肉：生殖菌丝浅黄色至金黄色，薄壁至稍厚壁，具宽内腔，不常分枝，频繁分隔，平直，规则或疏松交织排列，直径 4～6 μm。

菌管：生殖菌丝无色至浅黄色，薄壁至稍厚壁，具宽内腔，不分枝，频繁分隔，平直，近平行于菌管排列，直径 2.5～5 μm；子实层刚毛常见，腹鼓状或锥形，黑褐色，厚壁，大小为 16～40 × 6.5～8 μm；菌丝状刚毛不常见，黑褐色，厚壁，具窄内腔，顶端尖锐，长 50～110 μm，直径 8～13 μm；无囊状体和拟囊状体；担子桶状，具 4 个小梗并在基部具一横膈膜，大小为 10～15 × 5～6.5 μm；拟担子形状与担子相似，但略小。

孢子：担孢子椭圆形，无色至浅黄色，稍厚壁，光滑，IKI−，CB+，大小为 (4.5～)4.6～5.1 × 3～4 μm，平均长 $L = 4.89$ μm，平均宽 $W = 3.54$ μm，长宽比 $Q = 1.38$ $(n = 30/1)$。

生境：杜鹃树木腐朽木上生。

研究标本：贵州梵净山（BJFC018065，模式标本）。

世界分布：中国。

讨论：杜鹃托盘孔菌与箭头托盘孔菌 Mensularia hastifera (Pouzar) T. Wagner & M. Fisch. 相似，但后者的孔口较大（每毫米 3～4 个），子实体较厚（可达 10 mm），菌丝状刚毛较长（可达 300 μm）且存在于菌髓和菌髓边缘。此外，该种只分布于欧洲中部，生长在山毛榉倒木上（Wu et al. 2015）。

新托盘孔菌属 Neomensularia F. Wu, L.W. Zhou & Y.C. Dai

担子果一年生，菌形，覆瓦状叠生，木栓质；菌盖表面黑红褐色；孔口表面肉桂黄色至暗褐色；菌肉异质，两层间具明显黑线区；菌丝系统二体系，生殖菌丝无色简单分隔；骨架菌丝褐色，壁厚；子实层刚毛黑褐色，厚壁，弯曲；担孢子椭圆形，金黄色，厚壁，在 Melzer 试剂中无变色反应，在棉蓝试剂中无嗜蓝反应。

模式种：Neomensularia duplicata F. Wu, L.W. Zhou & Y.C. Dai。

生境：生于阔叶树活立木或倒木上，引起木材白色腐朽。

讨论：新托盘孔菌属是最近根据系统发育研究建立的一个新属（Wu et al. 2016）。该属与锈孔菌科其他属的区别是具有覆瓦状叠生的子实体，二系菌丝系统，弯曲的子实层刚毛和金黄色、厚壁的担孢子。目前该属有 2 种，其中 1 种描述于中国。

新托盘孔菌属 Neomensularia 分种检索表

1. 担子果一年生；刚毛弯曲 ·· 异质新托盘孔菌 N. duplicata
1. 担子果多年生；刚毛平直 ·· 平直新托盘孔菌 N. rectiseta

异质新托盘孔菌　图 70

Neomensularia duplicata F. Wu, L.W. Zhou & Y.C. Dai, Mycologia 108: 894（2016）

图 70　异质新托盘孔菌 *Neomensularia duplicata* F. Wu, L.W. Zhou & Y.C. Dai 的显微结构图
a. 担孢子；b. 拟担子；c. 担子；d. 刚毛；e. 菌髓菌丝；f. 菌肉菌丝

　　子实体：担子果一年生，盖形，覆瓦状叠生，不易与基质分离，新鲜时木栓质，无特殊气味，干后硬木栓质至脆质；菌盖半圆形至扇形，外伸可达 2 cm，宽可达 4 cm，厚可达 5 mm；菌盖表面新鲜时黑红褐色，干后黑褐色，具明显的同心环区，具绒毛或微绒毛；边缘锐，干后内卷；孔口表面新鲜时肉桂黄色至蜜黄色，干后暗黄色；不育边缘明显，黄褐色，宽可达 1 mm；孔口圆形，每毫米 8～10 个；菌管边缘厚，全缘或稍

撕裂状；菌肉暗褐色，木栓质，厚可达 2 mm，异质，上层为绒毛层，下层为致密菌肉层，两层间具黑线区；菌管黄褐色，比孔口和菌肉颜色浅，木栓质，长可达 3 mm。

菌丝结构： 菌丝系统二体系；生殖菌丝具简单分隔；菌丝组织遇 KOH 溶液变黑，其他无变化。

菌肉： 下层菌肉生殖菌丝无色至浅黄色，薄壁至厚壁，频繁分隔，偶尔分枝，直径 3～4 μm；骨架菌丝黄色至金黄褐色，厚壁具窄或宽内腔，不分枝，交织排列，直径 3～5 μm；黑线区菌丝黑褐色，非常厚壁具窄内腔，弯曲，强烈黏结，交织排列；绒毛层菌丝金黄色，薄壁具宽内腔，不分枝，偶尔分隔，直径 3～4.5 μm。

菌管： 生殖菌丝无色至浅黄色，薄壁至稍厚壁，具宽内腔，偶尔分枝，频繁分隔，直径 2～3 μm；骨架菌丝占多数，金黄色至黄褐色，厚壁具窄内腔，不分枝，不分隔，平直，与菌管平行排列，直径 2.5～3.5 μm；子实层刚毛不常见，腹鼓状或锥形，弯曲，黑褐色，厚壁，源于亚子实层，多数埋藏在子实层间，大小为 30～40 × 11～15 μm；无囊状体；拟囊状体偶尔存在；担子桶状，具 4 个小梗并在基部具一横膈膜，大小为 8～11 × 4～5 μm；拟担子形状与担子相似，但略小。

孢子： 担孢子椭圆形，金黄色，厚壁，光滑，IKI−，CB−，大小为 (3.2～)3.5～4.1 (～4.5) × (2.5～)2.6～3.2 (～3.5) μm，平均长 L = 3.82 μm，平均宽 W = 2.9 μm，长宽比 Q = 1.31～1.33 (n = 60/2)。

生境： 阔叶树死树上生。

研究标本： 海南吊罗山 （BJFC017317，BJFC020190，模式标本）。

世界分布： 中国。

讨论： 异质新托盘孔菌与辐射拟纤孔菌 *Mensularia radiata* (Sowerby) Lázaro Ibiza 和瓦伯褐卧孔菌 *Fuscoporia wahlbergii* (Fr.) T. Wagner & M. Fisch. 都具有弯曲的子实层刚毛，但辐射拟纤孔菌菌肉同质，孔口较大(每毫米 5～7 个)，单系菌丝系统，担孢子嗜蓝；而瓦伯褐卧孔菌多年生，菌肉同质，担孢子无色，薄壁(Dai 2010)。

平直新托盘孔菌　图 71

Neomensularia rectiseta X.H. Ji, L.W. Zhou & F. Wu, in Ji & Wu, Mycosphere 8:1044 (2017)

子实体： 担子果多年生，盖形，新鲜时木栓质，无特殊气味，干后木栓质；菌盖扇形，外伸可达 12 cm，宽可达 5 cm，厚可达 2 cm；菌盖表面黑灰褐色，干后黑灰色，边缘浅黄色，具明显的同心环区；边缘锐；孔口表面黑褐色；不育边缘非常窄至几乎无；孔口圆形，每毫米 8～9 个；菌管边缘厚，全缘；菌肉暗褐色，木栓质，厚可达 3 mm，异质，两层间具黑线区；菌管黄褐色，比孔口和菌肉颜色浅，木栓质，长可达 17 mm，明显分层，菌管层间具菌肉。

菌丝结构： 菌丝系统二体系；生殖菌丝具简单分隔；菌丝组织遇 KOH 溶液变黑，其他无变化。

菌肉： 下层菌肉生殖菌丝浅黄色，稍厚壁，偶尔分隔，少分枝，直径 3～4 μm；骨架菌丝黄色至金黄褐色，厚壁具窄或宽内腔，不分枝，交织排列，直径 3～5 μm。

菌管： 生殖菌丝无色至浅黄色，薄壁至稍厚壁，少分枝，频繁分隔，直径 2～4 μm；

骨架菌丝占多数，金黄色至黄褐色，厚壁具窄或宽内腔，不分枝，不分隔，平直，疏松交织排列，直径 2.5～4 μm；子实层刚毛常见，锥形，平直，黑褐色，厚壁，源于亚子实层，大小为 15～25×4～5 μm；无囊状体；拟囊状体偶尔存在；担子桶状，具 4 个小梗并在基部具一横膈膜，大小为 7～12×4～5 μm；拟担子形状与担子相似，但略小。

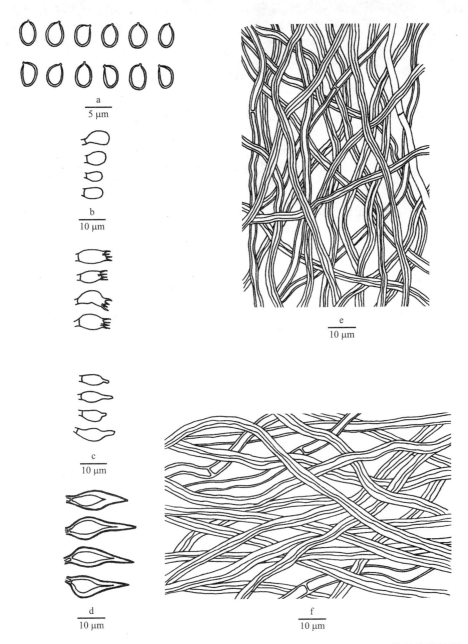

图 71　平直新托盘孔菌 Neomensularia rectiseta X.H. Ji, L.W. Zhou & F. Wu 的显微结构图

a. 担孢子；b. 拟担子和担子；c. 拟囊状体；d. 刚毛；e. 菌髓菌丝；f. 菌肉菌丝

孢子：担孢子椭圆形，黄褐色，厚壁，光滑，IKI−，CB+，大小为 (3.4～) 3.5～4 (～4.2)×(2.5～) 2.7～3 (～3.1) μm，平均长 L = 3.79 μm，平均宽 W = 2.79 μm，长宽比 Q =

1.3～1.42（$n = 60/2$）。

　　生境：阔叶树死树或倒木上生。

　　研究标本：湖南莽山（BJFC018252，模式标本；BJFC018245）。

　　世界分布：中国。

　　讨论：平直新托盘孔菌与同属其他种的区别是具有多年生的子实体和平直的子实层刚毛（Ji and Wu 2017）。

昂氏孔菌属 Onnia P. Karst.

　　该属在《中国真菌志第二十九卷锈革孔菌科》中已经有描述，该卷论述了 5 种。本卷论述除上述 5 种之外的 2 种，这 2 种是近年来发现的新种。

昂氏孔菌属 *Onnia* 分种检索表

1. 担孢子 4.1～5.4 × 3～4 μm，刚毛长 40～80 μm ·························· 小孢昂氏孔菌 *O. microspora*
1. 担孢子 5～5.7 × 3.2～4 μm，刚毛长 70～150 μm ·························· 西藏昂氏孔菌 *O. tibetica*

小孢昂氏孔菌　图 72

Onnia microspora Y.C. Dai & L.W. Zhou, in Ji, He, Chen, Si, Wu, Zhou, Vlasák, Tian & Dai, Mycologia 109: 30 (2017)

　　子实体：担子果一年生，盖形至具侧生菌柄，单生，新鲜时木栓质，无特殊气味，干后木质；菌盖半圆形至扇形，外伸可达 4 mm，宽可达 6 cm，厚可达 9 mm；菌盖表面新鲜时金黄褐色至黄褐色，干后黄褐色至肉桂色，具微绒毛，同心环区不明显；边缘锐或钝，干后内卷；孔口表面新鲜时灰褐色，干后粉黄色至浅黄色；孔口多角形，每毫米 3～5 个；菌管边缘薄，略撕裂状；菌肉异质，上层菌肉肉桂色，海绵质，厚可达 3 mm，下层菌肉浅黄色，硬木栓质，厚可达 3 mm，两层间具一不明显黑线区；菌管土黄色，比菌肉和孔口颜色略暗，硬木栓质，长可达 3 mm；菌柄干后土黄色，具微绒毛，长可达 1 cm，直径可达 5 mm；孔口延伸到菌柄。

　　菌丝结构：菌丝系统一体系；生殖菌丝具简单分隔；菌丝组织遇 KOH 溶液变黑，其他无变化。

　　菌肉：上层菌肉生殖菌丝浅黄色至金黄色，薄壁至稍厚壁，频繁分枝和分隔，疏松交织排列，直径 4～5 μm；下层菌肉生殖菌丝黄色至金黄色，薄壁至稍厚壁，少分枝，频繁分隔，略黏结，规则排列，直径 3～5 μm；菌柄菌丝与菌肉菌丝相似。

　　菌管：生殖菌丝无色至浅黄色，薄壁至稍厚壁，频繁分隔和分枝，平直，黏结，平行于菌管排列，直径 2.5～6 μm；子实层刚毛常见，弯钩形，黑褐色，厚壁，从菌髓中伸出，大小为 40～80 × 11～23 μm；无囊状体和拟囊状体；担子棍棒状，具 4 个小梗并在基部具一横膈膜，大小为 9～17 × 4.8～6 μm；拟担子占多数，形状与担子相似，但略小。

　　孢子：担孢子椭圆形，无色，薄壁，光滑，IKI−，CB−，大小为(4～)4.1～5.4(～5.6) × 3～4(～4.1) μm，平均长 $L = 4.9$ μm，平均宽 $W = 3.5$ μm，长宽比 $Q = 1.5$～1.45（$n = 60/2$）。

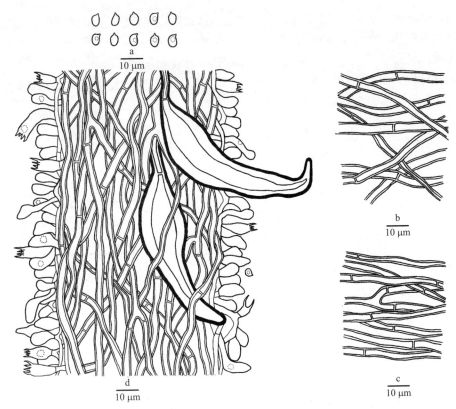

图 72　小孢昂氏孔菌 *Onnia microspora* Y.C. Dai & L.W. Zhou 的显微结构图
a. 担孢子；b. 菌髓；c. 菌肉上层菌丝；d. 菌肉下层菌丝

生境：松属树木根基部或林地上。

研究标本：安徽黄山（BJFC008999，模式标本；BJFC008988）；浙江天目山（BJFC001322，BJFC001323，BJFC001324，BJFC001325，BJFC001326，BJFC001327，BJFC001328，IFP003473，IFP014965，IFP014966）。

世界分布：中国。

讨论：小孢昂氏孔菌与三角昂氏孔菌 *Onnia triquetra* (Pers.) Imazeki 具有相似的外观形态，而且这两种都生长在松树根部或松树林地上，但前者的孔口小（每毫米 3～5个），后者的略大（每毫米 2～4 个），另外前者的担孢子短（4.1～5.4 × 3～4 µm），后者的孢子长（5.5～7 × 3～4 µm，Ryvarden and Melo 2014）。

西藏昂氏孔菌　图 73

Onnia tibetica Y.C. Dai & S.H. He, in Ji, He, Chen, Si, Wu, Zhou, Vlasák, Tian & Dai, Mycologia 109: 30 (2017)

子实体：担子果一年生，具侧生菌柄，单生，新鲜时木栓质，无特殊气味，干后木质至骨质；菌盖半圆形至扇形，外伸可达 7 mm，宽可达 10 cm，厚可达 10 mm；菌盖表面土黄色，具微绒毛，同心环区不明显；边缘锐，干后内卷；孔口表面干后暗褐色至黑褐色，具折光反应；不育边缘窄至几乎无；孔口多角形，每毫米 2～4 个；菌管边缘薄，略撕裂状；菌肉异质，上层菌肉肉桂色，海绵质，厚可达 3 mm，下层菌肉暗褐色，木栓质，厚可达 2 mm，两层间具一不明显黑线区；菌管浅黄色，比菌肉和孔口颜色浅，硬木栓质至脆质，长可达 5 mm；菌柄干后土黄色，具微绒毛，异质，外层海绵质，内层木栓质，长可达 4 cm，直径可达 10 mm；孔口延伸到菌柄。

菌丝结构：菌丝系统一体系；生殖菌丝具简单分隔；菌丝组织遇 KOH 溶液变黑，其他无变化。

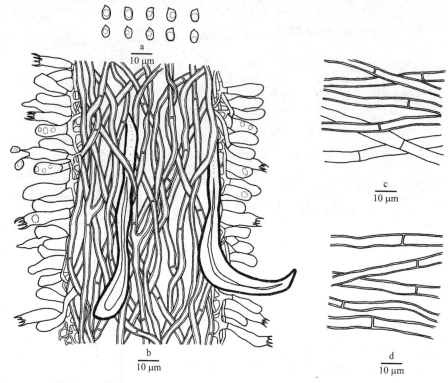

图 73　西藏昂氏孔菌 *Onnia tibetica* Y.C. Dai & S.H. He 的显微结构图
a. 担孢子；b. 菌髓；c. 菌肉上层菌丝；d. 菌肉下层菌丝

菌肉：上层菌肉生殖菌丝浅黄色至金黄色，薄壁至稍厚壁，少分枝，频繁分隔，规则排列，直径 5～8 μm；下层菌肉生殖菌丝浅黄色至金黄色，薄壁至稍厚壁，少分枝，频繁分隔，黏结，规则排列，直径 4～7 μm；菌柄菌丝与菌肉菌丝相似。

菌管：生殖菌丝无色至浅黄色，薄壁至稍厚壁，频繁分隔和分枝，平直，黏结，平行于菌管排列，直径 2.5～6 μm；子实层刚毛常见，弯钩形，黑褐色，厚壁，从菌髓中伸出，大小为 70～150 × 10～18 μm；无囊状体；梭形的拟囊状体存在，无色，薄壁，大小为 18～28 × 3～5 μm；菌丝状刚毛不常见，黑褐色，厚壁，具窄内腔，顶端尖锐，长 50～110 μm，直径 8～13 μm；担子棍棒状，具 4 个小梗并在基部具一横膈膜，大小为 15～22 × 4～6 μm；拟担子占多数，形状与担子相似，但略小。

孢子：担孢子椭圆形，无色，薄壁，光滑，IKI–，CB–，大小为 5～5.7（～5.8）×（3.1～）3.2～4 μm，平均长 L = 5.26 μm，平均宽 W = 3.76 μm，长宽比 Q = 1.4（n = 30/1）。

生境：松属树木根基部或林地上。

研究标本：四川稻城（BJFC001319）；西藏波密（BJFC017168）。

世界分布：中国。

讨论：西藏昂氏孔菌与绒毛昂尼孔菌 *Onnia tomentosa*（Fr.）P. Karst.很相似，但后者的刚毛平直，且无拟囊状体，生长在云杉树木根基部（Ryvarden and Melo 2014）。在系统发育上西藏昂氏孔菌与绒毛昂尼孔菌亲缘关系较远（Ji et al. 2017a）。

小木层孔菌属 **Phellinidium**（Kotl.）Fiasson & Niemelä

该属在《中国真菌志第二十九卷锈革孔菌科》中已经有描述，该卷论述了 5 种。本卷论述除上述 5 种之外的 2 种，这 2 种是近年来发现的新种。

小木层孔菌属 *Phellinidium* 分种检索表

1. 子实体具芳香味；担孢子 2.4～3.1 × 1.5～2 μm ······················ 亚洲小木层孔菌 *P. asiaticum*
1. 子实体无味；担孢子 3.7～4.3 × 2.9～3.3 μm ····················· 祁连小木层孔菌 *P. qilianense*

亚洲小木层孔菌　图 74

Phellinidium asiaticum Spirin, L.W. Zhou & Y.C. Dai, Annnales Botanici Fennici 51: 169 (2014)

子实体：担子果多年生，平伏，不易与基质分离，新鲜时具芳香味，木栓质，干后具弱芳香味，木质，长可达 15 cm，宽可达 7 cm，中部厚可达 10 mm；孔口表面烟褐色，具折光反应；不育边缘明显，浅黄色至赭褐色；孔口圆形至多角形，每毫米 5～7 个；菌管边缘薄，撕裂状；菌肉锈褐色，木质，无环区，厚可达 2 mm；菌管灰褐色，比孔口表面颜色浅，纤维质至木栓质，分层明显，长可达 8 mm。

菌丝结构：菌丝系统一体系；生殖菌丝具简单分隔；菌丝组织遇 KOH 溶液变黑，其他无变化。

菌肉：生殖菌丝无色至浅褐色，薄壁至稍厚壁具宽内腔，偶尔分枝，频繁分隔，交织排列，直径 3～4.5 μm；菌丝状刚毛起源于褐色、厚壁的菌丝，锈褐色，厚壁，不分枝，具宽内腔，末端尖锐，交织排列，长可达 300 μm，直径 4.2～6.2 μm。

菌管：生殖菌丝无色至浅褐色，薄壁至稍厚壁具宽内腔，中度分枝，频繁分隔，平直，与菌管平行排列，直径 2～3.8 μm；菌丝状刚毛占多数，黑褐色，厚壁，与菌管平行排列，长可达 300 μm，直径 4～6 μm；有些从菌髓伸出子实层，弯曲，锥形，末端尖锐，像子实层刚毛；亚子实层明显，由无色、薄壁、频繁分枝的菌丝组成，CB+；无囊状体；担子粗棍棒状至桶状，具 4 个小梗并在基部具一横膈膜，大小为 9～10 × 3.5～4.5 μm；拟担子与担子形状相似，但略小。

孢子：担孢子椭圆形至窄椭圆形，无色，厚壁，光滑，IKI–，CB–，大小为（2.2～）2.4～3.1（～3.3）×（1.4～）1.5～2 μm，平均长 L = 2.82 μm，平均宽 W = 1.72 μm，长宽比 Q = 1.64（n = 30/1）；厚垣孢子存在于菌肉中，椭圆形至窄椭圆形，有时为不规则形，黄褐色，厚壁，光滑，IKI–，CB–，大小为 6～20 × 5～7 μm。

生境：阔叶树活立木上生。

研究标本：吉林长白山（BJFC010840，IFP015043，BJFC015699）。

世界分布：中国。

讨论: 亚洲小木层孔菌与 *Phellinidium pouzarii*（Kotl.）Fiasson & Niemelä 非常相似，但后者的孔口较大，且生长在冷杉树上（Kotlaba 1968; Larsen and Lombard 1976）。

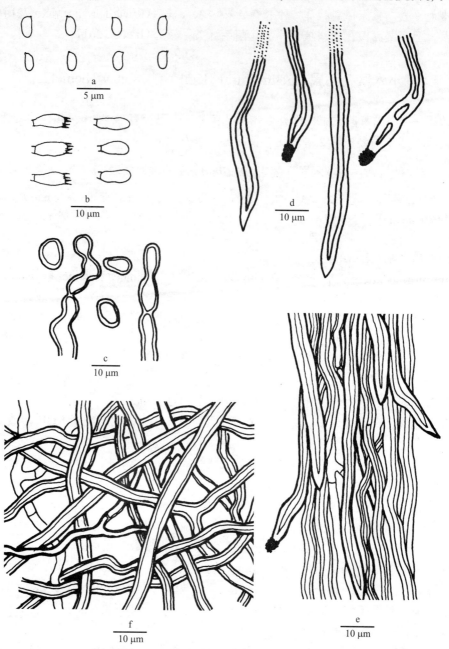

图 74　亚洲小木层孔菌 *Phellinidium asiaticum* Spirin, L.W. Zhou & Y.C. Dai 的显微结构图
a. 担孢子；b. 担子和拟担子；c. 厚恒孢子；d. 菌丝状刚毛；e. 菌髓菌丝；f. 菌肉菌丝

祁连小木层孔菌　图 75

Phellinidium qilianense B.K. Cui, L.W. Zhou & Y.C. Dai, PlantDisease 99: 41 (2015)
　　子实体: 担子果多年生，平伏，不易与基质分离，新鲜时无特殊气味，软木栓质，

干后木栓质至纤维质，长可达 30 cm，宽可达 14 cm，中部厚可达 30 mm；孔口表面灰褐色；边缘黄褐色至灰褐色，宽可达 1 mm；孔口圆形至多角形，每毫米 5～8 个；菌管边缘厚，全缘至略撕裂状；菌肉肉桂褐色，木栓质，厚可达 1 mm；菌管灰褐色至赭色，新菌管明显比老菌管颜色浅，纤维质，分层明显，长可达 29 mm。

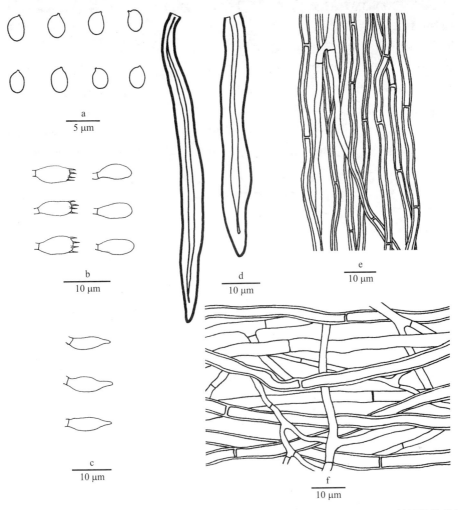

图 75 祁连小木层孔菌 *Phellinidium qilianense* B.K. Cui, L.W. Zhou & Y.C. Dai 的显微结构图
a. 担孢子；b. 担子和拟担子；c. 囊状体；d. 菌丝状刚毛；e. 菌髓菌丝；f. 菌肉菌丝

菌丝结构：菌丝系统一体系；生殖菌丝具简单分隔；菌丝组织遇 KOH 溶液变黑，其他无变化。

菌肉：生殖菌丝浅黄色，薄壁至稍厚壁，频繁分枝和分隔，交织排列，直径 2.2～6 μm；菌丝状刚毛少见，起源于褐色、厚壁的菌丝，黑褐色，厚壁，交织排列，长可达 300 μm，直径 6～8 μm。

菌管：生殖菌丝无色至浅褐色，薄壁至稍厚壁具宽内腔，中度分枝，频繁分隔，略平直，与菌管平行排列，直径 2.1～4.2 μm；菌丝状刚毛占多数，黑褐色，厚壁具窄内腔，与菌管平行排列，长可达 300 μm，直径 5.6～9.8 μm；有些从菌髓伸出子实层，弯曲，锥形，末端尖锐，具结晶；亚子实层不明显；囊状体少见，无色，薄壁，锥形，末端渐细，大小为 25～40 × 4～5.5 μm；担子桶状，具 4 个小梗并在基部具一横膈膜，大小为 9.8～14 × 4.8～7.4 μm；拟担子与担子形状相似，但略小。

孢子：担孢子宽椭圆形，无色，厚壁，光滑，IKI–，CB–，大小为 (3.5～) 3.7～4.3 (～4.4) × (2.8～) 2.9～3.3 (～3.5) μm，平均长 $L = 3.93$ μm，平均宽 $W = 3.06$ μm，长宽比 $Q = 1.27\sim1.3$ ($n = 60/2$)。

生境：祁连圆柏树木基部和根部生。

研究标本：青海门源（BJFC013483，BJFC014792，BJFC014793，BJFC014794，BJFC014795，BJFC014796，IFP004073，IFP004074，IFP018444，IFP018468，IFP018481）。

世界分布：中国。

讨论：祁连小木层孔菌与硫小木层孔菌 *Phellinidium sulphurascens* (Pilát) Y.C. Dai 相似，但后者的孔口大（每毫米 4～5 个），子实体一年生，只生长在松科树木上。

拟木层孔菌属 Phellinopsis Y.C. Dai

担子果多数一年生，平伏反卷至盖形，木栓质，无皮壳；菌肉均质；菌丝系统二体系，生殖菌丝具简单分隔，菌丝组织遇 KOH 溶液变黑；多数种有子实层刚毛且从菌髓生长；担孢子椭圆形，无色至浅黄色，厚壁，光滑，IKI–，CB–或弱 CB+。引起木材白色腐朽。

模式种：*Boletus conchatus* Pers. 1796。

生境：阔叶树或针叶树活立木或倒木上生，引起木材白色腐朽。

讨论：该属的特征是子实层具刚毛且从菌髓生长，担孢子椭圆形，无色至浅黄色，厚壁，平滑，在棉蓝试剂中无嗜蓝反应或具弱嗜蓝反应。

拟木层孔菌属 *Phellinopsis* 分种检索表

无刚毛拟木层孔菌　图 76

Phellinopsis asetosa L.W. Zhou, Mycoscience 56: 239 (2015)

子实体：一年生，平伏，不易与基质分离，新鲜时无特殊气味，木栓质，干后木质，长可达 12 cm，宽可达 7 cm，厚可达 1 mm；孔口表面新鲜时红褐色，干后黑褐色，略具折光反应；不育边缘明显，黄褐色，具绒毛，宽可达 1.5 mm；孔口圆形，每毫米 5～6 个；菌管边缘薄，全缘；菌肉橘黄褐色，木质，厚可达 0.5 mm；菌管肉桂色，木质，长可达 0.5 mm。

菌丝结构：菌丝系统二体系；生殖菌丝具简单分隔；菌丝组织遇 KOH 溶液变黑，其他无变化。

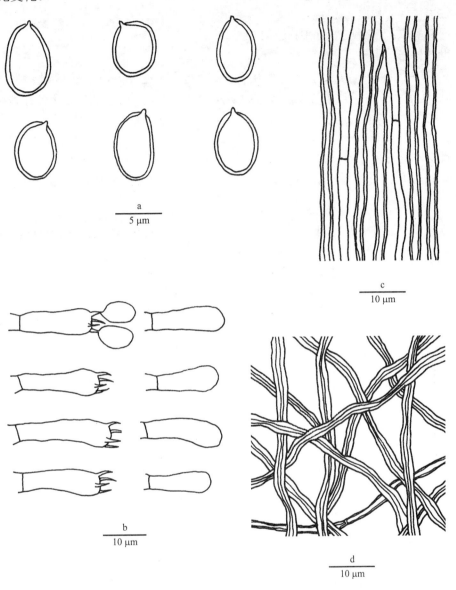

图 76　无刚毛拟木层孔菌 *Phellinopsis asetosa* L.W. Zhou 的显微结构图
a. 担孢子；b. 担子和拟担子；c. 菌髓菌丝；d. 菌肉菌丝

菌肉：生殖菌丝少见，无色至浅黄色，稍厚壁，不分枝，直径 1.5～2 μm；骨架菌丝占多数，金黄褐色，厚壁具宽或窄内腔，不分枝，弯曲，交织排列，直径 2～3 μm。

菌管：生殖菌丝少见，无色，薄壁至稍厚壁，不分枝，直径 1.8～2 μm；骨架菌丝占多数，黄褐色，厚壁具宽内腔，不分枝，平行于菌管排列，直径 2～3 μm；无子实层刚毛；无囊状体和拟囊状体；担子棍棒状，具 4 个小梗并在基部具一横膈膜，大小为 15～19×4～7 μm；拟担子在子实层中占多数，与担子形状相似，但略小。

孢子：担孢子窄椭圆形至椭圆形，无色至浅黄色，厚壁，光滑，IKI–，CB–或弱

CB+，大小为(6~)6.1~7(~7.7) × (4.3~)4.5~5.1(~5.3) μm，平均长 L = 6.74 μm，平均宽 W = 4.8 μm，长宽比 Q = 1.4 (n = 30/1)。

生境：阔叶树腐朽木上生。

研究标本：云南哀牢山(BJFC015015)。

世界分布：中国。

讨论：无刚毛拟木层孔菌与拟木层孔菌属其他种的主要区别是无子实层刚毛(Zhou 2015a)。无刚毛拟木层孔菌与 *Fulvifomes inermis* (Ellis & Everh.) Y.C. Dai 具有非常相似的宏观特征，但后者的担孢子(4.3~5.1 × 3.4~4.2 μm)比前者小。

青荚叶拟木层孔菌　图 77

Phellinopsis helwingiae W.M. Qin & L.W. Zhou, Annales Botanici Fennici 50: 409 (2013)

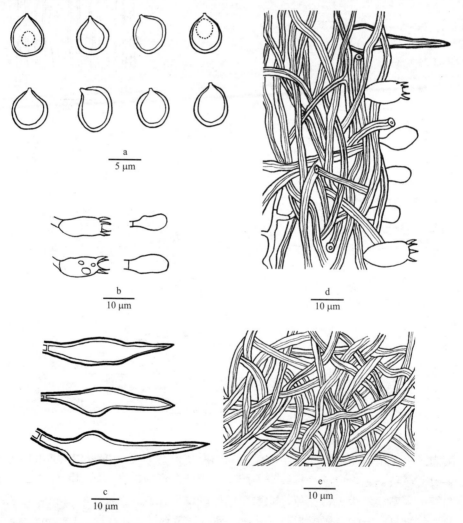

图 77　青荚叶拟木层孔菌 *Phellinopsis helwingiae* W.M. Qin & L.W. Zhou 的显微结构图
a. 担孢子；b. 担子和拟担子；c. 刚毛；d. 菌髓；e. 菌肉菌丝

子实体：担子果多年生，平伏反卷至盖形，单生或叠生，新鲜时无特殊气味，木栓质，干后木质；菌盖马蹄形，外伸可达 3 cm，宽可达 5 cm，基部厚可达 15 mm；菌盖表面黑褐色，具宽同心环沟和宽环区，初期具绒毛，后期光滑，具明显皮壳；边缘锐；孔口表面黄褐色；不育边缘明显，黄色，宽可达 1 mm；孔口圆形，每毫米 6～7 个；菌管边缘厚，全缘；菌肉暗褐色，厚可达 0.5 cm；菌管黄褐色，木质，分层明显，长可达 14.5 cm；白色的菌丝束偶尔存在于菌管中。

菌丝结构：菌丝系统二体系；生殖菌丝具简单分隔；菌丝组织遇 KOH 溶液变黑，其他无变化。

菌肉：生殖菌丝少见，无色，薄壁，偶尔分枝，频繁分隔，直径 1～2 μm；骨架菌丝占多数，黄褐色，厚壁具窄内腔，少分枝，弯曲，交织排列，直径 2～4 μm。

菌管：生殖菌丝少见，无色，薄壁，频繁分枝，直径 1～2 μm；骨架菌丝占多数，黄褐色，厚壁具窄或宽内腔，少分枝，交织排列，直径 1.5～2.3 μm；子实层刚毛少见，锥形至腹鼓状，黑褐色，厚壁，大小为 23～50 × 3.5～5.8 μm；无囊状体和拟囊状体；担子桶状，具 4 个小梗并在基部具一横膈膜，大小为 9～13 × 5～6 μm；拟担子在子实层中占多数，与担子形状相似，但略小。

孢子：担孢子宽椭圆形至近球形，无色至浅黄色，厚壁，光滑，IKI−，弱 CB+，大小为 (5～)5.2～6 × (4.5～)4.7～5.5(～5.8) μm，平均长 L = 5.64 μm，平均宽 W = 5.03 μm，长宽比 Q = 1.12 (n = 30/1)。

生境：青荚叶属树木活立木上生。

研究标本：四川灵山寺 (BJFC013194)。

世界分布：中国。

讨论：青荚叶拟木层孔菌与贝形拟木层孔菌 Phellinopsis conchata (Pers.) Y.C. Dai 具有相似的子实体和孔口，但后者的骨架菌丝不分枝，且其担孢子较窄 (4～4.5 μm，Qin and Zhou 2013)。

柏拟木层孔菌　图 78

Phellinopsis junipericola L.W. Zhou, Mycologia 105: 691 (2013)

子实体：担子果一年生，平伏反卷至盖形，新鲜时无特殊气味，木栓质，干后木质；菌盖马蹄形，外伸可达 0.9 cm，宽可达 2.5 cm，基部厚可达 7 mm；菌盖表面鼠灰色，具窄同心环沟和宽环区，初期具绒毛，后期光滑，具明显皮壳；边缘蜜黄色，钝；孔口表面蜜黄色，无折光反应；不育边缘明显，蜜黄色，宽可达 1 mm；孔口圆形，每毫米 4～5 个；菌管边缘厚，全缘；菌肉黄褐色，厚可达 0.5 mm，异质，上层为绒毛层，下层为致密菌肉，两层间具一明显的黑线；菌管肉桂黄色，木质，长可达 6.5 cm；白色的菌丝束偶尔存在于菌管中。

菌丝结构：菌丝系统二体系；生殖菌丝具简单分隔；菌丝组织遇 KOH 溶液变黑，其他无变化。

菌肉：生殖菌丝少见，无色，薄壁至稍厚壁，不分枝，频繁分隔，直径 1.5～2.5 μm；骨架菌丝占多数，黄褐色，厚壁具宽内腔，不分枝，不分隔，规则排列，直径 2～4 μm。

菌管：生殖菌丝少见，无色，薄壁，偶尔分枝，直径 1～2 μm；骨架菌丝占多数，黄褐色，厚壁具窄或宽内腔，不分枝，少分隔，交织排列，直径 2～4 μm；子实层刚毛少见，锥形至腹鼓状，黑褐色，厚壁，大小为 22～28 × 6～8 µm；无囊状体和拟囊状体；担子棍棒状，具 4 个小梗并在基部具一横膈膜，大小为 12～15 × 5～6 µm；拟担子在子实层中占多数，与担子形状相似，但略小。

孢子：担孢子宽椭圆形至卵圆形，无色至浅黄色，厚壁，光滑，IKI−，弱 CB+，大小为 (5.6～) 5.7～6.6 (～6.8) × 4.7～5.7 (～5.8) µm，平均长 $L = 6.16$ µm，平均宽 $W = 5.16$ µm，长宽比 $Q = 1.19$ ($n = 30/1$)。

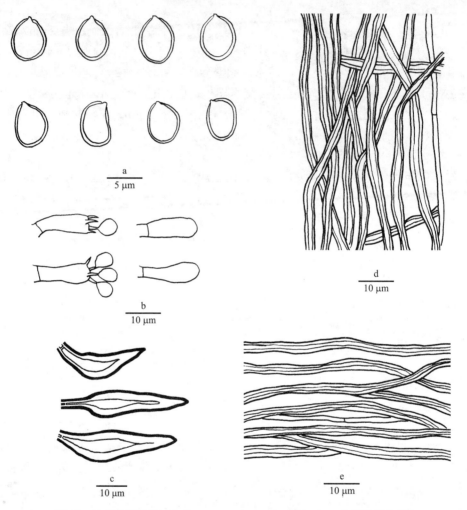

图 78　柏拟木层孔菌 *Phellinopsis junipericola* L.W. Zhou 的显微结构图
a. 担孢子；b. 担子和拟担子；c. 刚毛；d. 菌髓菌丝；e. 菌肉菌丝

生境：柏树倒木上生。

研究标本：青海北山 (IFP016007)。

世界分布：中国。

讨论：柏拟木层孔菌与西方拟木层孔菌 *Phellinopsis occidentalis* (Overh. ex Lombard, R.W. Davidson & Gilb.) Y.C. Dai 相似，但后者的孔口和担孢子较大 (2～4 个/mm，5～6 × 4～5 µm)，且只生长在山楂树上 (Zhou and Qin 2013)。

伏拟木层孔菌　图 79

Phellinopsis resupinata L.W. Zhou, Mycologia 105: 693 (2013)

子实体：担子果多年生，平伏，垫状，新鲜时无特殊气味，木栓质，干后木质，长可达 150 cm，宽可达 60 cm，中部厚达 10 mm；孔口表面蜜黄色，具折光反应；不育边缘明显，鲜黄色，宽可达 1.5 mm；孔口圆形，每毫米 5～7 个；菌管边缘厚，全缘；菌肉黄褐色，厚可达 1 mm；菌管蜜黄色，木质，长可达 9 mm。

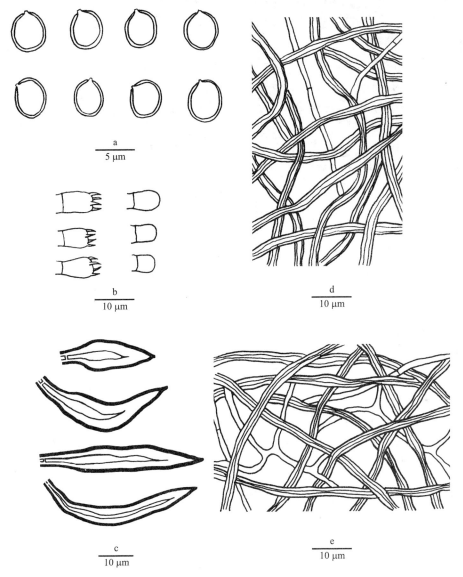

图 79　伏拟木层孔菌 *Phellinopsis resupinata* L.W. Zhou 的显微结构图
a. 担孢子；b. 担子和拟担子；c. 刚毛；d. 菌髓菌丝；e. 菌肉菌丝

菌丝结构：菌丝系统二体系；生殖菌丝具简单分隔；菌丝组织遇 KOH 溶液变黑，其他无变化。

菌肉：生殖菌丝少见，无色，薄壁，不分枝，频繁分隔，有时二叉分枝，直径 1～

1.5 μm；骨架菌丝占多数，褐色，厚壁具宽或窄内腔，不分枝，偶尔分隔，交织排列，直径 2～3 μm。

菌管：生殖菌丝少见，无色，薄壁，偶尔分枝，直径 1.5～2.5 μm；骨架菌丝占多数，黄褐色至褐色，厚壁具窄或宽内腔，不分枝，不分隔，交织排列，直径 2～3 μm；子实层刚毛常见，锥形至腹鼓状，黑褐色，厚壁，大小为 18～35 × 4～9 μm；无囊状体和拟囊状体；担子桶状，具 4 个小梗并在基部具一横膈膜，大小为 7～10 × 4～6 μm；拟担子与担子形状相似，但略小。

孢子：担孢子宽椭圆形至近球形，无色至浅黄色，厚壁，光滑，IKI−，弱 CB+，大小为 (4.5～)4.6～5.3(～5.4) × (3.8～)4～4.7(～4.8) μm，平均长 L = 4.94 μm，平均宽 W = 4.29 μm，长宽比 Q = 1.14～1.17 (n = 60/2)。

生境：栎树倒木上生。

研究标本：河南宝天曼(IFP016035，IFP016036)。

世界分布：中国。

讨论：伏拟木层孔菌与平伏的贝形拟木层孔菌 *Phellinopsis conchata* (Pers.) Y.C. Dai 相似，但后者的担孢子较长 (5～6 μm) (Dai 2010)。

木层孔菌属 **Phellinus** Quél.

该属在《中国真菌志第二十九卷锈革孔菌科》中已经有描述，该卷论述了 40 种。本卷论述除上述 40 种之外的 11 种，这些种类基本是近年来发现的新种。

木层孔菌属 *Phellinus* 分种检索表

赤杨木层孔菌　图80

Phellinus alni (Bondartsev) Parmasto, Eesti NSV Tead. Akad. Toim. Biol. Seer 25: 318 (1976)

　　子实体：担子果多年生，盖形，通常单生，与基质紧密相连，新鲜时无特殊气味，木质，干后硬木质；菌盖马蹄形，外伸可达 8 cm，宽可达 12 cm，基部厚可达 6 cm；菌盖表面干后黑灰色，具宽同心环沟和宽环区，后期光滑或开裂，具明显皮壳；边缘黄褐色，钝；孔口表面褐色至黑紫红色；孔口圆形，每毫米 5～6 个；菌管边缘厚，全缘；菌肉红褐色至暗褐色，比菌管颜色深，木质，具不明显的环区，厚可达 2 cm；菌核存在，通常位于菌肉与基质之间；菌管黄褐色至暗褐色，木质，分层明显，长可达 4 cm；白色的菌丝束偶尔存在于菌管中。

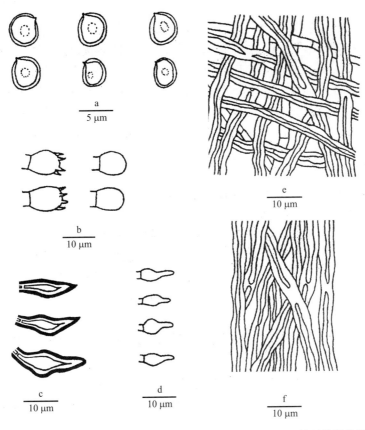

图80　赤杨木层孔菌 *Phellinus alni* (Bondartsev) Parmasto 的显微结构图
a. 担孢子；b. 担子和拟担子；c. 刚毛；d. 拟囊状体；e. 菌髓菌丝；f. 菌肉菌丝

　　菌丝结构：菌丝系统二体系；生殖菌丝具简单分隔；菌丝组织遇 KOH 溶液变黑，其他无变化。

　　菌肉：生殖菌丝少见，无色，薄壁，偶尔分枝，频繁分隔，直径 2.4～3 μm；骨架菌丝占多数，褐色，厚壁具窄或宽内腔，不分枝，少分隔，弯曲，交织排列，直径 4～4.8 μm。

　　菌管：生殖菌丝少见，无色，薄壁至稍厚壁，偶尔分枝，直径 2～2.7 μm；骨架菌丝占多数，锈褐色，厚壁具窄内腔至近实心，不分枝，少分隔，弯曲，交织排列，直径 3.2～4 μm；子实层刚毛常见，锥形至腹鼓状，黑褐色，厚壁，大小为 11～19×5～8 μm；拟囊状体偶见，纺锤形；担子桶状，具 4 个小梗并在基部具一横膈膜，大小为 6～9×5.5～7.5 μm；拟担子在子实层中占多数，与担子形状相似，但略小；菌丝束中次生菌丝无色，薄壁，频繁分枝和弯曲，直径 1.5～2.2 μm。

孢子：担孢子近球形，无色，厚壁，壁厚可达 0.8 μm，光滑，具液泡，IKI−，中度 CB+，大小为 (4.8～)4.9～6(～6.1) × (3.9～)4～5.2(～5.5) μm，平均长 L = 5.44 μm，平均宽 W = 4.65 μm，长宽比 Q = 1.15～1.19 (n = 120/4)。

生境：阔叶树活立木或倒木上生。

研究标本：黑龙江佳木斯(IFP015890)；吉林长白山(IFP015886，IFP016000)；辽宁清源(IFP015887)。

世界分布：中国、芬兰、瑞典、捷克、德国。

讨论：赤杨木层孔菌的主要特征是寄主广泛，上表面略灰色，具宽环区和钝的边缘，担孢子大(除黑木层孔菌比赤杨木层孔菌的大外)。赤杨木层孔菌与火木层孔菌 Phellinus igniarius (L.) Quél. *s. str.* 具有相似的孔口、刚毛和担孢子，但火木层孔菌的菌肉较薄，通常无菌核，且一般生长在柳树上。尽管赤杨木层孔菌在广义的火木层孔菌类群中有最广泛的寄主，但它通常不生长在杨柳科树木上(Tomšovský et al. 2010)。

华南木层孔菌　图 81

Phellinus austrosinensis L.S. Bian, Nova Hedwigia 102: 215 (2016)

子实体：担子果多年生，平伏，不易与基质分离，垫状，新鲜时木栓质且无特殊气味，干后木质；长可达 15 cm，宽可达 8 cm，中部厚可达 7 mm；不育边缘黑褐色，明显渐薄，宽可达 1 mm；孔口表面浅黄褐色，触摸后黑褐色，干后黄褐色，略具折光反应；孔口圆形，每毫米 9～11 个；菌管边缘薄，略全缘；菌肉存在于每层菌管间，土黄色，木栓质，每层可达 0.5 mm；菌管土黄色，硬木栓质，分层明显，菌管和菌肉之间具黑线区，长可达 5.5 mm。

菌丝结构：菌丝系统二体系；生殖菌丝具简单分隔；菌丝组织遇 KOH 溶液变黑，其他无变化。

菌肉：生殖菌丝无色，薄壁至稍厚壁，偶尔分枝，频繁分隔，直径 2～3.5 μm；骨架菌丝占多数，黄褐色，厚壁具窄内腔，偶尔分枝，弯曲，交织排列，黏结，直径 3～4 μm。

菌管：生殖菌丝无色，薄壁至稍厚壁，少分枝，频繁分隔，直径 2～3.5 μm；骨架菌丝占多数，黄褐色，厚壁具窄或宽内腔，不分枝，疏松交织排列或与菌管近平行排列，直径 3～4 μm；子实层刚毛常见，腹鼓状，黑褐色，厚壁，大小为 12～22×6～9 μm；无囊状体；拟囊状体存在，梭形，无色，薄壁，大小为 10～18×4～5 μm；担子桶状，具 4 个小梗并在基部具一横膈膜，大小为 8～10×4.5～5.5 μm；拟担子与担子形状相似，但略小；不规则形状结晶体存在于子实层和菌髓。

孢子：担孢子窄椭圆形，无色，厚壁，光滑，IKI−，CB−，大小为 3～3.8(～4) × (1.8～)1.9～2.2(～2.3) μm，平均长 L = 3.43 μm，平均宽 W = 2 μm，长宽比 Q = 1.72

（$n = 30/1$）。

生境：阔叶树倒木上生。

研究标本：海南霸王岭（BJFC017420，模式标本）。

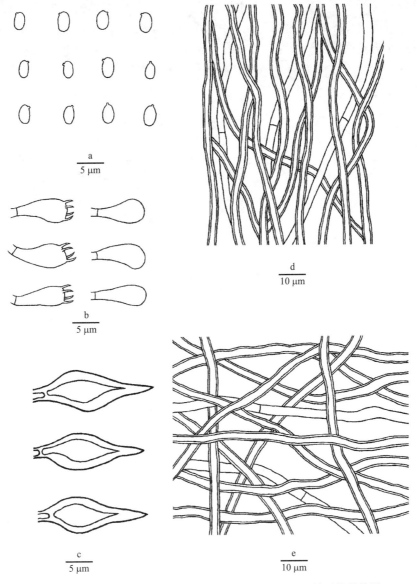

图 81　华南木层孔菌 *Phellinus austrosinensis* L.S. Bian 的显微结构图

a. 担孢子；b. 担子和拟担子；c. 刚毛；d. 菌髓菌丝；e. 菌肉菌丝

　　讨论：华南木层孔菌与垫状嗜蓝孢孔菌 *Fomitiporia punctata*（P. Karst.）Murrill 具有相似的外观特征，但后者的担孢子椭圆形，厚壁，具拟糊精和嗜蓝反应（Dai, 2010）。小孢木层孔菌 *Phellinus minisporus* B.K. Cui & Y.C. Dai 与华南木层孔菌具有相似的孔口和刚毛，但前者的担孢子黄褐色、厚壁（Dai, 2010）。

锥木层孔菌　图82

Phellinus castanopsidis B.K. Cui, Y.C. Dai & Decock, Mycological Progress 12: 346 (2013)

　　子实体：担子果一年生，平伏，不易与基质分离，新鲜时无特殊气味，木栓质，干后木质，长可达 40 cm，宽可达 15 cm，中部厚可达 4 mm；孔口表面新鲜时灰褐色至锈褐色，具明显折光反应，干后深褐色；不育边缘不明显；孔口多角形，每毫米 5～8 个；菌管边缘薄，全缘；菌肉黄褐色，硬木栓质，厚可达 1 mm；菌管与孔口表面同色，木栓质，长可达 3 mm。

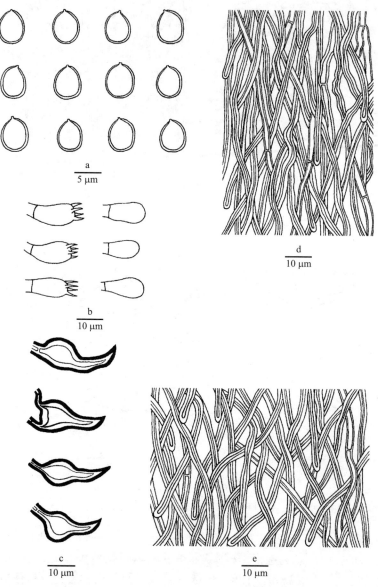

图 82　锥木层孔菌 Phellinus castanopsidis B.K. Cui, Y.C. Dai & Decock 的显微结构图
a. 担孢子；b. 担子和拟担子；c. 刚毛；d. 菌髓菌丝；e. 菌肉菌丝

菌丝结构：菌丝系统二体系；生殖菌丝具简单分隔；菌丝组织遇 KOH 溶液变黑，其他无变化。

菌肉：生殖菌丝无色至浅黄色，稍薄壁，少分枝，直径 1.7～2.4 μm；骨架菌丝占多数，金黄褐色，厚壁具窄或宽内腔，弯曲，疏松交织排列，直径 1.8～3 μm。

菌管：生殖菌丝少见，无色至浅黄色，稍厚壁，少分枝，直径 1.5～2.3 μm；骨架菌丝占多数，金黄褐色，厚壁具窄或宽内腔，不分枝，弯曲，交织排列，直径 1.5～2.7 μm；子实层刚毛常见，锥形至腹鼓状，末端钩状，黑褐色，厚壁，大小为 21～33 × 10～14 μm；担子桶状，具 4 个小梗并在基部具一横膈膜，大小为 10～15 × 5.5～8 μm；拟担子与担子形状相似，但略小。

孢子：担孢子卵圆形至宽椭圆形，无色，厚壁，光滑，弱 IKI+，中度 CB+，大小为 (4.9～)5～6 × (4.3～)4.5～5 (～5.2) μm，平均长 L = 5.4 μm，平均宽 W = 4.77 μm，长宽比 Q = 1.1～1.19 (n = 120/4)。

生境：锥属树木活立木上生。

研究标本：广东广州（BJFC011045，BJFC011048，BJFC011052，BJFC011054）。

世界分布：中国。

讨论：锥木层孔菌与椭圆木层孔菌 *Phellinus ellipsoideus* B.K. Cui & Y.C. Dai 具有相似的孔口、菌丝系统、弯钩状刚毛和担孢子。但后者为多年生，且其孢子稍小（4.9～6 × 3.9～4.8 μm，Cui and Dai, 2008）。

椭圆木层孔菌　图 83

Phellinus ellipsoideus (B.K. Cui & Y.C. Dai) B.K. Cui, Y.C. Dai & Decock, Mycological
　　Progress 12: 348 (2013)

=*Fomitiporia ellipsoidea* B.K. Cui & Y.C. Dai, Mycotaxon 105: 344 (2008)

子实体：担子果多年生，平伏，不易与基质分离，新鲜时木栓质且无特殊气味，干后硬木质；长可达 10 m，宽可达 50 cm，中部厚可达 5 cm；不育边缘黄色至黄褐色，宽可达 2 mm；孔口表面黄褐色至锈褐色，具折光反应；孔口圆形，斜生时扭曲形，每毫米 5～8 个；菌管边缘稍厚，全缘；菌肉黄褐色，木栓质，厚小于 1 mm；菌管与孔口表面同色，木质，分层明显，长可达 4 mm。

菌丝结构：菌丝系统二体系；生殖菌丝具简单分隔；菌丝组织遇 KOH 溶液变黑，其他无变化。

菌肉：生殖菌丝无色，薄壁至稍厚壁具宽内腔，偶尔分枝，频繁分隔，直径 2～3 μm；骨架菌丝占多数，金黄褐色至锈褐色，厚壁具窄内腔，不分枝，弯曲，交织排列，略黏结，直径 2～3.6 μm。

菌管：生殖菌丝无色，薄壁至稍厚壁具宽内腔，偶尔分枝，频繁分隔，直径 1.5～2.6 μm；骨架菌丝占多数，黄褐色至锈褐色，厚壁至近实心，不分枝，弯曲，交织排列，略黏结，直径 1.8～3.4 μm；亚子实层不明显；子实层刚毛常见，腹鼓状，末端弯曲成钩状，黑褐色，厚壁，大小为 20～30 × 10～14 μm；担子桶状或近球形，具 4 个小梗并在基部具一横膈膜，大小为 8～12 × 6～7 μm；拟担子与担子形状相似，但略小；菱形结晶大量存在于子实层和菌髓。

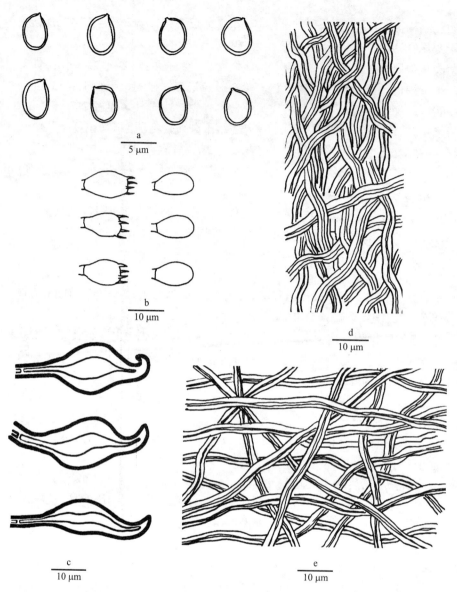

图 83　椭圆木层孔菌 *Phellinus ellipsoideus* (B.K. Cui & Y.C. Dai) B.K. Cui, Y.C. Dai & Decock 的显微
结构图

a. 担孢子；b. 担子和拟担子；c. 刚毛；d. 菌髓菌丝；e. 菌肉菌丝

孢子：担孢子椭圆形至广椭圆形，无色，厚壁，光滑，具弱拟糊精反应，CB+，大
小为(4.5～)4.9～6(～6.5) × (3.5～)3.8～4.8(～5) μm，平均长 L = 5.33 μm，平均宽 W =
4.11 μm，长宽比 Q = 1.22～1.38 (n = 120/4)。

生境：阔叶树倒木上生。

研究标本：福建万木林(BJFC000646，BJFC010329，BJFC010330，BJFC010331)；
海南吊罗山(BJFC017325)，海南尖峰岭(BJFC003291，BJFC004454，BJFC004476，
BJFC010399，BJFC017325，BJFC012921，IFP001688，IFP001689，IFP001793，
IFP001794)；云南望天树(BJFC006996)，云南西双版纳(BJFC009590)。

讨论：椭圆木层孔菌最初描述为 *Fomitiporia ellipsoidea* B.K. Cui & Y.C. Dai，因此该种与 *Fomitiporia* 属有些种类相似。*Fomitiporia uncinata* (Rajchenb.) G. Coelho et al. 具有钩状的刚毛、厚壁且具拟糊精反应的担孢子 (Rajchenberg 1987; Decock et al. 2005; Coelho et al. 2009)，因此与椭圆木层孔菌有相似之处，但它的担孢子为近球形至球形，且比椭圆嗜蓝孢孔菌的担孢子大 (Ryvarden 2004)，另外 *Fomitiporia uncinata* 只生长在竹子上 (Decock et al. 2005)。

高山木层孔菌 图84

Phellinus monticola Y.C. Dai & L.W. Zhou, Mycologia 108: 196 (2016)

子实体：担子果多年生，盖形，与基质紧密相连，新鲜时无特殊气味，木栓质至木质，干后硬木质；菌盖马蹄形，外伸可达 4 cm，宽可达 8 cm，基部厚可达 4 cm；菌盖表面灰色至黑灰色，具同心环区和浅环沟，光滑，具明显皮壳，后期略开裂；边缘钝，光滑；孔口表面土黄色，略具折光反应，不育边缘锈褐色，无光泽，宽可达 1 mm；孔口圆形，每毫米 5～6 个；菌管边缘厚，全缘；菌肉暗褐色，木质，厚可达 2 mm，上部具黑色皮壳；菌管暗褐色，木质，分层明显，长可达 3.8 cm；白色的菌丝束偶尔存在于菌管中。

菌丝结构：菌丝系统二体系；生殖菌丝具简单分隔；菌丝组织遇 KOH 溶液变黑，其他无变化。

菌肉：生殖菌丝少见，无色，薄壁，偶尔分枝，频繁分隔，直径 2.5～3.2 μm；骨架菌丝占多数，金黄色，厚壁具窄或宽内腔，不分枝，略平直，疏松交织排列，直径 2.5～4.2 μm；皮壳层菌丝明显厚壁，几乎实心，强烈黏结，交织排列，直径 2.5～3.5 μm。

菌管：生殖菌丝常见，无色至浅黄色，薄壁至稍厚壁，偶尔分枝，直径 2～3 μm；骨架菌丝金黄褐色，厚壁具窄或中度宽内腔，不分枝，不分隔，交织排列，直径 2.5～4 μm；子实层刚毛常见，锥形至腹鼓状，黑褐色，厚壁，大小为 10～16.5 × 4.5～6 μm；拟囊状体偶见；担子桶状，具 4 个小梗并在基部具一横膈膜，大小为 6.5～11 × 5～6.5 μm；拟担子在子实层中占多数，与担子形状相似，但略小；菌丝束中次生菌丝无色，薄壁，频繁分枝和强烈弯曲，直径 1.2～2.2 μm。

孢子：担孢子宽椭圆形，无色，稍厚壁，光滑，具液泡，通常 4 个黏结在一起，IKI–，中度 CB+，大小为 (3.8～)3.9～4.8(～5) × (2.7～)2.9～3.7(～4) μm，平均长 $L = 4.35$ μm，平均宽 $W = 3.27$ μm，长宽比 $Q = 1.29～1.39$ ($n = 180/6$)。

生境：阔叶树活立木或倒木上。

研究标本：湖北神农架 (IFP004602)；贵州雷公山 (IFP010317)；西藏林芝 (BJFC008186, BJFC008189, IFP004770，模式标本；IFP016019, IFP016020)；云南兰坪 (BJFC011226, BJFC011377, IFP016022, IFP016024)，云南丽江 (IFP016023)。

世界分布：中国。

讨论：高山木层孔菌形态上与赤杨木层孔菌 *Phellinus alni* (Bondartsev) Parmasto 和黑木层孔菌 *P. nigricans* (Fr.) P. Karst. 相似，但后两者的担孢子明显大 (*Phellinus alni* 的担孢子为 4.9～6 × 4～5.2 μm，*P. nigricans* 的担孢子为 5.8～6.5 × 4.9～6 μm)。

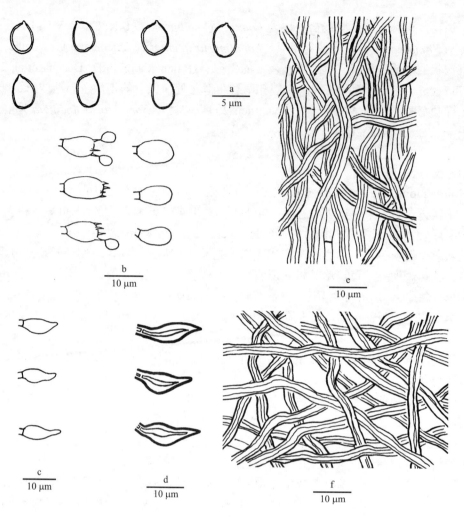

图 84　高山木层孔菌 *Phellinus monticola* Y.C. Dai & L.W. Zhou 的显微结构图
a. 担孢子；b. 担子和拟担子；c. 拟囊状体；d. 刚毛；e. 菌髓菌丝；f. 菌肉菌丝

桑木层孔菌　图 85

Phellinus mori Y.C. Dai & B.K. Cui, Mycotaxon 105: 54 （2008）

子实体：担子果多年生，平伏，垫状，不易与基质分离，新鲜时无特殊气味，木栓质，干后木质，长可达 15 cm，宽可达 6 cm，中部厚可达 10 mm；孔口表面新鲜时肉桂褐色，触摸后变为黑褐色，干后土黄色，严重开裂，具折光反应；边缘与孔口同色，窄至几乎无；孔口多数圆形，少数扭曲形，每毫米 7～8 个；菌管边缘薄，全缘；菌肉肉桂褐色至浅黄褐色，硬木栓质，厚可达 0.1 mm；菌管与孔口表面同色，木质，白色的次生菌丝束存在于老菌管中，分层明显，长可达 10 mm。

菌丝结构：菌丝系统二体系；生殖菌丝具简单分隔；菌丝组织遇 KOH 溶液变黑，其他无变化。

菌肉：生殖菌丝无色至浅黄色，薄壁，频繁分枝，直径 2～3.2 μm；骨架菌丝占多数，锈褐色，厚壁具窄内腔至近实心，不分枝，弯曲，交织排列，直径 2.5～4 μm；菌丝束中次生菌丝无色，薄壁，强烈分枝和弯曲，直径 1～1.8 μm。

菌管：生殖菌丝无色，薄壁，偶尔分枝，直径 1.5～2.5 μm；骨架菌丝占多数，锈褐色，厚壁具窄内腔至近实心，平直或弯曲，与菌管近平行排列，直径 2.2～3.5 μm；子实层刚毛常见，锥形至腹鼓状，有些分叉，黑褐色，厚壁，大小为 11～24 × 5～8.5 μm；拟囊状体偶见，大小为 8.7～14.7 × 3.4～5.2 μm；担子桶状，具 4 个小梗并在基部具一横膈膜，大小为 9～13.2 × 5.3～8 μm；拟担子与担子形状相似，但略小；菌丝束中次生菌丝无色，薄壁，频繁分枝和弯曲，直径 1.5～2 μm；菱形结晶体存在于子实层和菌髓中。

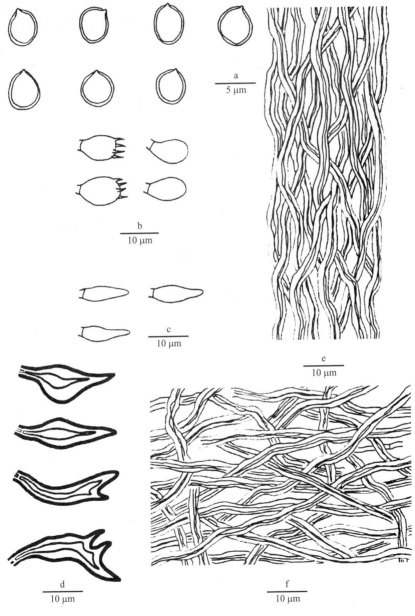

图 85　桑木层孔菌 *Phellinus mori* Y.C. Dai & B.K. Cui 的显微结构图

a. 担孢子；b. 担子和拟担子；c. 拟囊状体；d. 刚毛；e. 菌髓菌丝；f. 菌肉菌丝

孢子：担孢子卵圆形至近球形，无色，厚壁，光滑，IKI–，中度 CB+，大小为(4～)4.3～5.2(～5.4) × (3.5～)3.8～4.6(～4.8) μm，平均长 $L = 4.74$ μm，平均宽 $W = 4.16$ μm，长宽比 $Q = 1.11～1.31$ ($n = 210/7$)。

生境：阔叶树活立木或倒木上生。

研究标本：北京大兴(BJFC001825，BJFC001827，IFP015710，IFP015711，IFP015712，IFP015713，IFP015714)；黑龙江镜泊湖(IFP012263，模式标本；IFP015715，IFP015716，IFP015717，IFP015718，IFP015719，IFP015720，IFP015721)。

世界分布：中国。

讨论：桑木层孔菌与斑嗜蓝孢孔菌 *Fomitiporia punctata* (P. Karst.) Murrill 在外观上相似，但后者无刚毛，担孢子具拟糊精反应和嗜蓝反应。桑木层孔菌与平滑木层孔菌 *Phellinus laevigatus* (Fr.) Bourdot & Galzin 相关，但后者的担子小(3～4 × 2.2～3 μm)，且只生长在桦属树木上。

黑木层孔菌　图 86

Phellinus nigricans (Fr.) P. Karst., Finl. Basidsvamp. 11: 134 (1899)

=*Polyporus nigricans* Fr., Syst. mycol. (Lundae) 1: 374 (1821)

子实体：担子果多年生，盖形，通常单生，与基质紧密相连，新鲜时无特殊气味，木质，干后硬木质；菌盖马蹄形，外伸可达 8 cm，宽可达 13 cm，基部厚可达 5 cm；菌盖表面干后黑褐色至几乎黑色，具窄同心环沟和宽环区，后期光滑或开裂，具明显皮壳；边缘浅褐色，锐；孔口表面肉灰色至锈褐色；不育边缘浅褐色，宽可达 4 mm；孔口圆形，每毫米 5～6 个；菌管边缘厚，全缘；菌肉咖啡红褐色，木质，具环区，厚可达 2 cm；无菌核；菌管与菌肉同色，木质，分层明显，长可达 3 cm；白色的菌丝束偶尔存在于菌管中。

菌丝结构：菌丝系统二体系；生殖菌丝具简单分隔；菌丝组织遇 KOH 溶液变黑，其他无变化。

菌肉：生殖菌丝少见，无色，薄壁，偶尔分枝，频繁分隔，直径 2.4～3.8 μm；骨架菌丝占多数，褐色，厚壁具窄或宽内腔，不分枝，少分隔，弯曲，交织排列，直径 4～5.2 μm。

菌管：生殖菌丝少见，无色，薄壁至稍厚壁，偶尔分枝，直径 1.8～2.5 μm；骨架菌丝占多数，锈褐色，厚壁具窄或宽内腔，不分枝，少分隔，弯曲，交织排列，直径 3～4.5 μm；子实层刚毛常见，多数锥形，黑褐色，厚壁，大小为 13～20 × 4～7 μm；拟囊状体偶见，纺锤形；担子桶状，具 4 个小梗并在基部具一横膈膜，大小为 9～13 × 7～8.5 μm；拟担子在子实层中占多数，与担子形状相似，但略小；菌丝束中次生菌丝无色，薄壁，频繁分枝和弯曲，直径 1.5～2.5 μm。

孢子：担孢子近球形至球形，无色，厚壁，壁厚可达 1 μm，光滑，具液泡，IKI–，中度 CB+，大小为(5.5～)5.8～6.5(～6.7) × 4.9～6(～6.1) μm，平均长 $L = 6.1$ μm，平均宽 $W = 5.36$ μm，长宽比 $Q = 1.12～1.16$ ($n = 120/4$)。

生境：阔叶树活立木或倒木上生。

研究标本：吉林长白山(BJFC010901，IFP015881，IFP015883)；内蒙古阿尔山

（IFP015882）。

世界分布：中国、芬兰、瑞典、捷克、德国。

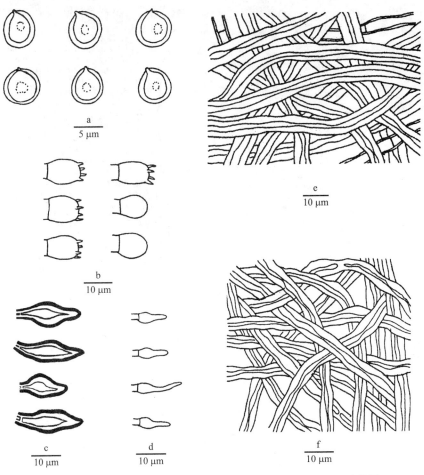

图 86　黑木层孔菌　*Phellinus nigricans* (Fr.) P. Karst.的显微结构图
a. 担孢子；b. 担子和拟担子；c. 刚毛；d. 拟囊状体；e. 菌髓菌丝；f. 菌肉菌丝

讨论：黑木层孔菌与广义火木层孔菌 *Phellinus igniarius*（L.）Quél.复合种类群其他种的区别是担孢子长度通常大于 6 μm，而其他种类担孢子的长度小于 6 μm。另外该种的菌盖边缘锐，具窄的环沟。

东亚木层孔菌　图 87

Phellinus orientoasiaticus L.W. Zhou & Y.C. Dai, Mycologia 108: 197 (2016)

子实体：担子果多年生，平伏反卷至盖形，通常覆瓦状叠生，新鲜时无特殊气味，木质，干后硬木质；菌盖半球形至近马蹄形，外伸可达 15 cm，宽可达 8 cm，基部厚可达 4 cm；菌盖表面干后浅灰褐色至黑褐色，具微绒毛至光滑，后期略开裂；边缘灰褐色，钝；孔口表面灰褐色；不育边缘暗褐色，宽可达 2 mm；孔口圆形，每毫米 5～7个；菌管边缘厚，全缘；菌肉黄褐色，木栓质，厚可达 5 mm；菌管红褐色，木质，分层明显，长可达 3.5 cm；白色的菌丝束存在于菌管中。

菌丝结构：菌丝系统二体系；生殖菌丝具简单分隔；菌丝组织遇 KOH 溶液变黑，其他无变化。

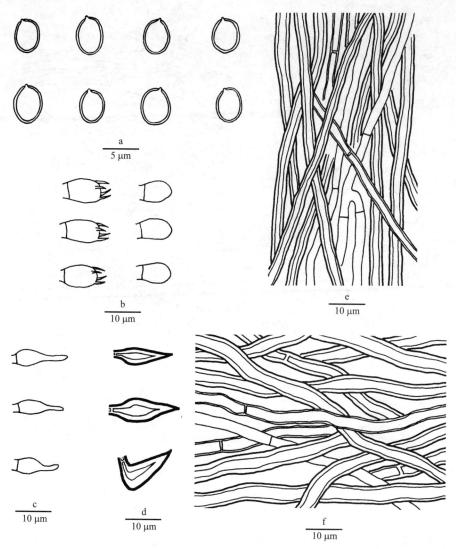

图 87　东亚木层孔菌 *Phellinus orientoasiaticus* L.W. Zhou & Y.C. Dai 的显微结构图
a. 担孢子；b. 担子和拟担子；c. 拟囊状体；d. 刚毛；e. 菌髓菌丝；f. 菌肉菌丝

菌肉：生殖菌丝无色，薄壁，或浅黄色，稍厚壁，少分枝，频繁分隔，直径 2.5～4 μm；骨架菌丝占多数，黄褐色，厚壁具宽内腔，不分枝，偶尔分隔，略弯曲，交织排列，直径 3.5～5.5 μm。

菌管：生殖菌丝无色，薄壁，或浅黄色，稍厚壁，偶尔分枝，频繁分隔，直径 1.5～3 μm；骨架菌丝占多数，黄褐色，厚壁具宽内腔，不分枝，不分隔，平直，疏松交织排列，直径 2.5～4 μm；子实层刚毛常见，腹鼓状，黑褐色，厚壁，大小为 12～16 × 4～6 μm；无囊状体；拟囊状体偶见，通常在菌管基部，纺锤形，大小为 11～15 × 3.5～5 μm；担子桶状，具 4 个小梗并在基部具一横膈膜，大小为 8～12 × 4.5～6.5 μm；拟担子在子实层中占多数，与担子形状相似，但略小。

孢子：担孢子宽椭圆形，无色，稍厚壁，光滑，IKI−，中度 CB+，大小为 4.5～5（～5.5）× 3.5～4.5（～5）μm，平均长 L = 4.84 μm，平均宽 W = 3.97 μm，长宽比 Q = 1.21～1.23（n = 90/3）。

生境：阔叶树活立木或倒木上生。

研究标本：西藏林芝（BJFC008664，BJFC008687，BJFC008689，模式标本；IFP018002，IFP018010）。

世界分布：中国。

讨论：东亚木层孔菌与苹果木层孔菌 *Phellinus pomaceus*（Pers.）Maire 相似，但后者的担孢子较大（5.8～6.4 × 4.6～5 μm，Niemelä 1977）。

稠李木层孔菌　图 88

Phellinus padicola Y.C. Dai & L.W. Zhou, Mycologia 108: 197（2016）

子实体：担子果多年生，平伏反转至盖形，新鲜时无特殊气味，木栓质至木质，干后硬木质；菌盖纵切面三角形，有时马蹄形，外伸可达 1.5 cm，宽可达 4 cm，基部厚可达 4 cm；菌盖表面灰色至黑灰色，具同心环沟和窄环区，光滑，具明显皮壳，后期略开裂；边缘钝；孔口表面灰褐色，具折光反应，不育边缘锈褐色至黄褐色，宽可达 1 mm；孔口圆形至弯曲形，每毫米 6～7 个；菌管边缘明显厚，全缘；菌肉暗褐色，木质，厚可达 1 mm，上部具黑色皮壳；菌管褐色，木质，分层不明显，长可达 3.9 cm；白色的菌丝束常存在于老菌管中。

菌丝结构：菌丝系统二体系；生殖菌丝具简单分隔；菌丝组织遇 KOH 溶液变黑，其他无变化。

菌肉：生殖菌丝少见，无色至浅黄色，薄壁至稍厚壁，偶尔分枝，直径 2.2～3.2 μm；骨架菌丝占多数，黄褐色，厚壁具宽内腔，不分枝，弯曲，交织排列，直径 2～4.5 μm。皮壳层菌丝黑红褐色，明显厚壁，几乎实心，强烈黏结，略规则排列，直径 2～4 μm。

菌管：生殖菌丝少见，无色，薄壁至稍厚壁，中度分枝，直径 2～3 μm；骨架菌丝占多数，金黄褐色，厚壁具窄内腔或近实心，不分枝，不分隔，略平直，与菌管近平行排列，直径 2～3.5 μm；子实层刚毛常见，锥形至腹鼓状，黑褐色，厚壁，大小为 16～26 × 5～8 μm；拟囊状体偶见，纺锤形，无色，薄壁，大小为 9～12 × 3～4 μm；担子桶状，具 4 个小梗并在基部具一横膈膜，大小为 8～11 × 5～6 μm；拟担子与担子形状相似，但略小；菌丝束中次生菌丝无色，薄壁，频繁分枝和强烈弯曲，直径 2～3 μm。

孢子：担孢子宽椭圆形至近球形，有时卵圆形，无色，稍厚壁，光滑，具液泡，IKI−，中度 CB+，大小为（3.9～）4～4.9（～5）×（2.8～）3～3.8（～4.2）μm，平均长 L = 4.41 μm，平均宽 W = 3.43 μm，长宽比 Q = 1.27～1.31（n = 90/3）。

生境：稠李活立木或倒木上生。

研究标本：青海循化（IFP004779，IFP004782，模式标本；IFP004789，IFP004790）。

世界分布：中国。

讨论：稠李木层孔菌与高山木层孔菌 *Phellinus monticola* Y.C. Dai & L.W. Zhou 具有相似的担孢子，但后者的孔口稍较大（5～6 个/mm），且刚毛短（10～16.5 × 4.5～6 μm）。稠李木层孔菌也与窄盖木层孔菌 *Phellinus tremulae*（Bondartsev）Bondartsev & P.N.

Borisov 相似，但后者的担孢子较大(4.5～5×4～4.5 μm，Gilbertson and Ryvarden 1987; Ryvarden and Melo 2014)。

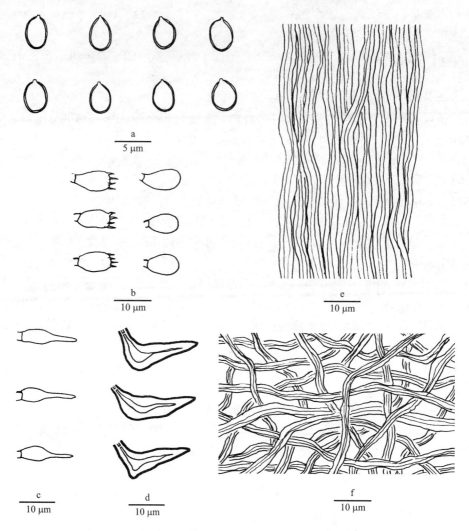

图 88　稠李木层孔菌 *Phellinus padicola* Y.C. Dai & L.W. Zhou 的显微结构图

a. 担孢子；b. 担子和拟担子；c. 拟囊状体；d. 刚毛；e. 菌髓菌丝；f. 菌肉菌丝

帕氏木层孔菌　图 89

Phellinus parmastoi L.W. Zhou & Y.C. Dai, Mycologia 108: 198 (2016)

=*Phellinus orienticus* Parmasto, Proc. Indian Acad. Sci., Plant Sciences 94(2 & 3): 375 (1985)

子实体：担子果多年生，平伏，与基质紧密相连，新鲜时无特殊气味，木质，干后硬木质；长可达 40 cm，宽可达 15 cm，中部厚可达 2 cm；孔口表面烟褐色，具折光反应；不育边缘黄褐色至红褐色，宽可达 2 mm；孔口圆形，每毫米 7～9 个；菌管边缘薄，全缘；菌肉黑褐色，硬木栓质，具环区，厚可达 1 mm；菌管与孔口表面同色，木质，分层不明显，长可达 1.9 cm；白色的菌丝束偶尔存在于菌管中。

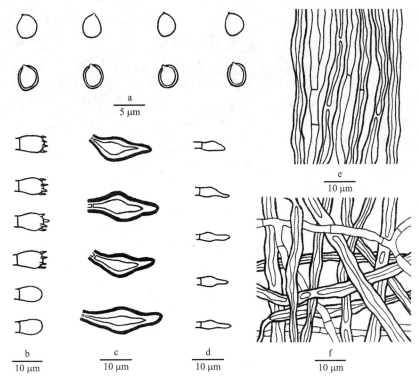

图89　帕氏木层孔菌 *Phellinus parmastoi* L.W. Zhou & Y.C. Dai 的显微结构图
a. 担孢子；b. 担子和拟担子；c. 刚毛；d. 拟囊状体；e. 菌髓菌丝；f. 菌肉菌丝

菌丝结构：菌丝系统二体系；生殖菌丝具简单分隔；菌丝组织遇 KOH 溶液变黑，其他无变化。

菌肉：生殖菌丝少见，无色，薄壁，偶尔分枝，频繁分隔，直径 2～3.5 μm；骨架菌丝占多数，红褐色，厚壁具窄或宽内腔，不分枝，少分隔，弯曲，交织排列，直径 2.5～4.5 μm。

菌管：生殖菌丝少见，通常在亚子实层，无色，薄壁至稍厚壁，偶尔分枝，频繁分隔，直径 1.6～2.8 μm；骨架菌丝占多数，锈褐色，厚壁具窄或中度宽内腔，略平直，少分隔，与菌管近平行排列，直径 2.5～3.8 μm；子实层刚毛常见，腹鼓状至锥形，黑褐色，厚壁，大小为 13～18 × 4～6 μm；拟囊状体少见；担子桶状，具 4 个小梗并在基部具一横膈膜，大小为 8～12 × 4.5～6 μm；拟担子与担子形状相似，但略小；菌丝束中次生菌丝无色，薄壁，频繁分枝和弯曲，直径 1.5～2.5 μm。

孢子：担孢子宽椭圆形，无色，稍厚壁，光滑，具液泡，IKI–，中度 CB+，大小为 (2.6～)2.9～3.8(～4.3) × (2.2～)2.4～3(～3.2) μm，平均长 $L = 3.32$ μm，平均宽 $W = 2.69$ μm，长宽比 $Q = 1.2～1.26$ $(n = 150/5)$。

生境：阔叶树，特别是桦树倒木上生。

研究标本：河北雾灵山（BJFC005405）；河南石人山（IFP004437）；黑龙江丰林（BJFC010733，BJFC010785，BJFC016877），黑龙江鹤岗（IFP014165），黑龙江佳木斯（IFP015921），黑龙江镜泊湖（BJFC001803，IFP004440，IFP004441，IFP004446，IFP004451），黑龙江七虎（IFP004438，IFP004448）；湖北神农架（IFP004436，IFP004445）；

吉林长白山（BJFC010929，BJFC017898，IFP004435，IFP004439，IFP004442，IFP015979，IFP016001，IFP016962）；辽宁大苏河（IFP004432），辽宁白石砬子（IFP004452，IFP004453），辽宁老秃顶子（BJFC003677），辽宁天华山（BJFC003607，BJFC003614，BJFC003628，IFP007518，IFP007523，IFP007547）；山西历山（BJFC001801，BJFC001802，IFP004433，IFP004434，IFP004447，IFP004450）；陕西太白山（IFP004449）；四川海螺沟（BJFC013704，BJFC013741），四川九寨沟（BJFC013562，IFP004444），四川青城山（IFP013446，IFP013458，IFP013472）；西藏南伊沟（BJFC017001）；云南长岩山（BJFC011170，BJFC011212），云南老君山（BJFC011348）。

世界分布：中国、俄罗斯。

讨论：帕氏木层孔菌与平滑木层孔菌 *Phellinus laevigatus*（Fr.）Bourdot & Galzin 很相似，两种都具有平伏的子实体，生长在桦树上，但后者的担孢子较大（3.8~5 × 3~3.9 μm，Niemelä 1972）。

云杉木层孔菌　图 90

Phellinus piceicola B.K. Cui & Y.C. Dai, Mycosystema 31: 490（2012）

子实体：担子果多年生，平伏反卷至盖形，与基质紧密相连，新鲜时无特殊气味，木质，干后硬木质；菌盖马蹄形，外伸可达 7 cm，宽可达 8 cm，基部厚可达 3 cm；菌盖表面干后黑色，具窄同心环沟和宽环区，后期光滑、开裂，具明显皮壳；边缘黄褐色至肉桂色，钝；孔口表面黄褐色至灰褐色；不育边缘黄褐色，宽可达 1 mm；孔口多角形，每毫米 6~8 个；菌管边缘薄，全缘；菌肉黄褐色，木质，具环区，厚可达 0.8 cm；无菌核；菌管与孔口表面同色，木质，分层不明显，长可达 2.2 cm；白色的菌丝束偶尔存在于菌管中。

菌丝结构：菌丝系统二体系；生殖菌丝具简单分隔；菌丝组织遇 KOH 溶液变黑，其他无变化。

菌肉：生殖菌丝少见，无色至浅黄色，薄壁至稍厚壁，常分枝和分隔，有时膨胀和塌陷，直径 1.2~5.6 μm；骨架菌丝占多数，黄褐色，厚壁具窄内腔或近实心，不分枝，略平直，交织排列，直径 2.4~4.5 μm。

菌管：生殖菌丝少见，无色至鲜黄色，薄壁至稍厚壁，中度分枝，直径 1.8~5 μm；骨架菌丝占多数，黄褐色，厚壁具窄内腔至近实心，不分枝，略平直，交织排列，直径 2.8~5 μm；子实层刚毛常见，腹鼓状至锥形，黑褐色，厚壁，大小为 13~26 × 5~7 μm；拟囊状体偶见，锥形，末端渐尖，无色，薄壁，有时中间具一分隔，大小为 8~33 × 4~5 μm；担子棍棒状，具 4 个小梗并在基部具一横膈膜，大小为 9~12 × 4~5 μm；拟担子在子实层中占多数，与担子形状相似，但略小；菌丝束中次生菌丝无色，薄壁，频繁分枝和弯曲，交织排列，直径 1.2~2.4 μm。

孢子：担孢子宽椭圆形至近球形，无色，厚壁，光滑，偶尔具液泡，IKI−，中度 CB+，大小为（3~）3.2~4 ×（2.6~）2.7~3（~3.2）μm，平均长 $L = 3.59$ μm，平均宽 $W = 2.92$ μm，长宽比 $Q = 1.23$~1.24（$n = 60/2$）。

生境：针叶树倒木上生。

研究标本：云南老君山（BJFC011331，BJFC011335，模式标本；BJFC011350）。

世界分布：中国。

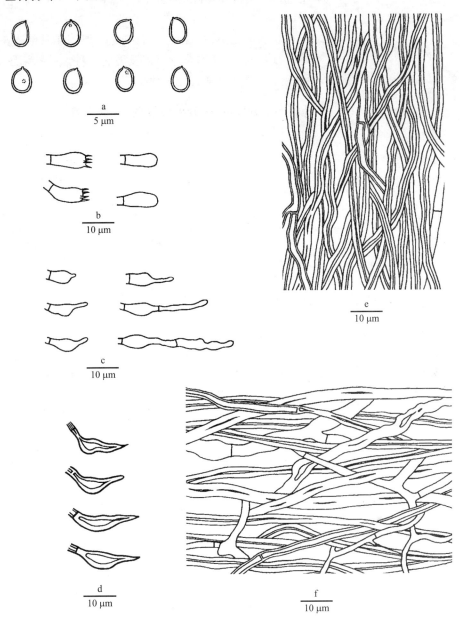

图 90　云杉木层孔菌 *Phellinus piceicola* B.K. Cui & Y.C. Dai 的显微结构图
a. 担孢子；b. 担子和拟担子；c. 拟囊状体；d. 刚毛；e. 菌髓菌丝；f. 菌肉菌丝

讨论：云杉木层孔菌的主要特征为子实体平伏反卷至盖形，孔口较小(每毫米 6～8 个)，担孢子也较小(3.2～4 × 2.7～3 μm)，主要生长在云杉上。该种与平滑木层孔菌 *Phellinus laevigatus* (Fr.) Bourdot & Galzin 具有相似的孔口和担孢子，但后者的子实体平伏，且只生长在桦树上。

叶孔菌属 **Phylloporia** Murrill

该属在《中国真菌志第二十九卷锈革孔菌科》中已经有描述，但该卷只论述 3 种。本卷论述除上述 3 种之外的 17 种，这些种类基本是近年来发现的新种。叶孔菌属的种类对寄主具有一定的专化性，且绝大部分种类具有分子数据。

叶孔菌属 *Phylloporia* 分种检索表

黄皮叶孔菌　图 91

Phylloporia clausenae L.W. Zhou, Mycologia 107: 1185 (2015)

子实体：担子果一年生，盖形，通常单生，偶尔覆瓦状叠生，新鲜时无特殊气味；菌盖平展，外伸可达 2.5 cm，宽可达 4.5 cm，基部厚可达 6 mm；菌盖表面干后黄褐色，具明显环区和厚绒毛；边缘肉桂黄色，钝；孔口表面蜜黄色；不育边缘浅黄色，宽可达 2 mm；孔口圆形，每毫米 8～9 个；菌管边缘厚，全缘；菌肉米黄色至黄褐色，厚可达 5 mm，异质，上层为绒毛层，厚 2 mm，下层为致密菌肉，厚 3 mm，两层间具一明显的黑线；菌管肉桂黄色，木栓质，长可达 1 mm；基部无菌管，菌肉被 2 个黑线分开，上部和下部为绒毛层，中部为致密菌肉层。

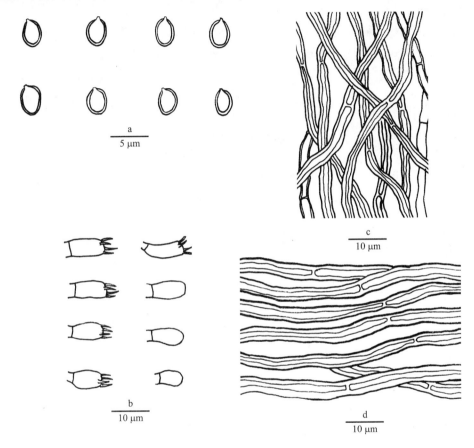

图 91　黄皮叶孔菌 *Phylloporia clausenae* L.W. Zhou 的显微结构图
a. 担孢子；b. 担子和拟担子；c. 菌肉菌丝；d. 菌髓菌丝

菌丝结构：菌丝系统一体系；生殖菌丝具简单分隔；菌丝组织遇 KOH 溶液变黑，其他无变化。

菌肉：下层菌肉菌丝黄色，厚壁具宽或窄内腔，不分枝，频繁分隔，平直，规则排列，直径 3.5～5 μm；绒毛层菌丝黄色，厚壁具宽或窄内腔，不分枝，频繁分隔，弯曲，交织排列，直径 4～6 μm；黑线区菌丝非常厚壁具窄内腔，弯曲，强烈黏结，交织排列。

菌管：生殖菌丝浅黄色至黄色，薄壁至厚壁具宽或窄内腔，少分枝，频繁分隔，与菌管近平行排列，CB+，直径 2～3 μm；无子实层刚毛；担子桶状，具 4 个小梗并在基部具一横膈膜，大小为 7～11 × 3.5～6 μm；拟担子与担子形态相似，但比担子略小；

菱形结晶体偶尔存在于菌髓中。

孢子：担孢子宽椭圆形，浅黄色，厚壁，光滑，IKI–，中度CB+，大小为3～3.5（～4）× 2～3 μm，平均长 L = 3.28 μm，平均宽 W = 2.48 μm，长宽比 Q = 1.31～1.34（n = 60/2）。

生境：阔叶树活立木上生。

研究标本：海南霸王岭（BJFC005073，模式标本；IFP019124）；云南西双版纳（IFP013788）。

世界分布：中国。

讨论：黄皮叶孔菌与同属其他种的区别为基部菌肉具2个黑线区。黄皮叶孔菌与金色叶孔菌 Phylloporia chrysites（Berk.）Ryvarden 和高山叶孔菌 P. oreophila L.W. Zhou & Y.C. Dai 具有相似的孔口和担孢子，但后两种菌肉菌丝交织排列（Zhou and Dai 2012）。

山楂叶孔菌　图92

Phylloporia crataegi L.W. Zhou & Y.C. Dai, Mycologia 104: 212 (2012)

子实体：担子果多年生，盖形，覆瓦状叠生，新鲜时无特殊气味，软木栓质，干后硬木栓质；菌盖平展，外伸可达3 cm，宽可达6.5 cm，基部厚可达6 mm；菌盖表面黄褐色，具同心环区和环沟，具厚绒毛；边缘浅黄色，锐；孔口表面肉桂黄色；不育边缘明显，浅黄色，宽可达5 mm；孔口圆形，每毫米7～9个；菌管边缘厚，全缘；菌肉黄褐色，木栓质，厚可达5 mm，异质，上层为绒毛层，下层为致密菌肉，两层间具一明显的黑线；菌管肉桂色，木栓质，长可达1 mm。

菌丝结构：菌丝系统一体系；生殖菌丝具简单分隔；在KOH溶液中组织颜色变为血红色，其他无变化。

菌肉：下层菌肉菌丝浅黄色，厚壁具窄内腔，少分枝，频繁分隔，略弯曲，疏松交织排列，直径3～5 μm；绒毛层菌丝黄色，厚壁具宽内腔，少分枝，频繁分隔，弯曲，交织排列，直径3～6 μm；黑线区菌丝非常厚壁具窄内腔，弯曲，强烈黏结，交织排列。

菌管：生殖菌丝无色至浅黄褐色，稍厚壁至厚壁，少分枝，频繁分隔，疏松交织排列，中度CB+，直径2～3.5 μm；无子实层刚毛；担子粗棍棒状，具4个小梗并在基部具一横膈膜，大小为8～11.3 × 3.5～4.5 μm；拟担子与担子形状相似，但略小；菱形结晶体常存在于菌髓和子实层。

孢子：担孢子宽椭圆形，黄色，稍厚壁，光滑，IKI–，中度CB+，大小为（2.6～）2.7～3.1（～3.3）×（1.9～）2.1～2.7（～2.8）μm，平均长 L = 2.95 μm，平均宽 W = 2.4 μm，长宽比 Q = 1.23（n = 30/1）。

生境：活山楂树活立木基部生。

研究标本：北京西山（IFP018096）；辽宁千山（IFP015196），辽宁沈阳（IFP015728，模式标本；IFP004693，IFP004694，IFP004695，IFP004696，IFP004697，IFP012141，IFP015729，IFP015730，IFP015731，IFP015732），辽宁铁岭（IFP018095）。

世界分布：中国。

讨论：山楂叶孔菌与雪柳叶孔菌 Phylloporia fontanesiae L.W. Zhou & Y.C. Dai 都具有交织菌丝和宽椭圆形担孢子，但前者的孔口明显比后者大（每毫米 7～9 个和每毫米

10～12 个）。山楂叶孔菌与高山叶孔菌 *Phylloporia oreophila* L.W. Zhou & Y.C. Dai 和液泡叶孔菌 *P. gutta* L.W. Zhou & Y.C. Dai 具有相似的孔口，但高山叶孔菌的担孢子(3～3.7 × 2.1～2.9 μm)比山楂叶孔菌的长。液泡叶孔菌与山楂叶孔菌的不同是它的担孢子长且为窄椭圆形(2.9～3.8 × 2～2.7 μm)。

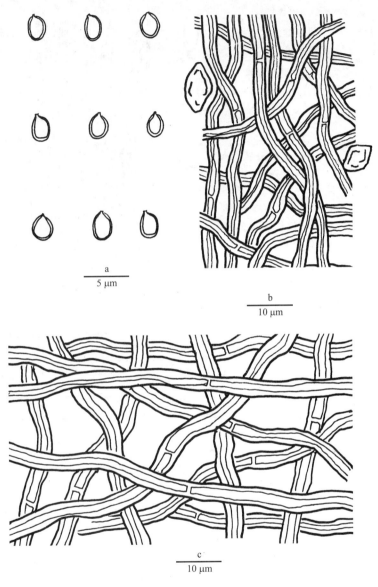

图 92　山楂叶孔菌 *Phylloporia crataegi* L.W. Zhou & Y.C. Dai 的显微结构图
a. 担孢子；b. 菌髓菌丝；c. 菌肉菌丝

圆柱孢叶孔菌　图 93

Phylloporia cylindrispora L.W. Zhou, Mycologia 107: 1187 (2015)

　　子实体：担子果一年生，盖形，单生，新鲜时无特殊气味；菌盖平展，外伸可达 1 cm，宽可达 1.2 cm，基部厚可达 8 mm；菌盖表面干后蜜黄色，无环区，具绒毛至光滑；

边缘柠檬黄色，钝；孔口表面浅黄色；不育边缘柠檬黄色，宽可达 2 mm；孔口多角形，每毫米 6～8 个；菌管边缘厚，全缘；菌肉米黄色至蜜黄色，厚可达 4.3 mm，异质，上层为绒毛层，厚 4 mm，下层为致密菌肉，厚 0.3 mm，两层间具一明显的黑线；菌管肉浅黄色，木栓质，长可达 3.7 mm。

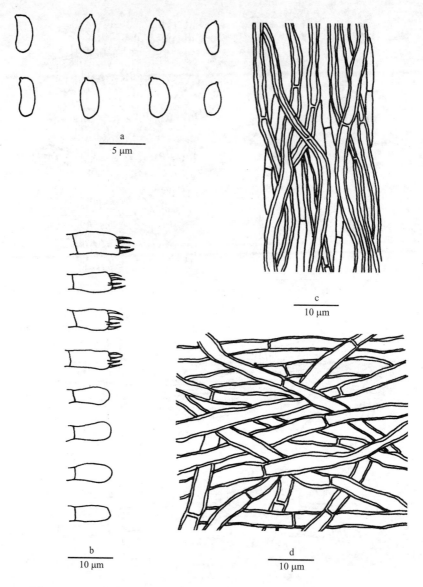

图 93　圆柱孢叶孔菌 *Phylloporia cylindrispora* L.W. Zhou 的显微结构图

a. 担孢子；b. 担子和拟担子；c. 菌髓菌丝；d. 菌肉菌丝

菌丝结构：菌丝系统一体系；生殖菌丝具简单分隔；在 KOH 溶液中组织颜色变为血红色，其他无变化。

菌肉：下层菌肉菌丝浅黄色，厚壁具宽内腔，不分枝，频繁分隔，弯曲，交织排列，直径 2.5～4.5 μm；绒毛层菌丝黄色，厚壁具宽内腔，不分枝，频繁分隔，弯曲，疏松交织排列，直径 3～5 μm；黑线区菌丝非常厚壁具窄内腔，弯曲，强烈黏结，交织排列。

菌管：生殖菌丝无色至浅黄色，薄壁至厚壁具宽内腔，不分枝，频繁分隔，与菌管近平行排列，中度 CB+，直径 1.8～3 μm；无子实层刚毛；担子粗棍棒状，具 4 个小梗并在基部具一横膈膜，大小为 7～11 × 3～5 μm；拟担子与担子形状相似，但略小。

孢子：担孢子圆柱形，有时腊肠形，浅黄色，稍厚壁，光滑，IKI–，中度 CB+，大小为 (3～)3.5～4(～4.5) × 1.5～2(～2.5) μm，平均长 L = 3.77 μm，平均宽 W = 1.94 μm，长宽比 Q = 1.89～1.99 (n = 60/2)。

生境：阔叶树活立木上生。

研究标本：广西弄岗(IFP018211，模式标本；IFP018214)。

世界分布：中国。

讨论：吸水叶孔菌 Phylloporia bibulosa (Lloyd) Ryvarden 和窄椭圆孢叶孔菌 P. oblongospora Y.C. Dai & H.S. Yuan 与圆柱孢叶孔菌具有相似的担孢子，但吸水叶孔菌和窄椭圆孢叶孔菌的孢子较宽，分别为 3.9～4.5 × 2.4～3 μm 和 4～4.8 × 2～2.5 μm。

垂生叶孔菌　图 94

Phylloporia dependens Y.C. Dai, in Liu et al., Fungal Diversity 72:183 (2015)

子实体：担子果多年生，盖形至垂生，新鲜时无特殊气味，木栓质，干后硬木栓质；菌盖马蹄形，外伸可达 5 cm，宽可达 4 cm，基部厚可达 50 mm；菌盖表面酒红褐色至黑褐色，具窄环沟，光滑；边缘酒红褐色，钝；孔口表面奶油褐色至浅褐色，略具折光反应；不育边缘不明显，土黄褐色；孔口圆形或多角形，每毫米 7～9 个；菌管边缘薄，全缘；菌肉黄褐色至肉桂褐色，木栓质，厚可达 1 mm；菌管肉桂色，木栓质，长可达 49 mm。

菌丝结构：菌丝系统一体系；生殖菌丝具简单分隔；在 KOH 溶液中组织颜色变为血红色，其他无变化。

菌肉：菌肉菌丝浅黄色至黄褐色，厚壁具宽或窄内腔，少分枝，有时塌陷，平直，规则排列，直径 2.4～3.1 μm。

菌管：生殖菌丝浅黄褐色，厚壁具宽或窄内腔，偶尔分枝，平直，与菌管近平行排列，直径 2～3 μm；无子实层刚毛；无囊状体；拟囊状体偶尔存在，纺锤形，无色，薄壁，大小为 9～17 × 3～4.5 μm；担子略桶状，具 4 个小梗并在基部具一横膈膜，大小为 9～12 × 4～5 μm；拟担子多数梨形，比担子略小；菱形结晶体常存在于菌髓和子实层。

孢子：担孢子宽椭圆形，黄色，稍厚壁，光滑，IKI–，中度 CB+，成熟后通常塌陷，大小为 3～3.4 × 2.7～3(～3.1) μm，平均长 L = 3.16 μm，平均宽 W = 2.9 μm，长宽比 Q = 1.09 (n = 30/1)。

生境：阔叶树活立木上生。

研究标本：云南瑞丽(BJFC013379，模式标本)。

世界分布：中国。

讨论：垂生叶孔菌与韦拉克鲁斯叶孔菌 Phylloporia verae-crucis (Berk. ex Sacc.) Ryvarden 具有相似的孔口，但后者的担孢子较大(4～4.5 × 3～3.5 μm，Wagner and Fischer 2002)。垂生叶孔菌区别于同属其他种在于它垂生的生长习性。

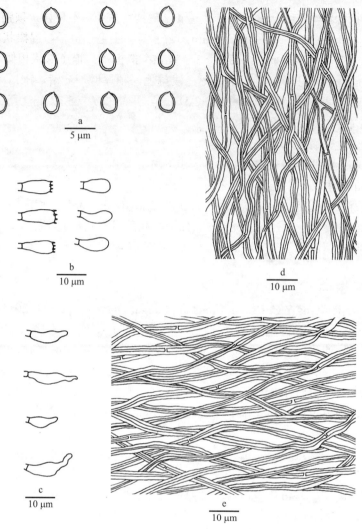

图 94　垂生叶孔菌 *Phylloporia dependens* Y.C. Dai 的显微结构图
a. 担孢子；b. 担子和拟担子；c. 拟囊状体；d. 菌髓菌丝；e. 菌肉菌丝

刺篱木叶孔菌　图 95

Phylloporia flacourtiae L.W. Zhou, Mycologia 107: 1188 (2015)

　　子实体：担子果一年生，盖形，单生，通常悬生，新鲜时无特殊气味；菌盖半圆形
至圆形，直径 1.8 cm，基部厚可达 4 mm；菌盖表面干后蜜黄色至肉桂黄色，具同心环
区和环沟，具绒毛；边缘钝或锐；孔口表面黑褐色，具折光反应；不育边缘浅黄色，宽
可达 1 mm；孔口多角形，每毫米 5～7 个；菌管边缘厚，全缘；菌肉浅黄色至黄褐色，
厚可达 3 mm，异质，上层为绒毛层，厚 2 mm，下层为致密菌肉，厚 1 mm，两层间无
黑线；菌管浅黄色，木栓质，长可达 1 mm。

　　菌丝结构：菌丝系统一体系；生殖菌丝具简单分隔；在 KOH 溶液中组织颜色变为
血红色，其他无变化。

　　菌肉：下层菌肉菌丝浅黄色，稍厚壁具宽内腔，不分枝，频繁分隔，平直，规则排列，中度 CB+，直径 3～5 μm；绒毛层菌丝浅黄色至黄色，稍厚壁具宽内腔，不分枝，频繁分隔，弯曲，疏松交织排列，中度 CB+，直径 4～7 μm。

菌管： 生殖菌丝浅黄色，薄壁至稍厚壁具宽内腔，偶尔分枝，频繁分隔，与菌管近平行排列，中度 CB+，直径 2～4.5 μm；无子实层刚毛；担子粗棍棒状，具 4 个小梗并在基部具一横膈膜，大小为 10～12 × 4～7 μm；拟担子与担子形状相似，但略小。

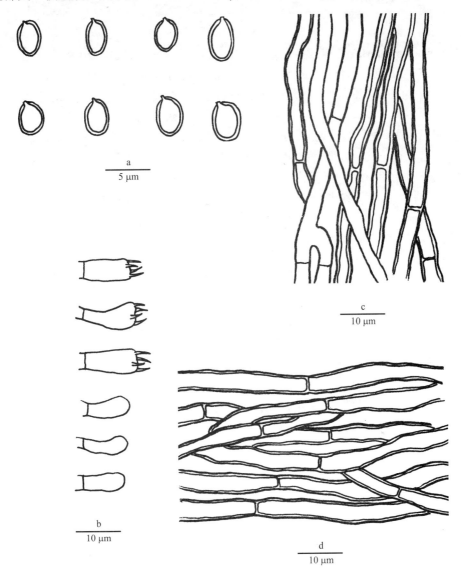

图 95　刺篱木叶孔菌 *Phylloporia flacourtiae* L.W. Zhou 的显微结构图
a. 担孢子；b. 担子和拟担子；c. 菌髓菌丝；d. 菌肉菌丝

孢子： 担孢子椭圆形，浅黄色，厚壁，光滑，IKI-，中度 CB+，大小为 3.5～4.5 × 2.5～3（～3.5）μm，平均长 L = 4 μm，平均宽 W = 2.89 μm，长宽比 Q = 1.39～1.4（n = 60/2）。

生境： 阔叶树活立木上生。

研究标本：广西防城港（IFP018391，IFP018393），广西弄岗（IFP018102，模式标本；IFP018104，IFP018254，IFP018259）。

世界分布：中国。

讨论：刺篱木叶孔菌与吸水叶孔菌 *Phylloporia bibulosa* (Lloyd) Ryvarden 具有相似的子实体和孔口，但吸水叶孔菌的担孢子为窄椭圆形，且菌肉有黑线区。

雪柳叶孔菌　图96

Phylloporia fontanesiae L.W. Zhou & Y.C. Dai, Mycologia 104: 214 (2012)

　　子实体：担子果一年生，盖形，通常覆瓦状叠生，新鲜时无特殊气味，软木栓质，干后木栓质；菌盖平展，外伸可达 2 cm，宽可达 5 cm，基部厚可达 5 mm；菌盖表面黄褐色，具同心环区和环沟，具厚绒毛；边缘锐；孔口表面肉桂黄色，略有折光反应；不育边缘明显，浅黄色，宽可达 2.5 mm；孔口圆形，每毫米 10～12 个；菌管边缘厚，全缘；菌肉肉桂黄色，木栓质，厚可达 4 mm，异质，上层为绒毛层，下层为致密菌肉，两层间具一明显的黑线；菌管肉桂黄色，木栓质，长可达 1 mm。

　　菌丝结构：菌丝系统一体系；生殖菌丝具简单分隔；在 KOH 溶液中组织颜色变为血红色，其他无变化。

　　菌肉：下层菌肉菌丝浅黄色，稍厚壁具宽内腔，少分枝，频繁分隔，略弯曲，疏松交织排列，直径 3～5 μm；绒毛层菌丝黄色，厚壁具宽内腔，少分枝，频繁分隔，略弯曲，疏松交织排列，直径 3.5～5 μm；黑线区菌丝非常厚壁具窄内腔，弯曲，强烈黏结，交织排列。

　　菌管：生殖菌丝无色至浅黄褐色，厚壁具宽内腔，少分枝，频繁分隔，疏松交织排列，中度 CB+，直径 2～4 μm；无子实层刚毛；担子粗棍棒状至桶状，具 4 个小梗并在基部具一横膈膜，大小为 6～7 × 3.5～4 μm；拟担子与担子形状相似，但略小；菱形结晶体常存在于菌髓和子实层。

　　孢子：担孢子宽椭圆形，黄色，稍厚壁，光滑，IKI−，中度 CB+，大小为 (2.4～)2.6～3(～3.2) × 1.9～2.4(～2.5) μm，平均长 L = 2.8 μm，平均宽 W = 2.14 μm，长宽比 Q = 1.31 (n = 30/1)。

　　生境：活雪柳树木上生。

　　研究标本：河南连康山（BJFC017269，BJFC017270），河南信阳（IFP015733，IFP015734，模式标本）。

　　世界分布：中国。

　　讨论：雪柳叶孔菌的主要特征为子实体覆瓦状，孔口小和担孢子长度小于 3 μm。褐贝叶孔菌 *Phylloporia pectinata* (Klotzsch) Ryvarden 与雪柳叶孔菌具有小的孔口和担孢子，但后者为二系菌丝系统(Dai 2010)。

液泡叶孔菌　图97

Phylloporia gutta L.W. Zhou & Y.C. Dai, Mycologia 104: 216 (2012)

　　子实体：担子果多年生，盖形，通常覆瓦状叠生，新鲜时无特殊气味，软木栓质，干后硬木栓质；菌盖平展，外伸可达 2 cm，宽可达 4 cm，基部厚可达 7 mm；菌盖表面烟褐色，具同心环区和环沟，具厚绒毛；边缘锐；孔口表面肉桂色，具折光反应；不育边缘明显，浅肉桂黄色，宽可达 1 mm；孔口圆形，每毫米 7～9 个；菌管边缘厚，全缘；菌肉黄色，木栓质至软木栓质，厚可达 3.5 mm，异质，上层为绒毛层，下层为致密菌肉，两层间具一明显的黑线；菌管黄褐色，木栓质，长可达 3.5 mm。

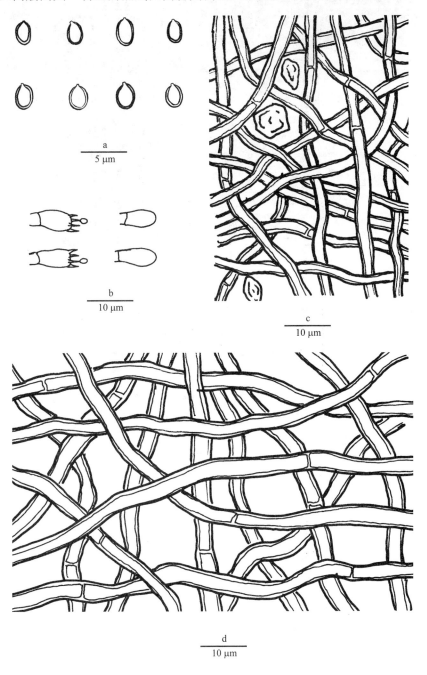

图 96　雪柳叶孔菌 *Phylloporia fontanesiae* L.W. Zhou & Y.C. Dai 的显微结构图
a. 担孢子；b. 担子和拟担子；c. 菌髓菌丝；d. 菌肉菌丝

菌丝结构：菌丝系统一体系；生殖菌丝具简单分隔；在 KOH 溶液中组织颜色变为

血红色，其他无变化。

菌肉：下层菌肉菌丝浅黄色，稍厚壁至厚壁，少分枝，略平直，略规则排列，直径3～5 μm；绒毛层菌丝黄色，稍厚壁具宽内腔，少分枝，频繁分隔，平直，疏松交织排列，直径3.5～5 μm；黑线区菌丝非常厚壁具窄内腔，弯曲，强烈黏结，交织排列。

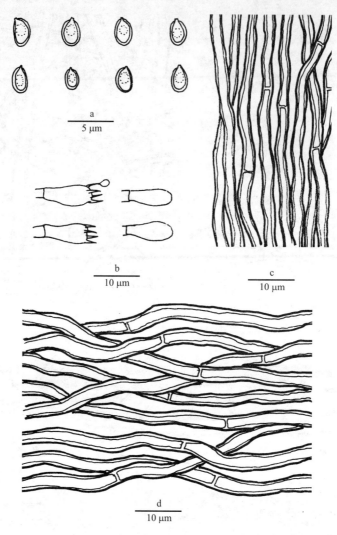

图97 液泡叶孔菌 *Phylloporia gutta* L.W. Zhou & Y.C. Dai 的显微结构图
a. 担孢子；b. 担子和拟担子；c. 菌髓菌丝 d. 菌肉菌丝

菌管：生殖菌丝无色至浅黄褐色，薄壁至稍厚壁具宽内腔，少分枝，频繁分隔，平行于菌管排列，中度 CB+，直径2～4.5 μm；无子实层刚毛；担子粗棍棒状至桶状，具4个小梗并在基部具一横膈膜，大小为9～12 × 4～6 μm；拟担子与担子形状相似，但略小。

孢子：担孢子椭圆形至窄椭圆形，黄色，稍厚壁，光滑，具液泡，IKI−，中度 CB+，大小为(2.8～)2.9～3.8(～3.9) × 2～2.7(～2.8) μm，平均长 L = 3.28 μm，平均宽 W = 2.34 μm，长宽比 Q = 1.4 (n = 30/1)。

生境：阔叶树活立木上生。

研究标本：四川九寨沟（IFP015735，IFP015736，模式标本）。

世界分布：中国。

讨论：液泡叶孔菌与茶藨子叶孔菌 *Phylloporia ribis* (Schumach.) Ryvarden、山楂叶孔菌 *P. crataegi* L.W. Zhou & Y.C. Dai 和 *P. ephedrae* (Woron.) Parmasto 都具有多年生子实体，但后面三种都具有宽椭圆形的担孢子，且孢子中无液泡。

海南叶孔菌　图98

Phylloporia hainaniana Y.C. Dai & B.K. Cui, in Cui, Yuan & Dai, Mycotaxon 113: 172
(2010)

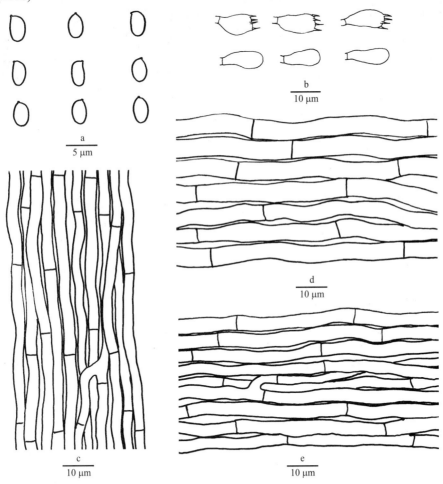

图98　海南叶孔菌 *Phylloporia hainaniana* Y.C. Dai & B.K. Cui 的显微结构图
a. 担孢子；b. 担子和拟担子；c.菌髓菌丝；d. 绒毛层菌丝；e. 菌肉菌丝

　　子实体：担子果一年生，盖形，覆瓦状叠生，新鲜时无特殊气味，软木栓质，干后木栓质；菌盖三角形，外伸可达 0.7 cm，宽可达 1 cm，基部厚可达 10 mm；菌盖表面新鲜时橄榄黄色，干后黄色，无环区，具厚绒毛；边缘浅黄褐色，钝；孔口表面新鲜时浅黄色，干后肉桂黄色，略有折光反应；不育边缘浅黄色，窄至几乎无；孔口圆形至多角形，每毫米 4～6 个；菌管边缘薄，全缘至略撕裂状；菌肉肉桂色至黄色，木栓质，厚可达 8 mm，异质，上层为绒毛层，下层为致密菌肉，两层间具一明显的黑线；菌管肉桂色，比孔口表面颜色略黑，木栓质，长可达 2 mm。

菌丝结构：菌丝系统一体系；生殖菌丝具简单分隔；在 KOH 溶液中组织颜色变为血红色，其他无变化。

菌肉：下层菌肉菌丝黄褐色，薄壁至稍厚壁具宽内腔，少分枝，规则排列，直径 3～8 μm；绒毛层菌丝黄褐色，薄壁至稍厚壁具宽内腔，少分枝，频繁分隔，平直，规则排列，CB+，有些塌陷，直径 4～9 μm；黑线区菌丝非常厚壁具窄内腔，弯曲，强烈黏结，交织排列。

菌管：生殖菌丝无色至浅黄褐色，薄壁，偶尔分枝，频繁分隔，平直，与菌管平行排列，中度 CB+，直径 3～5 μm；无子实层刚毛；担子棍棒状，具 4 个小梗并在基部具一横膈膜，大小为 13～23 × 4～6 μm；拟担子梨形，大小比担子略小。

孢子：担孢子椭圆形，黄色，稍厚壁，光滑，通常具一液泡，有些塌陷，IKI–，中度 CB+，大小为 (4.2～)4.6～5.6(～6) × (2.8～)3～3.6(～3.9) μm，平均长 $L = 5$ μm，平均宽 $W = 3.11$ μm，长宽比 $Q = 1.61$ ($n = 30/1$)。

生境：阔叶树活立木上生。

研究标本：海南尖峰岭（BJFC003201），海南黎母山（IFP015737，模式标本）。

世界分布：中国。

讨论：海南叶孔菌与韦拉克鲁斯叶孔菌 *Phylloporia verae-crucis*（Berk. ex Sacc.）Ryvarden 相似，但后者的担孢子（4～4.5 × 3～3.5 μm，Wagner and Ryvarden 2002）和孔口（每毫米 7～9 个）均小。另外，该种生长在地上（Cui et al. 2010）。

同质叶孔菌　图 99

Phylloporia homocarnica L.W. Zhou, Mycologia 107: 1189 (2015)

子实体：担子果一年生，盖形，通常单生，偶尔覆瓦状叠生，新鲜时无特殊气味；菌盖半圆形；外伸可达 1.2 cm，宽可达 2.2 cm，基部厚可达 5 mm；菌盖表面干后浅黄色，具同心环区和放射条纹，光滑或具微绒毛；边缘锐；孔口表面黄褐色，略具折光反应；不育边缘窄至几乎无；孔口多角形，每毫米 4～6 个；菌管边缘薄，全缘或略撕裂状；菌肉肉桂黄色，厚可达 2 mm，同质；菌管蜜黄色，木栓质，长可达 3 mm。

菌丝结构：菌丝系统一体系；生殖菌丝具简单分隔；在 KOH 溶液中组织颜色变为血红色，其他无变化。

菌肉：菌肉菌丝黄色，厚壁具宽内腔，少分枝，频繁分隔，平直，规则排列，中度 CB+，直径 3.5～6 μm。

菌管：生殖菌丝黄色，厚壁具宽内腔，不分枝，频繁分隔，与菌管平行排列，中度 CB+，直径 2～3.5 μm；无子实层刚毛；担子桶状，具 4 个小梗并在基部具一横膈膜，大小为 6～9 × 4～6 μm；拟担子与担子形状相似，但略小。

孢子：担孢子椭圆形至窄椭圆形，黄色，厚壁，光滑，偶尔塌陷，IKI–，CB+，大小为 4～5 × (2～)2.5～3.9 μm，平均长 $L = 4.37$ μm，平均宽 $W = 2.78$ μm，长宽比 $Q = 1.57$ ($n = 30/1$)。

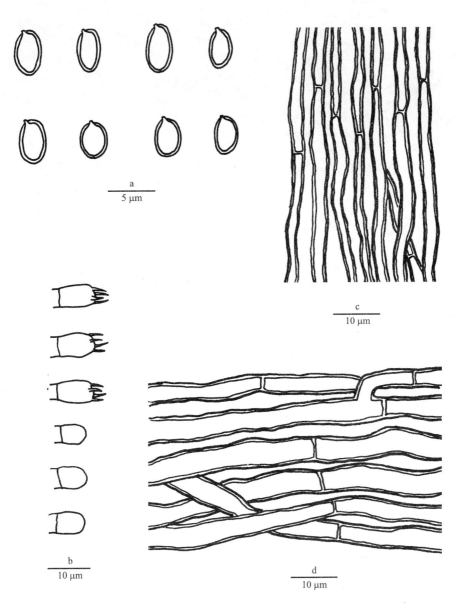

图 99　同质叶孔菌 *Phylloporia homocarnica* L.W. Zhou 的显微结构图
a. 担孢子；b. 担子和拟担子；c. 菌髓菌丝；d. 菌肉菌丝

生境：阔叶树死树上生。

研究标本：广西猫儿山（IFP019125，模式标本；IFP019126）。

世界分布：中国。

讨论：同质叶孔菌最主要的特征是菌肉同质，因此该种与窄椭圆孢叶孔菌 *Phylloporia oblongospora* Y.C. Dai & H.S. Yuan 相似，但后者的孔口大（每毫米 2～4 个），菌肉菌丝交织排列，且担孢子窄（2～2.5 μm）。

小孔叶孔菌　图 100

Phylloporia minutipora L.W. Zhou, Mycological Progress 15 (57): 3 (2016)

子实体：担子果一年生，盖形，通常覆瓦状叠生，新鲜时无特殊气味，干后木质；菌盖平展，半圆形至药勺形，外伸可达 10 cm，宽可达 7 cm，基部厚可达 5 mm；菌盖表面黄褐色至暗褐色，具绒毛，具明显环区和环沟；边缘钝，蜜黄色；孔口表面蜜黄色，具略折光反应；不育边缘明显，咖喱黄色，宽可达 2 mm；孔口多角形，每毫米 12～15个；菌管边缘厚，全缘；菌肉厚可达 3 mm，异质，上层为绒毛层，下层为致密菌肉，两层间具一明显的黑线；菌管蜜黄色，木质，长可达 2 mm。

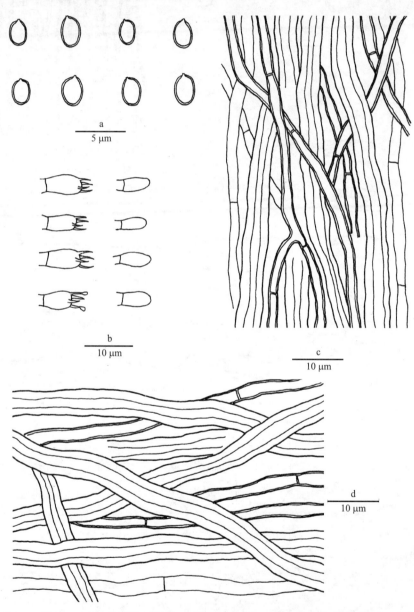

图 100　小孔叶孔菌 *Phylloporia minutipora* L.W. Zhou 的显微结构图
a. 担孢子；b. 担子和拟担子；c. 菌髓菌丝；d. 菌肉菌丝

菌丝结构：菌丝系统二体系；生殖菌丝具简单分隔；在 KOH 溶液中组织颜色变为血红色，其他无变化。

菌肉：下层菌肉生殖菌丝浅黄色，稍厚壁，少分枝，频繁分隔，直径 2.5～4 μm；骨架菌丝黄色，厚壁具宽内腔，不分枝，不分隔，交织排列，直径 3～5 μm。绒毛层生殖菌丝黄色，稍厚壁，不分枝，频繁分隔，直径 2.5～4 μm；骨架菌丝褐色，厚壁具宽内腔，不分枝，不分隔，疏松交织排列，直径 3.5～5.5 μm；黑线区菌丝非常厚壁具窄内腔，黑褐色，不分枝，频繁分隔，弯曲，强烈黏结，交织排列。

菌管：生殖菌丝无色至浅黄色，薄壁至稍厚壁，偶尔分枝，频繁分隔，直径 2～3 μm；骨架菌丝黄色，厚壁具宽内腔，不分枝，不分隔，交织排列，直径 3～5 μm；无子实层刚毛；无囊状体和拟囊状体；担子桶状，具 4 个小梗并在基部具一横膈膜，大小为 5～7 × 3～4 μm；拟担子棍棒状，略小。

孢子：担孢子宽椭圆形，浅黄色，稍厚壁，光滑，IKI−，CB−，大小为 (2.4～) 2.5～3 (～3.2) × (1.7～) 1.9～2.4 (～2.6) μm，平均长 $L = 2.74$ μm，平均宽 $W = 2.14$ μm，长宽比 $Q = 1.26～1.29$ ($n = 120/4$)。

生境：阔叶树活立木上生。

研究标本：海南尖峰岭（IFP004691，模式标本），海南五指山（IFP019146，IFP019147，IFP019148）。

世界分布：中国。

讨论：*Phylloporia fulva* Yombiyeni & Decock、*P. pectinata* (Klotzsch) Ryvarden 和 *P. pulla* (Mont. & Berk.) Decock & Yombiyeni 与微小叶孔菌相似，都是担子果覆瓦状叠生且菌丝系统二体系，但它们都具有较大的孔口和孢子（Wagner and Ryvarden 2002；Yombiyeni et al. 2015）。此外，*P. fulva* 和 *P. pulla* 的担子果是通过一个小顶点悬挂于寄主上（Yombiyeni et al. 2015），*P. pectinata* 的担子果多年生（Wagner and Ryvarden 2002）。

南天竹叶孔菌　图 101

Phylloporia nandinae L.W. Zhou & Y.C. Dai, Mycologia 104: 217 (2012)

子实体：担子果一年生，盖形，通常覆瓦状叠生，新鲜时无特殊气味，软木栓质，干后木栓质；菌盖平展，外伸可达 2 cm，宽可达 2.5 cm，基部厚可达 5 mm；菌盖表面黄褐色，具同心环区和环沟，具厚绒毛；边缘锐；孔口表面肉桂色，略具折光反应；不育边缘明显，浅肉桂黄色，宽可达 1 mm；孔口圆形至多角形，每毫米 5～6 个；菌管边缘厚，全缘或撕裂状；菌肉浅黄色，木栓质至软木栓质，厚可达 3 mm，异质，上层为绒毛层，下层为致密菌肉，两层间无黑线；菌管肉桂色，木栓质，长可达 2 mm。

菌丝结构：菌丝系统一体系；生殖菌丝具简单分隔；在 KOH 溶液中组织颜色变为血红色，其他无变化。

菌肉：下层菌肉菌丝浅黄色，稍厚壁具宽内腔，少分枝，略平直，弯曲，疏松交织排列，直径 3～4.5 μm；绒毛层菌丝浅黄色，厚壁具宽内腔，少分枝，频繁分隔，平直，疏松交织排列，直径 3～7 μm。

菌管：生殖菌丝无色至浅黄褐色，稍厚壁具宽内腔，少分枝，频繁分隔，平行于菌管排列，中度 CB+，直径 2～3 μm；无子实层刚毛；担子棍棒状，具 4 个小梗并在基部具一横膈膜，大小为 13～18 × 4.5～5 μm；拟担子与担子形状相似，但略小。

孢子：担孢子椭圆形至窄椭圆形，黄色，厚壁，光滑，具液泡，IKI−，CB+，大小

为 (3.5~) 3.6~4.2 (~4.4) × (1.9~) 2~2.5 (~2.6) μm, 平均长 L = 3.91 μm, 平均宽 W = 2.27 μm, 长宽比 Q = 1.72 (n = 30/1)。

生境: 南天竹活立木上生。

研究标本: 江西井冈山 (BJFC004837, 模式标本; BJFC004874)。

世界分布: 中国。

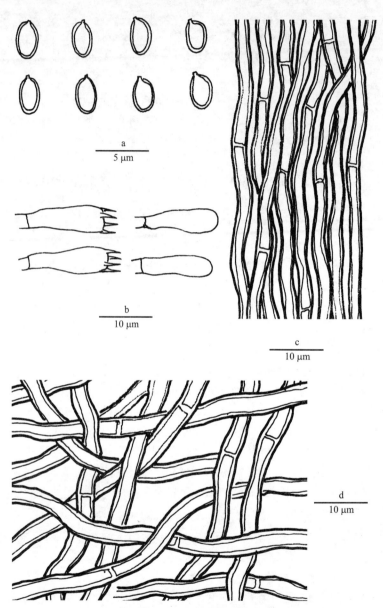

图 101 南天竹叶孔菌 *Phylloporia nandinae* L.W. Zhou & Y.C. Dai 的显微结构图

a. 担孢子; b. 担子和拟担子; c. 菌髓菌丝; d. 菌肉菌丝

讨论: 南天竹叶孔菌与其他叶孔菌属种类相似,都具有异质菌肉,但该种菌肉间无黑线,而其他种中除垫叶孔菌 *Phylloporia capucina* (Mont.) Ryvarden 外都有黑线,但 *Phylloporia capucina* 的孔口小 (每毫米 8~10 个),担孢子宽 (4~5 × 3~3.5 mm, Wagner and Ryvarden 2002)。

窄椭圆孢叶孔菌　图 102

Phylloporia oblongospora Y.C. Dai & H.S. Yuan, in Cui, Yuan & Dai, Mycotaxon 113: 175
(2010)

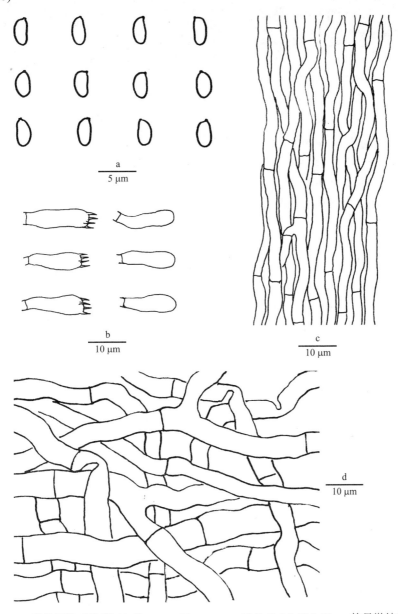

图 102　窄椭圆孢叶孔菌 *Phylloporia oblongospora* Y.C. Dai & H.S. Yuan 的显微结构图
a. 担孢子；b. 担子和拟担子；c. 菌髓菌丝；d. 菌肉菌丝

　　子实体：担子果一年生，盖形，新鲜时无特殊气味，软木栓质，干后木栓质至脆质；
菌盖圆形，外伸可达 2 cm，宽可达 3 cm，基部厚可达 5 mm；菌盖表面干后黄褐色，具
同心环区，具微绒毛或光滑；边缘与菌盖上表面同色，锐；孔口表面黄褐色；不育边缘

浅黄色，宽可达 2 mm；孔口圆形至多角形，每毫米 2～4 个；菌管边缘薄，强烈撕裂状；菌肉肉桂黄色，软木栓质，厚可达 1 mm，同质；菌管与孔口表面同色，比菌肉略暗，长可达 4 mm。

菌丝结构：菌丝系统一体系；生殖菌丝具简单分隔；在 KOH 溶液中组织颜色变为血红色，其他无变化。

菌肉：菌肉菌丝浅黄色，薄壁至稍厚壁具宽内腔，偶尔分枝，频繁分隔，略弯曲，疏松交织排列，直径 4～6 μm。

菌管：生殖菌丝无色至浅黄褐色，薄壁，少分枝，频繁分隔，平直，与菌管近平行排列，直径 2～4 μm；无子实层刚毛；担子棍棒状，具 4 个小梗并在基部具一横膈膜，大小为 10～15 × 4.5～5.5 μm；拟担子与担子形状相似，但略小。

孢子：担孢子窄椭圆形，稍弯曲，黄色，稍厚壁，光滑，通常具一液泡，有些塌陷，IKI−，中度 CB+，大小为 (3.8～) 3.9～4.8 (～4.9) × 1.9～2.5 (～2.6) μm，平均长 $L = 4.19$ μm，平均宽 $W = 2.1$ μm，长宽比 $Q = 1.98～2.01$ ($n = 60/2$)。

生境：阔叶树活立木上生。

研究标本：广东鼎湖山（BJFC007884，BJFC007895）；广西弄岗（IFP015740，模式标本）。

世界分布：中国。

讨论：窄椭圆孢叶孔菌的主要特征是子实体一年生，菌肉同质，孔口较大，担孢子窄椭圆形。窄椭圆孢叶孔菌与灌木叶孔菌 *Phylloporia fruticum* (Berk. & M.A. Curtis) Ryvarden 具有相似的孔口，但后者具有异质的菌肉，宽椭圆形至近球形的担孢子 (3～4.5 × 2.5～3 μm，Wagner and Ryvarden 2002)。

高山叶孔菌　图 103

Phylloporia oreophila L.W. Zhou & Y.C. Dai, Mycologia 104: 219 (2012)

子实体：担子果一年生，盖形，通常覆瓦状叠生，新鲜时无特殊气味，软木栓质，干后木栓质；菌盖平展，外伸可达 2.1 cm，宽可达 3.6 cm，基部厚可达 10 mm；菌盖表面黄色至深褐色，幼时无环区，后期具环区，具厚绒毛；边缘锐；孔口表面黄褐色至暗褐色，略具折光反应；不育边缘明显，黄色，宽可达 1 mm；孔口圆形，每毫米 7～9 个；菌管边缘厚，全缘；菌肉肉桂黄色，木栓质至软木栓质，厚可达 4 mm，异质，上层为绒毛层，下层为致密菌肉，两层间具一明显的黑线；菌管黄褐色，木栓质，长可达 6 mm。

菌丝结构：菌丝系统一体系；生殖菌丝具简单分隔；在 KOH 溶液中组织颜色变为血红色，其他无变化。

菌肉：下层菌肉菌丝浅黄色，稍厚壁具宽内腔，少分枝，弯曲，疏松交织排列，直径 3～5 μm；绒毛层菌丝浅黄色，厚壁具宽内腔，少分枝，频繁分隔，平直，疏松交织排列，直径 3.5～6 μm；黑线区菌丝非常厚壁具窄内腔，弯曲，强烈黏结，交织排列。

菌管：生殖菌丝无色至浅黄褐色，薄壁至稍厚壁具宽内腔，少分枝，频繁分隔，略平行于菌管排列，中度 CB+，直径 2～4 μm；无子实层刚毛；担子棍棒状，具 4 个小梗并在基部具一横膈膜，大小为 15～20 × 4～6 μm；拟担子与担子形状相似，但略小。

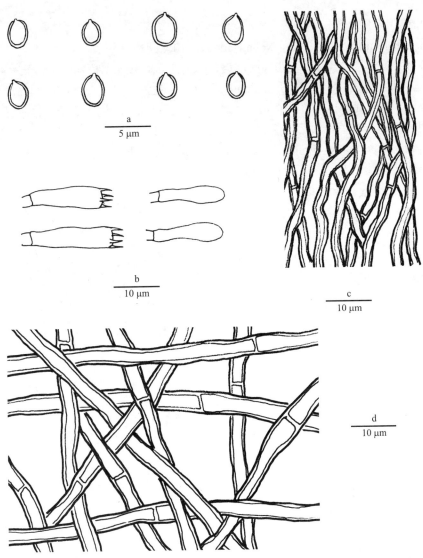

图 103　高山叶孔菌 *Phylloporia oreophila* L.W. Zhou & Y.C. Dai 的显微结构图

a. 担孢子；b. 担子和拟担子；c. 菌髓菌丝；d. 菌肉菌丝

孢子：担孢子宽椭圆形至近球形，黄色，厚壁，光滑，通常 4 个黏结在一起，IKI−，中度 CB+，大小为 3～3.7（～3.8）×（2～）2.1～2.9（～3）μm，平均长 L = 3.32 μm，平均宽 W = 2.53 μm，长宽比 Q = 1.31（n = 30/1）。

生境：阔叶树活立木上生。

研究标本：甘肃兴隆山（IFP015741，IFP015742，IFP015743）；西藏波密（BJFC008441，模式标本；IFP015744）。

世界分布：中国。

讨论：高山叶孔菌与金色叶孔菌 *Phylloporia chrysites*（Berk.）Ryvarden 具有相似的孔口和担孢子，但前者的菌肉菌丝稍厚壁具宽内腔，频繁分隔，无菱形结晶体；而后者的菌肉菌丝明显厚壁，具窄内腔，很少分隔，菱形结晶体通常在菌髓和子实层中。

木犀叶孔菌 图 104

Phylloporia osmanthi L.W. Zhou, Nova Hedwigia 100: 241 (2015)

子实体：担子果一年生，盖形，通常覆瓦状叠生，新鲜时无特殊气味，干后木栓质；菌盖平展，外伸可达 9 cm，宽可达 5 cm，多个菌盖叠生厚可达 20 mm；菌盖表面黄褐色，具绒毛，具明显环区和环沟；边缘锐，土黄褐色；孔口表面蜜黄色至肉桂黄色；不育边缘明显，肉桂黄色至黄色，宽可达 2 mm；孔口多角形，每毫米 7～9 个；菌管边缘薄，全缘；菌肉厚可达 5 mm，异质，上层为绒毛层，下层为致密菌肉，两层间具一明显的黑线；菌管蜜黄色，木栓质，长可达 5 mm。

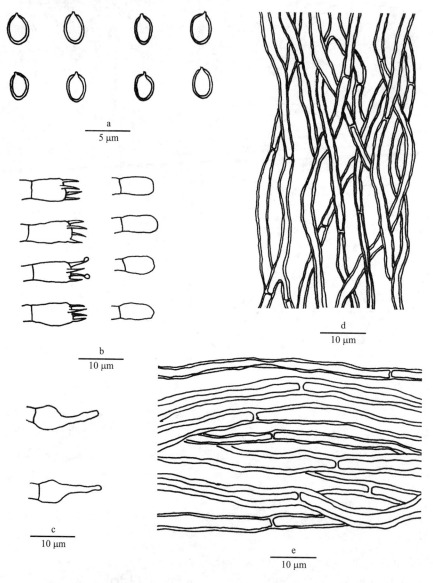

图 104 木犀叶孔菌 *Phylloporia osmanthi* L.W. Zhou 的显微结构图
a. 担孢子；b. 担子和拟担子；c. 拟囊状体；d. 菌髓菌丝；e. 菌肉菌丝

菌丝结构：菌丝系统一体系；生殖菌丝具简单分隔；在 KOH 溶液中组织颜色变为

血红色，其他无变化。

　　菌肉：下层菌肉菌丝浅黄色，稍厚壁至厚壁具宽或窄内腔，不分枝，频繁分隔，略弯曲，规则排列，直径 2.5～4.5 μm；绒毛层菌丝黄褐色，稍厚壁，偶尔分枝，频繁分隔，疏松交织排列，中度 CB+，直径 2～4.5 μm；黑线区菌丝非常厚壁具窄内腔，黑褐色，不分枝，频繁分隔，弯曲，强烈黏结，交织排列，直径 1.5～2.5 μm。

　　菌管：生殖菌丝浅黄褐色，薄壁至稍厚壁具宽内腔，少分枝，频繁分隔，略弯曲，略平行于菌管排列，直径 2～3.5 μm；无子实层刚毛；无囊状体；拟囊状体偶尔存在，锥形，顶端钝，大小为 12～15×4～5 μm；担子近桶状，具 4 个小梗并在基部具一横膈膜，大小为 7～10×4～5 μm；拟担子与担子形状相似，但略小。

　　孢子：担孢子椭圆形，黄色，厚壁，光滑，IKI−，中度 CB+，大小为 (2.8～)2.9～3.4(～3.6)×(1.9～)2～2.6(～2.7) μm，平均长 $L = 3.14$ μm，平均宽 $W = 2.32$ μm，长宽比 $Q = 1.35$ ($n = 30/1$)。

　　生境：木犀属树木活立木上生。

　　研究标本：广西猫儿山（IFP019140，模式标本）。

　　世界分布：中国。

　　讨论：木犀叶孔菌在野外容易与褐贝叶孔菌 *Phylloporia pectinata*（Klotzsch）Ryvarden 混淆（Zhou 2015c），但后者的孔口较小（每毫米 8～11 个），子实体多年生，具二系菌丝系统，担孢子较宽（Wagner and Ryvarden 2002）。

放射叶孔菌　图 105

Phylloporia radiata L.W. Zhou, Mycological Progress 15 (57): 7 (2016)

　　子实体：担子果一年生，盖形，通常覆瓦状叠生，新鲜时无特殊气味，干后木栓质；菌盖平展，半圆形至药勺形，外伸可达 2.5 cm，宽可达 3 cm，基部厚可达 5 mm；菌盖表面蜜黄色，具绒毛，具不明显环区和环沟，具明显的放射条纹；边缘锐，蜜黄色；孔口表面红褐色，略具折光反应；不育边缘明显，肉桂黄色，宽可达 1 mm；孔口多角形，每毫米 8～10 个；菌管边缘薄，全缘；菌肉厚可达 4 mm，异质，上层为绒毛层，下层为致密菌肉，两层间具一明显的黑线；菌管肉桂黄色，木栓质，长可达 1 mm。

　　菌丝结构：菌丝系统一体系；生殖菌丝具简单分隔；在 KOH 溶液中组织颜色变为血红色，其他无变化。

　　菌肉：下层菌肉菌丝黄色，厚壁具宽内腔，不分枝，频繁分隔，平直，规则排列，直径 3～5 μm；绒毛层菌丝黄色，稍厚壁具宽内腔，不分枝，频繁分隔，疏松交织排列，中度 CB+，直径 2.5～4 μm；黑线区菌丝非常厚壁具窄内腔，黑褐色，不分枝，频繁分隔，弯曲，强烈黏结，交织排列。

　　菌管：生殖菌丝黄色，厚壁具宽内腔，少分枝，频繁分隔，平直，略平行于菌管排列，直径 2～4 μm；无子实层刚毛；无囊状体和拟囊状体；担子棍棒状，具 4 个小梗并在基部具一横膈膜，大小为 10～15×4～7 μm；拟担子与担子形状相似，但略小。

　　孢子：担孢子宽椭圆形，浅黄色，稍厚壁，光滑，IKI−，CB−，大小为 (2.6～)2.7～3.3(～3.5)×(2～)2.1～2.7(～2.9) μm，平均长 $L = 3.02$ μm，平均宽 $W = 2.42$ μm，长宽比 $Q = 1.24～1.26$ ($n = 90/3$)。

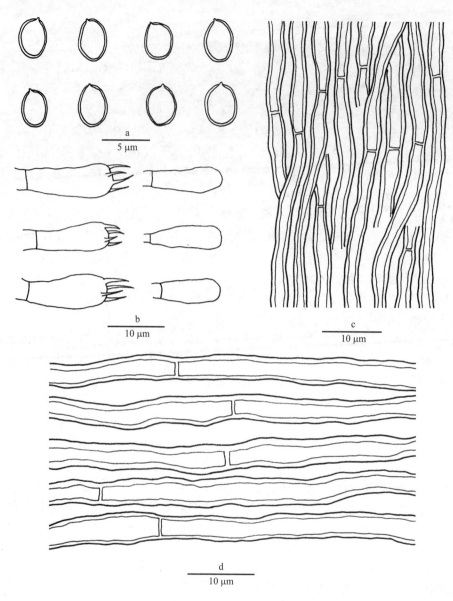

图 105　放射叶孔菌 *Phylloporia radiata* L.W. Zhou 的显微结构图

a. 担孢子；b. 担子和拟担子；c. 菌髓菌丝；d. 菌肉菌丝

生境： 藤本树木活立木上生。

研究标本： 贵州梵净山（IFP019141，模式标本；IFP019142；IFP019143）。

世界分布： 中国。

讨论： 黄皮叶孔菌 *Phylloporia clausenae* L.W. Zhou 与放射叶孔菌相似，但前者菌盖具明显环沟，菌盖边缘钝，菌肉基部具有 2 个黑线区，且生长在阔叶树活立木上（Zhou 2015b）。*Phylloporia ulloai* R. Valenz. et al. 也生长在藤本植物上，但该种具有较大的子实体（长大于 8 cm，宽大于 4 cm，厚大于 15 mm）、较大的孔口（每毫米 6～8 个），描述于墨西哥，且在系统发育方面与放射叶孔菌甚远（Valenzuela et al. 2011; Yombiyeni et al. 2015; Zhou 2015b）。

地生叶孔菌　图 106

Phylloporia terrestris L.W. Zhou, Nova Hedwigia 100: 243（2015）

　　子实体：担子果一年生，具偏生菌柄，通常群生，新鲜时无特殊气味，干后木栓质；菌盖半圆形或漏斗形，外伸可达 1 cm，宽可达 2 cm，厚可达 1 mm；菌盖表面肉桂黄色至黄褐色，具厚绒毛，具明显环区；边缘锐，浅黄色，与菌盖其他部分间具一明显环沟；孔口表面蜜黄色；不育边缘明显，肉桂稻草黄色，宽可达 1 mm；孔口圆形，每毫米 10～14 个，延伸到菌柄；菌管边缘厚，全缘；菌肉厚可达 0.2 mm，异质，上层为绒毛层，下层为致密菌肉，两层间具一明显的黑线；菌管蜜黄色，木质，长可达 0.8 mm；菌柄肉桂黄色，长可达 15 mm，直径可达 4 mm，异质，外部具厚绒毛层，内部木质，中间具一黑线。

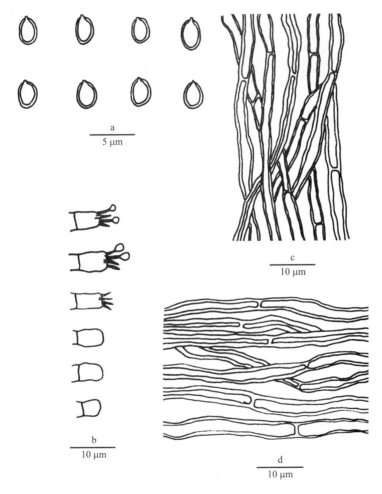

图 106　地生叶孔菌 *Phylloporia terrestris* L.W. Zhou 的显微结构图

a. 担孢子；b. 担子和拟担子；c. 菌髓菌丝；d. 菌肉菌丝

　　菌丝结构：菌丝系统一体系；生殖菌丝具简单分隔；在 KOH 溶液中组织颜色变为血红色，其他无变化。

　　菌肉：下层菌肉菌丝黄色，稍厚壁至厚壁具宽或窄内腔，不分枝，频繁分隔，略平直，规则排列，CB+，直径 2～4.5 μm；绒毛层菌丝黄色，稍厚壁具宽或窄内腔，不分枝，频繁分隔，弯曲，疏松交织排列，中度 CB+，直径 2.5～4 μm；黑线区菌丝非常厚壁具窄内腔，黑褐色，弯曲，强烈黏结，交织排列。

菌管：生殖菌丝无色至浅黄色，稍厚壁至厚壁具宽或窄内腔，不分枝，频繁分隔，略平直，略平行于菌管排列，中度 CB+，直径 1.8～4 μm；无子实层刚毛；无囊状体和拟囊状体；担子桶状，具 4 个小梗并在基部具一横膈膜，大小为 4.5～6 × 3.5～5 μm；拟担子与担子形状相似，但略小。

孢子：担孢子椭圆形，黄色，厚壁，光滑，IKI−，弱 CB+，大小为 2.5～3.3 × 1.8～2.5 μm，平均长 $L = 2.91$ μm，平均宽 $W = 2.13$ μm，长宽比 $Q = 1.37$ ($n = 30/1$)。

生境：阔叶树林地上生。

研究标本：广西猫儿山（IFP019144，模式标本）。

世界分布：中国。

讨论：叶孔菌属还有其他三种具菌柄且为地生种类，分别为小孢叶孔菌 *Phylloporia minutispora* Ipulet & Ryvarden、钥形叶孔菌 *P. spathulata* (Hook.) Ryvarden 和韦拉克鲁斯叶孔菌 *P. verae-crucis* (Berk. ex Sacc.) Ryvarden。但这三个种的孔口较大，通常为每毫米 7～9 个（Wagner and Ryvarden 2002; Ipulet and Ryvarden 2005）。

椴树叶孔菌　图 107

Phylloporia tiliae L.W. Zhou, Mycotaxon 124: 362 (2013)

子实体：担子果多年生，盖形，单生，新鲜时无特殊气味，软木栓质，干后木栓质；菌盖半圆形，外伸可达 5.5 cm，宽可达 7.5 cm，基部厚可达 20 mm；菌盖表面鼠灰色，光滑，具壳，无环区；边缘鲜黄色，具绒毛和环沟，钝；孔口表面蜜黄色，具折光反应；不育边缘明显，鲜黄色，宽可达 1 mm；孔口圆形，每毫米 9～12 个；菌管边缘薄，全缘；菌肉肉桂黄色至黄褐色，木栓质至软木栓质，厚可达 3 mm，异质，上层为绒毛层，下层为致密菌肉，两层间具一明显的黑线；菌管黄褐色，木栓质，长可达 25 mm。

菌丝结构：菌丝系统一体系；生殖菌丝具简单分隔；在 KOH 溶液中组织颜色变为血红色，其他无变化。

菌肉：下层菌肉菌丝浅黄色至黄色，稍厚壁至厚壁，具宽内腔，少分枝，频繁分隔，平直，规则排列，直径 2.5～4.5 μm；绒毛层菌丝黄褐色，稍厚壁，偶尔分枝，频繁分隔，疏松交织排列，直径 2～5 μm；黑线区菌丝非常厚壁具窄内腔，黑褐色，弯曲，强烈黏结，交织排列。

菌管：生殖菌丝无色至浅黄褐色，薄壁至稍厚壁具宽内腔，少分枝，频繁分隔，略平直，略平行于菌管排列，直径 2～4 μm；无子实层刚毛；无囊状体和拟囊状体；担子桶状，具 4 个小梗并在基部具一横膈膜，大小为 4～6 × 3～4.5 μm；拟担子占多数，与担子形状相似，但略小。

孢子：担孢子椭圆形，黄色，厚壁，光滑，IKI−，中度 CB+，大小为 (2.8～)3～3.4(～3.5) × (1.9～)2～2.5(～2.6) μm，平均长 $L = 3.17$ μm，平均宽 $W = 2.29$ μm，长宽比 $Q = 1.38$ ($n = 30/1$)。

生境：椴树活立木上生。

研究标本：湖南天门山(IFP019145)。

世界分布：中国。

讨论：椴树叶孔菌与雪柳叶孔菌 *Phylloporia fontanesiae* L.W. Zhou & Y.C. Dai 具有相似的孔口和菌丝结构。但后者为一年生、菌盖边缘锐、担孢子短(长为 2.6～3 μm，Zhou 2013)。

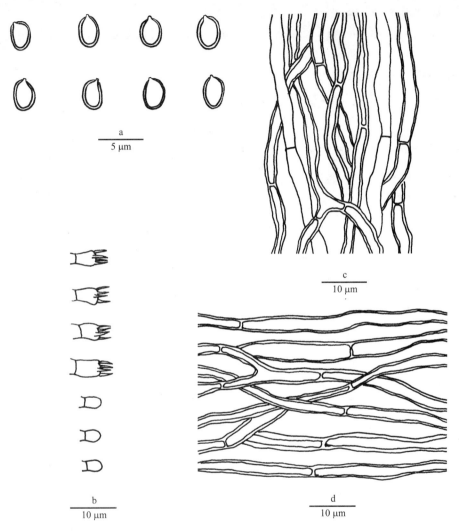

图 107　椴树叶孔菌 *Phylloporia tiliae* L.W. Zhou 的显微结构图

a. 担孢子；b. 担子和拟担子；c. 菌髓菌丝；d. 菌肉菌丝

假纤孔菌属 **Pseudoinonotus** T. Wagner & M. Fisch.

担子果一年生，无柄盖形，木栓质；菌盖表面和孔口表面黄褐色；菌丝系统一体系，生殖菌丝具简单分隔；担孢子腊肠形至椭圆形，无色，薄壁，光滑，IKI[+]，CB+。引起木材白色腐朽。

模式种：厚盖假纤孔菌 *Pseudoinonotus dryadeus* (Pers.) T. Wagner & M. Fisch.。

讨论：假纤孔菌属的担孢子在梅试剂具拟糊精反应，在棉蓝试剂中具嗜蓝反应。因此该属与嗜蓝孢孔菌属相似，但后者的为多年生，子实体硬木栓质至木质。在系统发育上这 2 个属也相差甚远(Dai 2010)。

假纤孔菌属在本卷中只涉及一个种——西藏假纤孔菌种。

西藏假纤孔菌　图 108

Pseudoinonotus tibeticus (Y.C. Dai & M. Zang) Y.C. Dai, B.K. Cui & Decock, Mycol. Res. 112(3): 378 (2008)

=*Fomitiporia tibetica* Y.C. Dai & M. Zang, Mycotaxon 83: 218 (2002)

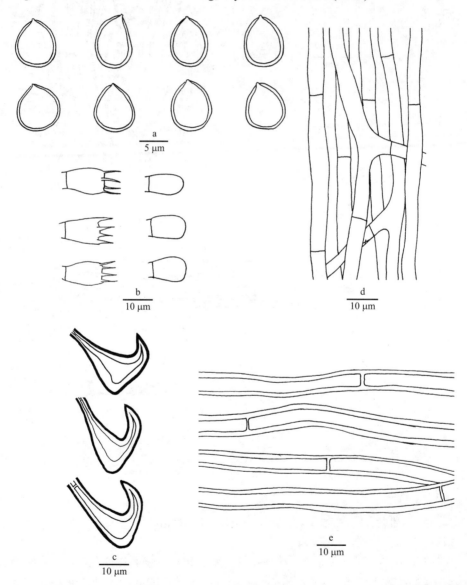

图 108　西藏假纤孔菌 *Pseudoinonotus tibeticus* (Y.C. Dai & M. Zang) Y.C. Dai, B.K. Cui & Decock 的显微结构图

a. 担孢子；b. 担子和拟担子；c. 刚毛；d. 菌髓菌丝；e. 菌肉菌丝

子实体：担子果一年生，盖形，单生，干后木栓质；菌盖平展，外伸可达 10 cm，宽可达 15 cm，基部厚可达 3 cm；菌盖表面干后深褐色，无环区，具微绒毛，后期不规则开裂；边缘灰褐色，钝；孔口表面灰褐色，后期开裂；孔口圆形至多角形，每毫米 4～6 个；菌管边缘薄，通常全缘，有时略撕裂状；菌肉暗褐色，纤维质至木栓质，具环区，厚可达 1 cm；菌管灰褐色，脆质，长可达 2 cm。

菌丝结构：菌丝系统一体系；生殖菌丝具简单分隔；菌丝组织遇 KOH 溶液变黑，其他无变化。

菌肉：生殖菌丝无色至浅黄色，薄壁至稍厚壁具宽内腔，频繁分枝和分隔，平直，规则排列，直径 5.3～8 μm；有些菌丝非常厚壁，黑褐色，平直，偶尔分隔，直径 7.5～10 μm。

菌管：生殖菌丝浅黄色至浅褐色，厚壁具宽内腔，偶尔分枝，平行于菌管排列，直径 3.7～6.2 μm；子实层刚毛常见至稀有，通常三角形，有时腹鼓状，厚壁，黑褐色，末端弯曲成钩状，大小为 21～35 × 10～25 μm；担子桶状，具 4 个小梗并在基部具一横膈膜，大小为 10.5～15 × 8～10 μm；拟担子与担子形状相似，但略小；菌管中次生菌丝无色，薄壁，频繁分枝和分隔。

孢子：担孢子近球形至卵形，无色，厚壁，光滑，具拟糊精反应，强烈 CB+，大小为 (6.5～)6.8～8(～8.5) × (5.5～)6～7.5(～8) μm，平均长 L = 7.53 μm，平均宽 W = 6.8 μm，长宽比 Q = 1.08～1.13 (n = 60/2)。

生境：针叶树活立木或倒木上生。

研究标本：四川 (HMAS 18719)；西藏 (HKAS 5895，HKAS 1891)；云南 (HMAS 18687)。

世界分布：中国。

讨论：西藏假纤孔菌的主要特征为子实体后期开裂，刚毛三角形且末端钩状，生长在冷杉和云杉等针叶树活立木或倒木上。该种目前只发现在中国西南 (Dai and Zang 2002)。西藏假纤孔菌与厚盖假纤孔菌 *Pseudoinonotus dryadeus* (Pers.) T. Wagner & M. Fisch. 相似，但后者的刚毛末端无钩，菌髓菌丝薄壁，通常生长在栎树上。

桑黄孔菌属 Sanghuangporus Sheng H. Wu, L.W. Zhou & Y.C. Dai
Fungal Diversity 77: 340 (2016)

担子果多年生，平伏反卷至盖形，但通常盖形，菌盖褐色至黑褐色，后期开裂，孔口黄褐色；菌丝组织在 KOH 试剂中变黑；菌肉菌丝一系，菌管菌丝二系；具子实层刚毛；担孢子椭圆形或近球形，黄褐色，厚壁，平滑，IKI−，CB−。引起木材白色腐朽。

模式种：桑黄 *Sanghuangporus sanghuang* (Sheng H. Wu, T. Hatt. & Y.C. Dai) Sheng H. Wu, L.W. Zhou & Y.C. Dai。

讨论：桑黄孔菌属由于具有二系菌丝系统，故该属种类最初放在木层孔菌属 *Phellinus*，后来的分子系统学研究发现这些种类与纤孔菌属 *Inonotus* 在系统发育上更接近 (Wagner and Fischer 2002; Tian et al. 2013; Vlasák et al. 2013)，但纤孔菌属具有一系菌丝系统。进一步的研究表明桑黄孔菌属在系统发育上形成了一个独立的分枝，故建立了一个新属（Zhou et al. 2016a）。该属与木层孔菌属的区别是菌肉菌丝一系，菌管菌丝二系，而木层孔菌属的菌丝系统在菌肉和菌管中均为二系。桑黄孔菌属与纤孔菌属的区别是子实体多年生，菌管菌丝二系，而纤孔菌属的子实体一年生，菌管菌丝一系。

桑黄孔菌属 *Sanghuangporus* 分种检索表

1. 孔口 5~7 个/mm ··· 2
1. 孔口 7~10 个/mm ··· 3
　2. 菌肉同质；无拟囊状体；寒温带分布 ······················· 高山桑黄孔菌 *S. alpinus*
　2. 菌肉异质；具拟囊状体；温带亚热带分布 ············· 锦带花桑黄孔菌 *S. weigelae*
3. 子实体边缘钝，鲜黄色 ·· 桑黄 *S. sanghuang*
3. 子实体边缘锐，黄褐色 ··· 4
　4. 孔口 8~10 个/mm，菌管比菌肉长 ····················· 忍冬桑黄孔菌 *S. lonicericola*
　4. 孔口 7~8 个/mm，菌管比菌肉短 ························· 环区桑黄孔菌 *S. zonatus*

高山桑黄孔菌　图 109

Sanghuangporus alpinus (Y.C. Dai & X.M. Tian) L.W. Zhou & Y.C. Dai, Fungal Diversity 77: 340 (2016)

=*Inonotus alpinus* Y.C. Dai & X.M. Tian, Fungal Diversity 58: 162 (2013)

子实体：担子果多年生，盖形，新鲜时无特殊气味，硬木栓质，干后木质；菌盖半圆形至马蹄形，外伸可达 7 cm，宽可达 12 cm，基部厚可达 5 cm；菌盖表面新鲜时黑色，干后灰黑色，具同心环区和窄环沟，后期粗糙并放射状开裂，有时被苔藓覆盖；边缘钝，暗褐色；孔口表面新鲜时蜜黄色至土黄色，干后黄褐色，具折光反应；不育边缘明显，锈褐色，宽可达 4 mm；孔口圆形至多角形，每毫米 5~7 个；菌管边缘薄，全缘；菌肉暗褐色，木质，厚可达 5 mm，上表面具黑色皮壳；菌管黄色，比孔口颜色深，分层不明显，长可达 4.5 cm；白色的次生菌丝束存在于老菌管中。

菌丝结构：菌肉菌丝一体系，菌髓菌丝二体系；生殖菌丝具简单分隔；菌丝组织遇 KOH 溶液变黑，其他无变化。

菌肉：生殖菌丝无色至浅黄色，薄壁至稍厚壁具宽内腔，规则排列，直径 2~5.5 μm。

菌管：生殖菌丝无色至浅黄色，薄壁至稍厚壁，偶尔分枝，频繁分隔，直径 2~3 μm；骨架菌丝占多数，黄色至黄褐色，厚壁具宽或窄的内腔，不分枝，疏松交织排列或与菌管近平行排列，直径 2.5~3.5 μm；子实层刚毛常见，腹鼓状或锥形，黑褐色，厚壁，大小为 13~30 × 6~8 μm；无拟囊状体；担子桶状，具 4 个小梗并在基部具一横膈膜，大小为 7~9 × 4~5 μm；拟担子形状与担子相似，但略小；菱形结晶体偶尔存在子实层和菌髓中；次生菌丝无色，薄壁，强烈分枝和分隔，直径 1.4~2.2 μm。

孢子：担孢子椭圆形，浅黄色，厚壁，光滑，IKI–，CB–，大小为 (3~)3.1~3.9(~4) × (2.5~)2.6~3.2(~3.3) μm，平均长 $L = 3.46$ μm，平均宽 $W = 2.96$ μm，长宽比 $Q = 1.13~1.21$ ($n = 90/3$)。

生境：阔叶树活立木或倒木上生。

研究标本：湖北神农架（BJFC012910，BJFC012913，BJFC012915）；西藏工布江达（BJFC012912），西藏林芝（BJFC008583，BJFC008595，模式标本；BJFC008589，

BJFC008603，BJFC008612，BJFC008623，BJFC012911，BJFC012914)。

世界分布：中国。

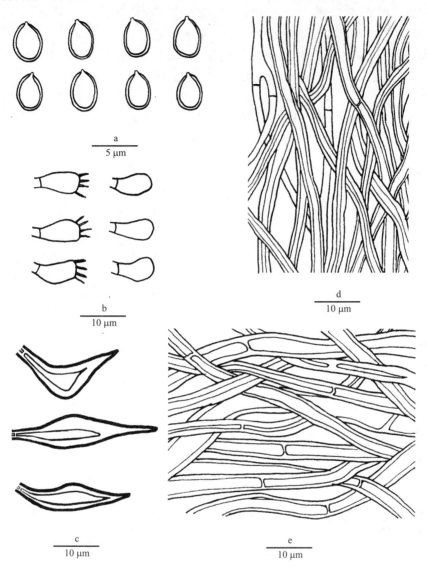

图109 高山桑黄孔菌 *Sanghuangporus alpinus* (Y.C. Dai & X.M. Tian) L.W. Zhou & Y.C. Dai 的显微结构图

a. 担孢子；b. 担子和拟担子；c. 刚毛；d. 菌髓菌丝；e. 菌肉菌丝

讨论：高山桑黄孔菌与忍冬桑黄孔菌 *Sanghuangporus lonicericola* (Parmasto) L.W. Zhou & Y.C. Dai 相似，但主要的不同在于该种的菌肉较厚(达 1 cm)，担孢子较大(3.5～4.5 × 3.2～3.5 μm)，且菌管中无白色次生菌丝束(Tian et al. 2013)。

忍冬桑黄孔菌 图110

Sanghuangporus lonicericola (Parmasto) L.W. Zhou & Y.C. Dai, Fungal Diversity 77: 340 (2016)

=*Inonotus lonicericola* (Parmasto) Y.C. Dai, Fungal Diversity 45: 276 (2010)

=*Phellinus lonicericola* Parmasto, Folia Cryptog. Estonica 38: 59 (2001)

子实体：担子果多年生，盖形，单生，新鲜时无特殊气味，硬木栓质，干后木质；菌盖半圆形，外伸可达 8 cm，宽可达 9 cm，基部厚可达 3 cm；菌盖表面黑灰色，具同心环区和环沟，年幼时具微绒毛，后期粗糙并开裂，有时被苔藓覆盖；边缘锐，黄褐色；孔口表面黄褐色至锈褐色，不育边缘明显，金黄色至黄褐色，宽可达 5 mm，后期通常逐年退缩；孔口圆形，每毫米 8～10 个；菌管边缘薄，全缘；菌肉黄褐色，硬木栓质，厚可达 10 mm，上表面具皮壳；菌管金黄褐色至浅褐色，硬木栓质，分层明显，长可达 3 cm。

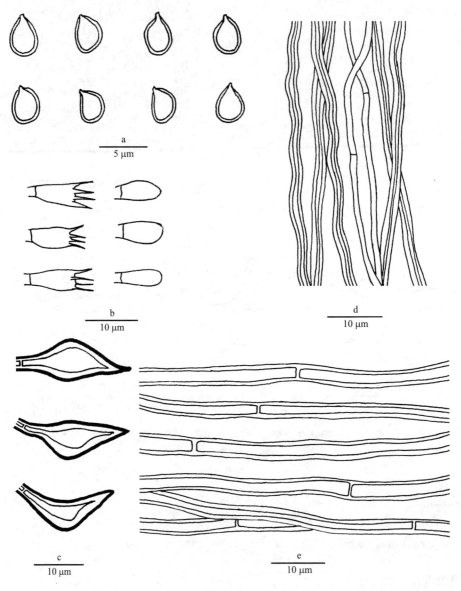

图 110　忍冬桑黄菌 *Sanghuangporus lonicericola* (Parmasto) L.W. Zhou & Y.C. Dai 的显微结构图

a. 担孢子；b. 担子和拟担子；c. 刚毛；d. 菌肉菌丝；e. 菌髓菌丝

菌丝结构：菌肉菌丝一体系，菌髓菌丝二体系；生殖菌丝具简单分隔；菌丝组织遇 KOH 溶液变黑，其他无变化。

菌肉：生殖菌丝无色至浅黄色，薄壁至稍厚壁具宽内腔，规则排列，直径 2～5.5 μm。

菌管：生殖菌丝通常在亚子实层，无色，薄壁，偶尔分枝，频繁分隔，直径 1.7～2.8 μm；骨架菌丝金黄褐色，厚壁，不分枝，少分隔，与菌管近平行排列，直径 2～3 μm；子实层刚毛常见，腹鼓状，末端尖锐，黑褐色，厚壁，大小为 12～22 × 4～8 μm；无拟囊状体；担子桶状至近球形，具 4 个小梗并在基部具一横膈膜，大小为 7～10 × 4.2～5.8 μm；拟担子形状与担子相似，但略小；菱形结晶体偶尔存在子实层和菌髓中。

孢子：担孢子椭圆形，浅黄色，厚壁，光滑，IKI−，CB−，大小为 (3～)3.3～4.1(～4.6) × (2.3～)2.4～3.3(～3.7) μm，平均长 L = 3.75 μm，平均宽 W = 2.76 μm，长宽比 Q = 1.33～1.4 (n = 90/3)。

生境：阔叶树活立木或倒木生上。

研究标本：河北雾灵山（BJFC005391）；黑龙江镜泊湖（IFP004078，IFP004079，IFP004081，IFP004083，IFP004085，IFP004473，IFP004474，IFP004475）；湖南壶瓶山（BJFC009168）；吉林桦甸（IFP015120）；辽宁沈阳（IFP004476，IFP004477）；内蒙古大青沟（IFP004471，IFP015121）；西藏林芝（BJFC008281，BJFC008325，BJFC008328，BJFC008331，BJFC008334，BJFC008338，BJFC008341，BJFC008345，BJFC008349，BJFC008359，BJFC008364，BJFC008370，BJFC008377，BJFC008379，BJFC008384，BJFC008387，BJFC008390，IFP004472）。

世界分布：中国、日本、俄罗斯。

讨论：忍冬桑黄孔菌描述于俄罗斯远东（Parmasto and Parmasto 2001），该种与鲍姆桑黄孔菌 Sanghuangporus baumii (Pilát) L.W. Zhou & Y.C. Dai 相似，但后者的担孢子较宽（3.5～4.5 × 3.2～3.5 μm，Dai 2010），忍冬桑黄孔菌只生长在忍冬属树木上，而鲍姆桑黄孔菌通常生长在丁香树木上。

桑黄　图 111

Sanghuangporus sanghuang (Sheng H. Wu, T. Hatt. & Y.C. Dai) Sheng H. Wu, L.W. Zhou & Y.C. Dai, Fungal Diversity 77: 340 (2016)

=*Inonotus sanghuang* Sheng H. Wu, T. Hatt. & Y.C. Dai, Botanical Studies 53: 141 (2012)

子实体：担子果多年生，无柄盖形，通常单生，新鲜时具酸味，木栓质，干后木质；菌盖马蹄形，外伸可达 5 cm，宽可达 7 cm，基部厚可达 4 cm；菌盖表面黄褐色至灰褐色，被纤细的绒毛至光滑，具明显的环沟和环区；边缘钝，鲜黄色；孔口表面新鲜时黄色，干后褐色，略具折光反应；不育边缘明显，宽可达 3 mm；孔口圆形至多角形，每毫米 8～9 个；孔口边缘薄，全缘；菌肉黄色，比菌管颜色浅，硬木栓质，环区明显，具黑线，厚可达 3.5 cm；菌管褐色，木栓质，长可达 5 mm。

菌丝结构：菌丝系统二体系；生殖菌丝具简单分隔；菌丝组织遇 KOH 溶液变黑，其他无变化。

菌肉：生殖菌丝无色至浅黄色，薄壁至稍厚壁，多分枝，频繁分隔，直径为 2～3.5 μm；骨架菌丝金黄色，厚壁，具宽或窄内腔，少分枝，多分隔，近规则排列，直径为 3～4.5 μm。

菌管: 生殖菌丝无色至浅黄色, 薄壁至略厚壁, 少分枝, 多分隔, 直径为 2～2.8 μm; 骨架菌丝金黄色, 厚壁, 具宽或窄内腔, 不分枝, 不分隔, 近规则排列, 直径为 2.3～3.8 μm; 子实层刚毛常见, 通常腹鼓状, 暗褐色, 厚壁, 末端尖, 大小为 17～32 × 8～11 μm; 子实层中无囊状体和拟囊状体; 担子桶状, 具 4 个担孢子梗并在基部具一横隔膜, 大小为 6～9 × 4～5 μm; 拟担子形状与担子相似, 但略小。

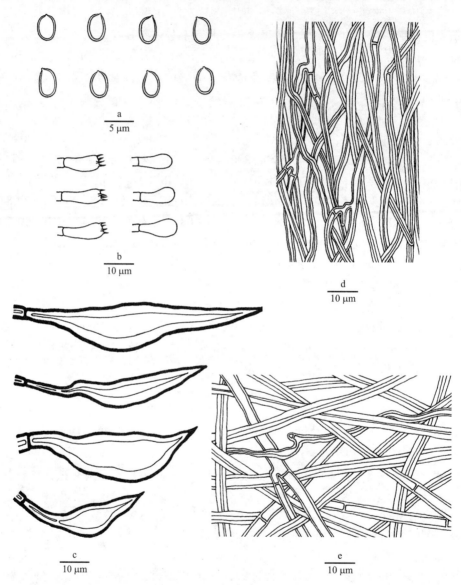

图 111   桑黄 *Sanghuangporus sanghuang* (Sheng H. Wu, T. Hatt. & Y. C. Dai) Sheng H. Wu, L.W. Zhou & Y.C. Dai 的显微结构图

a. 担孢子; b. 担子和拟担子; c. 刚毛; d. 菌肉菌丝; e. 菌髓菌丝

孢子: 担孢子宽椭圆形, 黄色, 厚壁, 平滑, IKI−, CB−, 大小为 (3.5～)3.6～4.6(～4.8) × (2.8～)3～3.5(～3.8) μm, 平均长 L = 4.04 μm, 平均宽 W = 3.19 μm, 长宽比 Q =

1.27（$n = 30/1$）。

  生境：桑树活立木上生。

  研究标本：四川广元（BJFC012876）；云南昆明（BJFC013262）。

  世界分布：中国、日本、韩国。

  讨论：桑黄与同属其他种的区别是子实体边缘宽，金黄色，且生长在桑树上（Wu et al. 2012）。

锦带花桑黄孔菌   图 112

Sanghuangporus weigelae (T. Hatt. & Sheng H. Wu) L.W. Zhou & Y.C. Dai, Fungal
  Diversity 77: 340 (2016)

=*Inonotus weigelae* T. Hatt. & Sheng H. Wu, Botanical Studies 53:142 (2012)

=*Inonotus tenuicontextus* L.W. Zhou & W.M. Qin, Mycological Progress 11:793 (2012)

  子实体：担子果多年生，盖形，单生或数个集生，新鲜时无特殊气味，木栓质，干后木质；菌盖平展，外伸可达 4 cm，宽可达 9.5 cm，基部厚可达 4 cm；菌盖表面酒红褐色至灰褐色，具同心环区和环沟，年幼时具微绒毛，后期粗糙并开裂，有时被苔藓覆盖；边缘橘黄色，钝；孔口表面黄褐色，具折光反应，不育边缘明显，肉桂黄色，宽可达 2 mm；孔口圆形，每毫米 5～7 个；菌管边缘薄，全缘；菌肉肉桂色，硬木栓质，厚可达 3 mm，异质，在上层的微绒毛和下层菌肉之间具一黑线，后期黑线形成上表面皮壳；菌管与菌肉同色，硬木栓质，分层明显，长可达 3.7 cm。

  菌丝结构：菌肉菌丝一体系，菌髓菌丝二体系；生殖菌丝具简单分隔；菌丝组织遇 KOH 溶液变黑，其他无变化。

  菌肉：生殖菌丝浅黄褐色，稍厚壁至厚壁，内腔宽至窄，不分枝，频繁分隔，平直，交织排列，直径 2～4 μm；黑线区菌丝非常厚壁具窄内腔，强烈黏结，交织排列。

  菌管：生殖菌丝少见，无色，薄壁，偶尔分枝，频繁分隔，平直，直径 2～2.5 μm；骨架菌丝占多数，黄褐色，厚壁具窄内腔，有时近实心，少分枝，偶尔分隔，平直，交织排列，直径 2～3 μm；子实层刚毛常见，锥形，末端尖锐，黑褐色，厚壁，大小为 17～28 × 5～10 μm；拟囊状体偶尔存在，纺锤形；担子桶状，具 4 个小梗并在基部具一横隔膜，大小为 5～7 × 4～5 μm；拟担子形状与担子相似，但略小；菱形结晶体偶尔存在子实层和菌髓中。

  孢子：担孢子宽椭圆形，浅黄色，厚壁，光滑，IKI–，中度 CB+，大小为 3～3.8（～4）× （2.1～）2.3～3（～3.1）μm，平均长 $L = 3.38$ μm，平均宽 $W = 2.66$ μm，长宽比 $Q = 1.27$（$n = 30/1$）。

  生境：阔叶树活立木或倒木上生。

  研究标本：安徽黄山（BJFC001643）；贵州梵净山（BJFC012905，IFP015838，BJFC018106）；河北雾灵山（BJFC005663，BJFC005679）；湖北后河（BJFC012903，BJFC012907）；湖南大围山（BJFC012904），湖南张家界（BJFC008818）；江西庐山（BJFC003857，BJFC003866，BJFC003868）；四川黄龙（BJFC012905）；浙江天目山（BJFC001636，BJFC001637，BJFC001639）。

  世界分布：中国、日本、韩国。

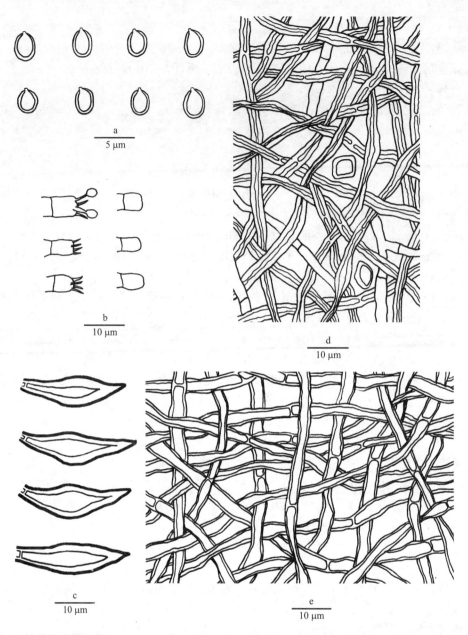

图 112　锦带花桑黄孔菌 *Sanghuangporus weigelae* (T. Hatt. & Sheng H. Wu) L.W. Zhou & Y.C. Dai 的显微结构图

a. 担孢子；b. 担子和拟担子；c. 刚毛；d. 菌髓菌丝；e. 菌肉菌丝

　　讨论：锦带花桑黄孔菌与鲍姆桑黄孔菌 *Sanghuangporus baumii* (Pilát) L.W. Zhou & Y.C. Dai、忍冬桑黄孔菌 *S. lonicericola* (Parmasto) L.W. Zhou & Y.C. Dai、瓦宁桑黄孔菌 *S. vaninii* (Ljub.) L.W. Zhou & Y.C. Dai 和 *S. weirianus* (Bres.) L.W. Zhou & Y.C. Dai 具有相似的孔口、刚毛和担孢子，但锦带花桑黄孔菌的菌肉异质 (Zhou et al. 2016b)。

环区桑黄孔菌　图 113

Sanghuangporus zonatus (Y.C. Dai & X.M. Tian) L.W. Zhou & Y.C. Dai, Fungal Diversity

77: 341 (2016)

=*Inonotus zonatus* Y.C. Dai & X.M. Tian, Fungal Diversity 58: 165 (2013)

子实体：担子果多年生，盖形，新鲜时无特殊气味，硬木栓质至木质，干后木质；菌盖半圆形，外伸可达 8 cm，宽可达 14 cm，基部厚可达 3 cm；菌盖表面新鲜时黄褐色至黑褐色，干后黑褐色，具同心环区和窄环沟，后期粗糙并开裂；边缘锐，黄褐色；孔口表面新鲜时蜜黄色，干后黄色，具折光反应；不育边缘明显，锈黄色，宽可达 3 mm；孔口圆形至多角形，每毫米 7～8 个；菌管边缘薄，全缘；菌肉黄色，木质，厚可达 5 cm，具明显环区；菌管黄色，木质，分层不明显，长可达 1 cm。

菌丝结构：菌肉菌丝一体系，菌髓菌丝二体系；生殖菌丝具简单分隔；菌丝组织遇 KOH 溶液变黑，其他无变化。

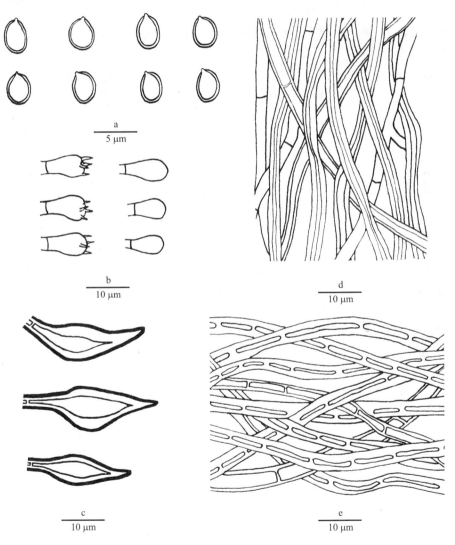

图 113　环区桑黄孔菌 *Sanghuangporus zonatus* (Y.C. Dai & X.M. Tian) L.W. Zhou & Y.C. Dai 的显微结构图

a. 担孢子；b. 担子和拟担子；c. 刚毛；d. 菌髓菌丝；e. 菌肉菌丝

菌肉：生殖菌丝浅黄色至金黄色，稍厚壁至厚壁，具明显内腔，不分枝，频繁分隔，规则排列，直径 4.5～5.5 μm。

菌管：生殖菌丝少见，无色至浅黄色，薄壁至稍厚壁，偶尔分枝和分隔，直径 1.5～2.5 μm；骨架菌丝占多数，黄褐色，厚壁具明显内腔，不分枝，平直，与菌管近平行排列，直径 2～3.5 μm；子实层刚毛常见，腹鼓状或锥形，黑褐色，厚壁，大小为 15～21×5～10 μm；无拟囊状体；担子桶状，具 4 个小梗并在基部具一横膈膜，大小为 7～9×4～5 μm；拟担子形状与担子相似，但略小。

孢子：担孢子椭圆形，浅黄色，厚壁，光滑，IKI–，CB–，大小为 (3.1～)3.5～4 (～4.1) × (2.8～)2.9～3.1 (～3.5) μm，平均长 L = 3.81 μm，平均宽 W = 2.96 μm，长宽比 Q = 1.24～1.34 (n = 60/2)。

生境：阔叶树活立木或倒木上生。

研究标本：海南尖峰岭（BJFC004485，模式标本；BJFC005083）。

世界分布：中国。

讨论：环区桑黄孔菌的主要特征是子实体平展，边缘锐，菌肉厚且有环区，刚毛短 (15～21×5～10 μm) 和担孢子小 (3.5～4×2.9～3.1 μm)，且分布于热带地区 (Tian et al. 2013)。

热带孔菌属 Tropicoporus L.W. Zhou, Y.C. Dai & Sheng H. Wu
Fungal Diversity 77: 341 (2016)

担子果一年生或多年生，平伏反卷至盖形，但通常盖形，菌盖褐色至黑褐色，具绒毛，后期开裂，孔口黄褐色；菌丝组织在 KOH 试剂中变黑；菌丝二体系；子实层具刚毛；担孢子椭圆形或近球形，黄褐色，厚壁，平滑，IKI–，CB–。引起木材白色腐朽。

模式种：*Tropicoporus excentrodendri* L.W. Zhou & Y.C. Dai。

讨论：热带孔菌属与桑黄孔菌属非常相似，以前两者为同一属，但在系统发育上不同，故处理为两个独立的属 (Zhou et al. 2016a)。在形态上热带孔菌属的子实体一年生或多年生、担孢子在棉蓝中不嗜蓝。此外，热带孔菌属的种类分布于热带地区，桑黄孔菌属的种类主要分布于温带和亚热带地区。

热带孔菌属 *Tropicoporus* 分种检索表

1. 子实体平伏反转至盖形，孔口 7～8 个/mm ···························· 蚬木热带孔菌 *T. excentrodendri*
1. 子实体平伏，孔口 8～10 个/mm ·· 热带孔菌 *T. tropicalis*

蚬木热带孔菌　图 114
Tropicoporus excentrodendri L.W. Zhou & Y.C. Dai, Fungal Diversity 77: 341 (2016)

子实体：担子果一年生，平伏、平伏反卷至盖形，覆瓦状叠生，新鲜时无特殊气味，硬木栓质至木质，干后木质且轻；菌盖半圆形，外伸可达 2 cm，宽可达 4.5 cm，基部厚可达 0.7 cm；菌盖表面新鲜时酒红褐色至暗褐色，具粗毛或厚绒毛，具同心环沟；边缘钝，黄褐色，具粗毛；孔口表面蜜黄色，具折光反应；不育边缘明显，蜜黄色，宽可达 3 mm；孔口圆形至多角形，每毫米 7～8 个；菌管边缘厚，全缘；菌肉黄褐色，木质，厚可达 2 cm，异质，上绒毛层与下菌肉层间具一黑线；菌管黄色，木质，长可达 6 mm；白色的菌丝束偶尔存在于老菌管中。

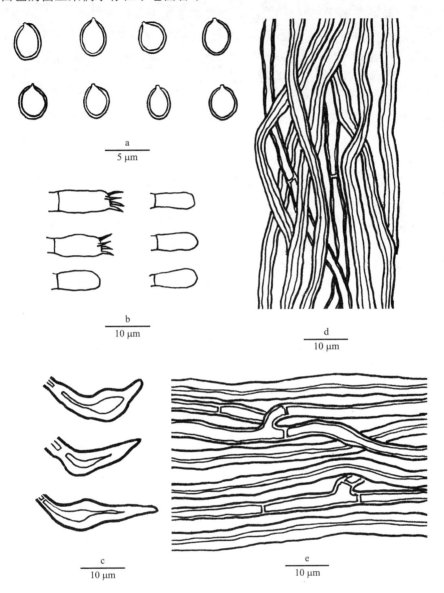

图 114　蚬木热带孔菌 *Tropicoporus excentrodendri* L.W. Zhou & Y.C. Dai 的显微结构图
a. 担孢子；b. 担子和拟担子；c. 刚毛；d. 菌髓菌丝；e. 菌肉菌丝

菌丝结构：菌丝系统二体系；生殖菌丝具简单分隔；菌丝组织遇 KOH 溶液变黑，其他无变化。

菌肉：生殖菌丝浅黄色，厚壁，偶尔分枝，频繁分隔，规则排列，直径 2～3.5 μm；骨架菌丝黄褐色，厚壁具窄内腔，不分枝，平直，直径 3～5 μm；绒毛层菌丝与菌肉菌丝相似，但疏松交织排列。

菌管：生殖菌丝，无色至浅黄色，稍厚壁，不分枝，频繁分隔，直径 2.5～3.5 μm；

骨架菌丝占多数，黄色，厚壁具宽或窄内腔，不分枝，平直，与菌管近平行排列，直径 3～4.5 μm；子实层刚毛偶见，腹鼓状或锥形，黑褐色，厚壁，大小为 20～25 × 5～8 μm；无囊状体和拟囊状体；担子桶状，具 4 个小梗并在基部具一横膈膜，大小为 10～15 × 4～7 μm；拟担子形状与担子相似，但略小；菱形结晶体大量存在。

孢子：担孢子宽椭圆形至近球形，浅黄色，稍厚壁，光滑，IKI−，CB−，大小为 (3.2～)3.4～4(～4.2) × (2.7～)2.9～3.6(～3.8) μm，平均长 L = 3.74 μm，平均宽 W = 3.21 μm，长宽比 Q = 1.16～1.17 (n = 60/2)。

生境：阔叶树活立木或倒木上生。

研究标本：广西弄岗(IFP018280，模式标本；IFP018276，IFP018277，IFP018279，IFP018282)。

世界分布：中国。

讨论：蚬木热带孔菌的特征是担子果一年生，平伏、平伏反卷至盖形，该种与热带孔菌 Tropicoporus tropicalis (M.J. Larsen & Lombard) L.W. Zhou & Y.C. Dai 具有相似的孔口和担孢子(Larsen and Cobb-Poulle 1990)，但热带孔菌的担子果完全平伏(Zhou et al. 2015)。蚬木热带孔菌与锦带花桑黄孔菌 Sanghuangporus weigelae (T. Hatt. & Sheng H. Wu) L.W. Zhou & Y.C. Dai 具有相似的担子果和异质菌肉(Wu et al. 2012)，但后者的担子果多年生，且只生长在锦带花上(Wu et al. 2012; Zhou and Qin 2012)。

热带孔菌 图 115

Tropicoporus tropicalis (M.J. Larsen & Lombard) L.W. Zhou & Y.C. Dai, Fungal Diversity 77: 345 (2016)

=*Phellinus tropicalis* M.J. Larsen & Lombard, Mycologia 80: 73 (1988)

子实体：担子果一年生，平伏，不易与基质分离，新鲜时无特殊气味，木栓质，干后木质，长可达 20 cm，宽可达 5 cm，中部厚可达 1.5 mm；孔口表面浅黄褐色至橘黄色，略具折光反应；不育边缘褐色，薄且窄；孔口圆形至多角形，每毫米 8～10 个；菌管边缘薄至稍厚，全缘；菌肉赭色，木栓质，很薄至几乎无；菌管与孔口表面同色，坚硬，长可达 1.5 mm。

菌丝结构：菌丝系统二体系；生殖菌丝具简单分隔；菌丝组织遇 KOH 溶液变黑，其他无变化。

菌肉：生殖菌丝无色，薄壁至稍厚壁，少分枝，平直或弯曲，直径 1.8～2.5 μm；骨架菌丝厚壁至近实心，平直或弯曲，交织排列，直径 2.2～3.5 μm。

菌管：生殖菌丝无色，薄壁至厚壁，偶尔分枝，直径 2～2.5 μm；骨架菌丝厚壁至近实心，偶尔分枝，平直或弯曲，交织排列，直径 2～3.5 μm；子实层刚毛常见，锥形至腹鼓状，厚壁至近实心，黑红褐色，大小为 15～19 × 5～8 μm；无囊状体和拟囊状体；担子粗棍棒状，具 4 个小梗并在基部具一横膈膜，大小为 8～10 × 4.5～5 μm；拟担子与担子形状相似，但略小。

孢子：担孢子椭圆形至卵圆形，无色，薄壁，光滑，IKI−，CB−，大小为(3.1～)3.2～3.8(～3.9) × (2.3～)2.4～2.9(～3) μm，平均长 L = 3.48 μm，平均宽 W = 2.64 μm，长宽比 Q = 1.32～1.35 (n = 60/2)。

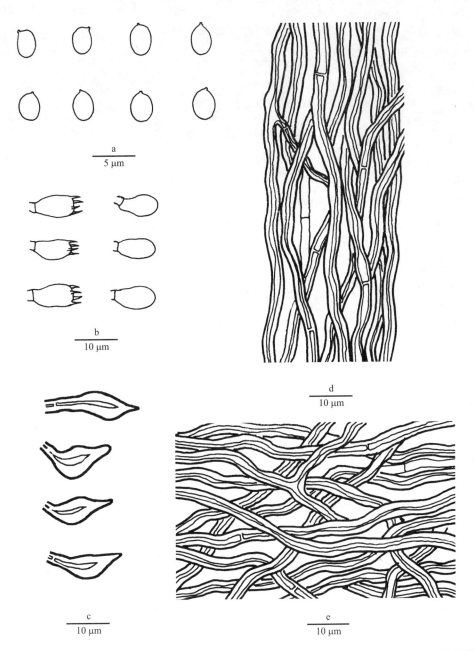

图 115　热带孔菌 *Tropicoporus tropicalis* (M.J. Larsen & Lombard) L.W. Zhou & Y.C. Dai 的显微
结构图

a. 担孢子；b. 担子和拟担子；c. 刚毛；d. 菌髓菌丝；e. 菌肉菌丝

生境： 阔叶树倒木上生。

研究标本： 海南霸王岭（BJFC009093，BJFC009109）。

世界分布： 中国、巴西。

讨论： 灰褐木层孔菌 *Phellinus glaucescens* （Petch） Ryvarden 和锈毛木层孔菌 *P. ferrugineovelutinus* （Henn.） Ryvarden 与热带孔菌具有相似的子实层刚毛，但灰褐木层孔菌的孔口大（每毫米 6～8 个），担孢子宽（孢子宽 3～4 μm，Larsen and Lombard 1988）。

锈毛木层孔菌与热带木层孔菌的不同在于担孢子小且为近球形（2.5 × 2～3 μm，
Ryvarden and Johansen 1980）。

新小薄孔菌科
Neoantrodiellaceae

担子果一年生至多年生，平伏、平伏反卷或无柄盖形，软棉质、革质至木栓质；菌盖表面和孔口奶油色、淡黄色或粉红色；菌丝系统一体系或二体系，生殖菌丝具锁状联合，生殖菌丝或骨架菌丝 CB+；担孢子腊肠形至椭圆形，无色，薄壁，光滑，IKI–，CB–。引起木材白色腐朽。

模式属： 新小薄孔菌属 *Neoantrodiella* Y.C. Dai et al.。

讨论： 新小薄孔菌科是最近建立的，过去曾经将该科的种类放在多孔菌目中，但系统发育研究表明新小薄孔菌科的种类与多孔菌目亲缘关系较远，而与锈革孔菌目相近，故属于后者（Ariyawansa et al. 2015）。

新小薄孔菌科 *Neoantrodiellaceae* 分属检索表

1. 子实体白色至奶油色；菌丝系统二体系 ·······················新小薄孔菌属 *Neoantrodiella*
1. 子实体粉红色；菌丝系统一体系 ······························· 粉软卧孔菌属 *Poriodontia*

新小薄孔菌属 **Neoantrodiella** Y.C. Dai, B.K. Cui, Jia J. Chen & H.S. Yuan

担子果多年生，平伏、平伏反卷或无柄盖形，革质至木栓质；菌盖表面和孔口奶油色至淡黄色；菌丝系统二体系，生殖菌丝具锁状联合，骨架菌丝嗜蓝；担孢子腊肠形至椭圆形，无色，薄壁，光滑，IKI–，CB+。引起木材白色腐朽。

模式种： 白膏新小薄孔菌 *Neoantrodiella gypsea*（Yasuda）Y.C. Dai et al.。

讨论： 新小薄孔菌属的骨架菌丝在 CB 中具有强嗜蓝反应，其程度与多年卧孔菌 *Perenniporia* Murrill 属相似，但后者的担孢子厚壁，具嗜蓝反应和拟糊精反应。此外在系统发育上新小薄孔菌属属于锈革孔菌目，而多年卧孔菌属属于多孔菌目（Ariyawansa et al. 2015）。

新小薄孔菌属 *Neoantrodiella* 分种检索表

1. 孔口 7~8 个/mm；担孢子椭圆形 ······························· 白膏新小薄孔菌 *N. gypsea*
1. 孔口 5~7/mm；担孢子腊肠形 ······························· 柏生新小薄孔菌 *N. thujae*

白膏新小薄孔菌　图 116

Neoantrodiella gypsea (Yasuda) Y.C. Dai, B.K. Cui, Jia J. Chen & H.S. Yuan, Fungal
　　Diversity 75: 228 (2015)

=*Antrodiella gypsea* (Yasuda) T. Hatt. & Ryvarden, Mycotaxon 50: 35 (1994)

=*Polystictus gypsea* Yasuda, Bot. Mag. Tokyo 32: 249 (1918)

子实体：担子果多年生，平伏、平伏反卷或无柄盖形，单生或覆瓦状叠生，无特殊气味，松软，棉质，干燥后重量极轻；单个菌盖外伸长可达 0.5 cm，宽可达 2 cm，基部厚可达 4 mm，平伏的担子果长可达 150 cm，宽可达 10 cm；菌盖上表面奶油色至淡黄色，被细微绒毛，无同心环带；边缘锐，橘黄色；孔口表面淡黄色至橘黄褐色，具折光反应；管口多角形，每毫米 7~8 个；管口边缘薄，全缘；不育边缘窄至几乎无；菌肉白色至奶油色，棉质至木栓质，厚小于 1 mm；菌管与菌肉颜色相同，软木栓质，长可达 3 mm。

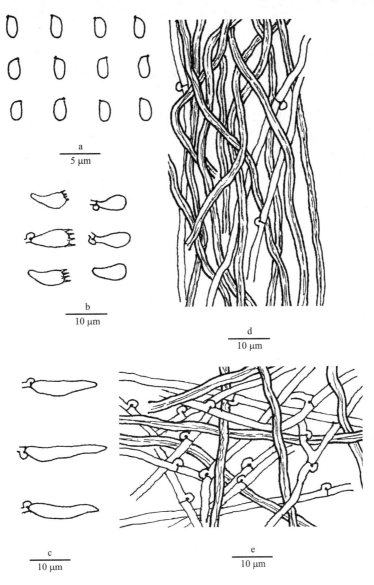

图 116 白膏新小薄孔菌 *Neoantrodiella gypsea* (Yasuda) Y.C. Dai et al.的显微结构图
a. 担孢子；b. 担子和拟担子；c. 囊状体；d. 菌髓菌丝；e. 菌肉菌丝

菌丝结构：菌丝系统二体系；生殖菌丝具锁状联合；骨架菌丝 IKI−，CB+；菌丝组织遇 KOH 溶液无变化。

菌肉：生殖菌丝无色，薄壁至稍厚壁，偶尔分枝，直径为 1.5~2.0 μm；骨架菌丝无色，厚壁至几乎实心，弯曲，不分枝，交织排列，直径为 1.8~3.0 μm。

菌管：菌髓生殖菌丝无色，薄壁，不分枝，直径 1.3~2.0 μm；骨架菌丝无色，厚壁至几乎实心，偶尔分枝，交织排列，直径 1.3~2.2 μm；囊状体梭形，薄壁，无色，顶端尖锐，大小为 16~21 × 3.5~4.0 μm；担子棒形，顶部着生 4 个担孢子梗，基部具一锁状联合，大小为 8.0~10 × 3.0~4.0 μm；拟担子占多数，短棒形，比担子明显小。

孢子：担孢子椭圆形，无色，薄壁，光滑，IKI−，CB−，大小为 (2.5~) 2.6~3 (~ 3.1) × 1.2~1.7 (~1.8) μm，平均长 L = 2.9 μm，平均宽 W = 1.37 μm，长宽比 Q = 2.12 (n = 30/1)。

生境：针叶树死树和倒木上生。

研究标本：黑龙江丰林（BJFC000233，IFP000670，IFP014480），黑龙江大亮子河（IFP008731），黑龙江带岭（BJFC016813），黑龙江鹤岗（BJFC013479，BJFC013480，IFP008899，IFP014135，IFP014182，IFP014189），黑龙江镜泊湖（BJFC000228，BJFC000229，BJFC000230，BJFC000231，IFP000664，IFP000665，IFP000667，IFP000668，IFP000668，IFP000671，IFP000672，IFP000673，IFP000679，IFP000680，IFP000681，IFP000682，IFP000683，IFP000684，IFP000685，IFP000686），黑龙江凉水（IFP014237）；吉林长白山（BJFC000232，IFP000663，IFP000666，IFP000674，IFP000675，IFP000678），吉林桦甸（IFP000687），吉林汪清（IFP000688）；辽宁老秃顶子（IFP007648，IFP007650，IFP007662，IFP007667）；江西大岗山（BJFC004640，BJFC004687，BJFC006230，BJFC006309，BJFC006396），江西庐山（BJFC003882），江西井冈山（BJFC004812，BJFC004821），江西梅岭（BJFC003829，BJFC003842，BJFC003843）；湖南莽山（IFP000676，IFP000677），湖南张家界（BJFC008782）；青海门源（IFP018420，IFP018447，IFP018471），青海祁连山（IFP018494，IFP018508，IFP018513）；台湾南投（IFP009406，IFP009419）；山东蒙山（BJFC003142）；云南兰坪（BJFC011265，BJFC011291）。

世界分布：中国、日本、俄罗斯。

讨论：白膏新小薄孔菌在针叶树林区是个常见种，主要生在冷杉属（*Abies*）、落叶松属（*Larix*）、云杉属（*Picea*）、松属（*Pinus*）等树木倒木上，其子实体变化多样，有时具典型的菌盖，有时子实体平伏，延伸覆盖整个倒木。显微结构中，具有锥形的拟囊状体和较窄的骨架菌丝。

柏生新小薄孔菌　图 117

Neoantrodiella thujae (Y.C. Dai & H.S. Yuan) Y.C. Dai, B.K. Cui, Jia J. Chen & H.S. Yuan, Fungal Diversity 75: 229 (2015)

=*Antrodiella thujae* Y.C. Dai & H.S.Yuan, Cryptogamie Mycologie, 28:179 (2007)

子实体：担子果多年生，平伏或平伏至反卷，极少盖形；平伏时长可达 10 cm，宽可达 6 cm，新鲜时韧，无特殊气味，干后木栓质，重量明显变轻；菌盖外伸可达 0.5 cm，宽可达 2 cm，基部厚可达 0.5 mm；菌盖表面无明显的环纹，光滑或有突起，灰棕黄色；边缘锐，淡黄色；孔口表面新鲜时白色至奶油色，干后变为淡黄色且出现裂纹，具一定折光反应；边缘棉絮状，奶油色至淡黄色，宽可达 1 mm；孔口圆形至多角形，每毫米

5~7；管口边缘薄，全缘；菌肉蜂蜜色，无环带，木栓质，中部厚可达 0.2 mm；菌管层奶油色至淡黄色，木栓质，长可达 0.3 mm；菌管层明显。

菌丝结构：菌丝系统二体系；生殖菌丝具锁状联合；骨架菌丝 IKI−，CB+；菌丝组织遇 KOH 溶液无变化。

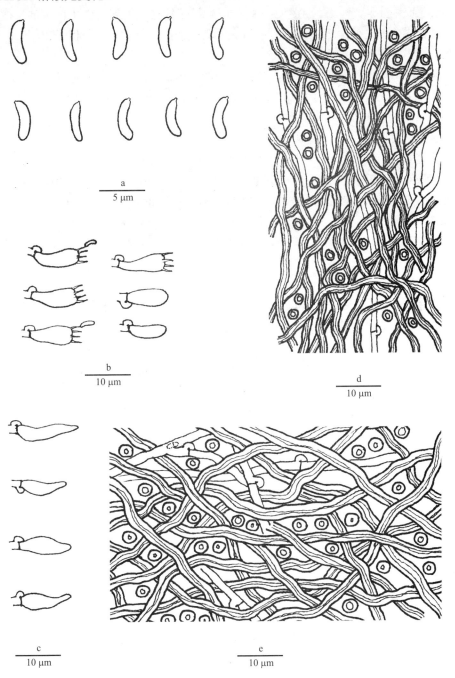

图 117　柏生新小薄孔菌 Neoantrodiella thujae (Y.C. Dai & H.S. Yuan) Y.C. Dai et al.的显微结构图

a. 担孢子；b. 担子和拟担子；c. 囊状体；d. 菌髓菌丝；e. 菌肉菌丝

菌肉：生殖菌丝无色，薄壁，常具锁状联合，偶尔分枝，直径为 1.8~2.5 μm；骨架菌丝厚壁至几乎实心，极少分枝，扭曲，交织排列，直径为 1.8~3 μm。

菌管：菌髓生殖菌丝无色，薄壁，具锁状联合，较少分枝，直径 1.2~1.8 μm；骨架菌丝厚壁，常具明显的内腔，偶尔分枝，交织排列，直径 1.3~2.2 μm；子实层中无囊状体；拟囊状体锥形，大小为 10~13 × 3~4 μm；担子棒形，顶部着生 4 个担孢子梗，基部具一锁状联合，大小为 7~10 × 3.5~4.5 μm；拟担子占多数，形状与担子相似，比担子明显小。

孢子：担孢子腊肠形，无色，薄壁，光滑，IKI−，CB−，大小为 （4.1~）4.2~5（~5.1） × （1.1~）1.2~1.5（~1.6） μm，平均长 L = 4.51 μm，平均宽 W = 1.31 μm，长宽比 Q = 3.43~3.48 （n = 90/3）。

生境：圆柏活立木和倒木上生。

研究标本：甘肃祁连山（IFP014719，IFP014720）；青海互助（BJFC000247，BJFC000248，BJFC010296，IFP015484，IFP015607，IFP015608，IFP015609），青海门源（BJFC013482，BJFC013484，BJFC014796，IFP018417，IFP018426，IFP018439，IFP018443，IFP018449，IFP018453，IFP018455，IFP018457，IFP018461，IFP018463，IFP018466，IFP018470，IFP018475，IFP018478，IFP018479，IFP018480）；四川四姑娘山（BJFC013627）；西藏昌都（HMAS 58278）。

世界分布：中国。

讨论：柏生新小薄孔菌与白膏新小薄孔菌的区别是腊肠形孢子，且生长在柏科树木上，而白膏新小薄孔菌的担孢子圆柱形，生在松科树木上。

粉软卧孔菌属 Poriodontia Parmasto

担子果一年生，平伏，软革质，粉红色至浅紫色；菌丝系统一体系，生殖菌丝具锁状联合，嗜蓝；具结晶囊状体；担孢子腊肠形，无色，薄壁，光滑，IKI−，CB+。引起木材白色腐朽。

模式种：粉软卧孔菌 *Poriodontia subvinosa* Parmasto。

讨论：粉软卧孔菌属为单种属，因此其种的特征也是该属的特征，即孔口粉红色，单系菌丝，具锁状联合，结晶囊状体大量存在，且生长在针叶树木上，因此该属很容易鉴定。

粉软卧孔菌　图 118

Poriodontia subvinosa Parmasto, Mycotaxon 14（1）：104 （1982）

子实体：担子果一年生，平伏，新鲜时软革质，无嗅无味，干后石棉质，长可达 50 cm，宽可达 10 cm，中部厚可达 2 mm；孔口表面新鲜时为粉红色至浅紫色，干后变为肉红色至淡紫褐色，无折光反应；不育边缘窄至几乎无；管口不规则形，每毫米 2~4 个；管口边缘薄，撕裂状；菌肉层淡紫褐色，干后棉质，厚可达 1 mm；菌管与菌肉同色，干后棉质，长可达 1 mm。

菌丝结构：菌丝系统一体系；所有菌丝具锁状联合；IKI−，CB+；菌丝组织遇 KOH

溶液无变化。

菌肉：菌丝无色至浅褐色，稍厚壁具宽内腔，偶尔分枝，疏松交织排列，直径为4～5 μm。

菌管：菌丝无色至浅褐色，薄壁至稍厚壁，频繁分枝，疏松交织排列，直径为2.5～5 μm；子实层具有大量的囊状体，长棒形，厚壁，从菌髓伸出，顶端被有结晶体，大小为19～45×5～6 μm；担子棒状，顶部膨大，着生4个担孢子梗，基部有一锁状联合，大小为9～16×4～5 μm；拟担子占多数，形状与担子相似，但略小。

孢子：担孢子腊肠形，无色，薄壁，光滑，IKI−，CB+，大小为(3.8～)4～4.8(～5.2)×(1.7～)1.8～2.1(～2.2) μm，平均长 L = 4.39 μm，平均宽 W = 1.96 μm，长宽比 Q = 2.19～2.28（n = 60/2）。

生境：针叶树倒木腐朽木或树桩上生。

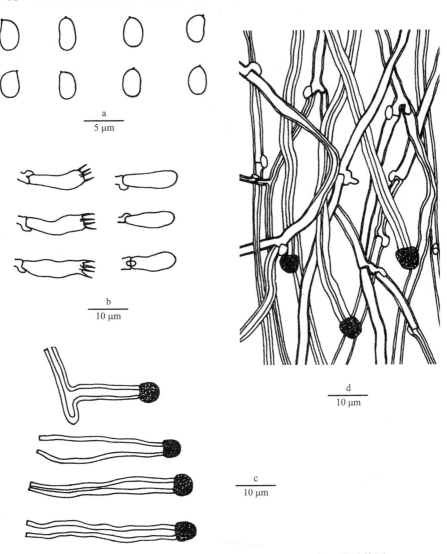

图118　粉软卧孔菌 *Poriodontia subvinosa* Parmasto 的显微结构图

a. 担孢子；b. 担子和拟担子；c. 囊状体；d. 菌髓菌丝

研究标本：黑龙江鹤岗（IFP014187），黑龙江镜泊湖（IFP005157，IFP005158，IFP005159，IFP005160，IFP005161，IFP005163）；吉林长白山（BJFC002051，BJFC002052，BJFC017880，BJFC017899，IFP005151，IFP005152，IFP005153，IFP005154，IFP005155，IFP005156，IFP005162，IFP015274，IFP015976）；四川九寨沟（IFP015275）；云南丽江（BJFC008888）。

世界分布：中国、俄罗斯。

讨论：粉软卧孔菌具有粉红色的菌孔，且生长在针叶树木上，此在野外容易识别。显微镜下该菌具一系菌丝系统，菌丝状结晶囊状体大量存在，因此也很容易识别。

匐担革菌科
Repetobasidiaceae Jülich

担子果一年生至多年生，平伏，通常灰色或褐色；菌丝系统二体系，生殖菌丝具锁状联合，无色，薄壁，光滑；棍棒状囊状体有时存在；担子棍棒状至近球状，无色，薄壁，具 4 个担孢子梗；担孢子近球形至腊肠形，无色，薄壁，光滑，IKI–，CB–。

模式属：匐担革菌属 Repetobasidium J. Erikss.。

中国目前匐担革菌科只有 1 个属：灰孔菌属。

灰孔菌属 Sidera Miettinen & K.H. Larss.
Mycol. Progr. 10(2)：136（2011）

担子果一年生，平伏，软木质；菌丝系统二体系，生殖菌丝具锁状联合，骨架菌丝不嗜蓝；担孢子腊肠形，无色，薄壁，光滑，IKI–，CB–。引起木材白色腐朽。

模式种：柔软灰孔菌 Sidera lenis（P. Karst.）Miettinen。

讨论：灰孔菌属是最近基于系统发育研究而建立的新属（Miettinen and Larsson 2011），过去该属的种类曾经隶属于柔二丝孔菌属 Diplomitoporus，但两者在系统发育上关系甚远，且属于不同的目。二丝孔菌属属于多孔菌目，而灰孔菌属属于锈革孔菌目。

灰孔菌属 Sidera 的分种检索表

1. 生长在针叶树腐朽木上；担孢子 4~5 × 1.5~2 μm ·················· 柔软灰孔菌 S. lenis
1. 生长在针叶树和阔叶树腐朽木上；担孢子 3~4 × 1~1.1 μm ·················· 常见灰孔菌 S. vulgaris

柔软灰孔菌 图 119

Sidera lenis (P. Karst.) Miettinen, in Miettinen & Larsson, Mycol. Progr. 10(2): 136 (2011)

=*Physisporus lenis* P. Karst., in Rabenhorst, Fungi europ. exsicc.: no. 3527 (1886)

=*Poria lenis* (P. Karst.) Sacc., Meddn Soc. Fauna Flora fenn. 14: 82 (1887)

=*Amyloporia lenis* (P. Karst.) Bondartsev & Singer, Trut. Grib Evrop. Chasti SSSR Kavkaza [Bracket Fungi Europ. U.S.S.R. Caucasus] (Moscow-Leningrad): 149 (1941)

=*Antrodia lenis* (P. Karst.) Ryvarden, Norw. Jl Bot. 20: 8 (1973)

=*Diplomitoporus lenis* (P. Karst.) Gilb. & Ryvarden, Mycotaxon 22(2): 364 (1985)

=*Skeletocutis lenis* (P. Karst.) Niemelä, in Renvall, Renvall & Niemelä, Karstenia 31(1): 23 (1991)

=*Antrodiella lenis* (P. Karst.) Zmitr., Karstenia 43(1): 18 (2003)

=*Cinereomyces lenis* (P. Karst.) Spirin, Karstenia 45(2): 106 (2005)

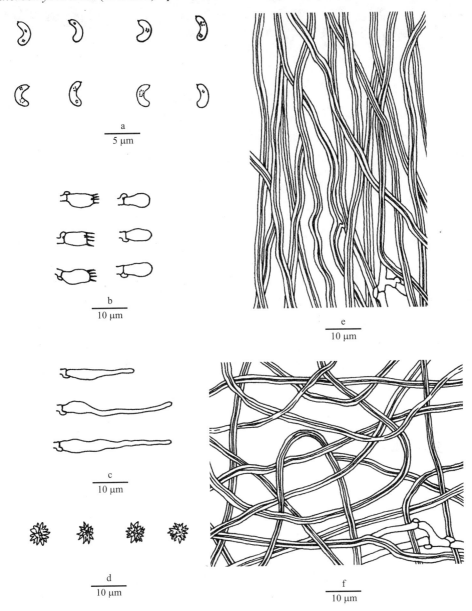

图 119　柔软灰孔菌 *Sidera lenis* (P. Karst.) Miettinen 的显微结构图

a. 担孢子；b. 担子和拟担子；c. 囊状体；d. 结晶体；e. 菌髓菌丝；f. 菌肉菌丝

实体：担子果多年生，平伏，长可达 520 cm，宽可达 25 cm，中部厚可达 10 mm；

新鲜时软木质，干后木质；孔口表面新鲜时白色至乳白色，干后变为奶油色至浅黄色，具折光反应；不育边缘明显，明显渐薄，有时菌索状，窄至几乎无；管口近圆形，每毫米4～5个；管口边薄且全缘；菌肉极薄，可达 0.1 mm；菌管浅黄色，分层明显，长可达 9.9 mm。

菌丝结构：菌丝系统二体系；生殖菌丝具锁状联合；骨架菌丝 IKI–，CB–，菌丝组织遇 KOH 溶液无变化，但菌丝强烈膨胀。

菌肉：菌肉生殖菌丝常见，无色，薄壁，偶尔分枝，直径为2～3 μm；骨架菌丝占多数，无色，厚壁，偶尔分枝，具窄内腔，交织排列，直径为2.8～3.4 μm；星状结晶体常见。

菌管：菌髓生殖菌丝常见，无色，薄壁，常分枝，直径为1.8～3 μm；骨架菌丝无色，厚壁，具一宽内腔，常分枝，直径为2.8～3.6 μm；子实层无囊状体，具菌丝状拟囊状体，末端被有星形结晶；担子桶形，着生4个担孢子梗，基部具一锁状联合，大小为10～13 × 4.5～5.5 μm；拟担子形状与担子相似，但略小。

孢子：担孢子腊肠形，无色，薄壁，光滑，具液泡，IKI–，CB–，大小为(3.5～)4～5(～5) × (1.2～)1.5～2(～2.1) μm，平均长 L = 4.35 μm，平均宽 W = 1.76 μm，长宽比 Q = 2.29～2.74 (n = 360/12)。

生境：通常针叶树腐朽木上生。

研究标本：河南宝天曼 (IFP006305)；黑龙江丰林 (IFP006298，IFP006302，IFP006303，IFP006309)，黑龙江呼中 (IFP006306)；湖北神农架 (IFP006304)；吉林长白山 (IFP008367)；四川九寨沟 (BJFC013433，IFP006294，IFP006299，IFP006310)；新疆果子沟 (IFP006295，IFP006300)；西藏林芝 (BJFC008291，BJFC008300，BJFC008641，BJFC008646，BJFC008653，BJFC008667，BJFC017026，BJFC017063，BJFC017064，BJFC017070，BJFC017076，BJFC017254)，西藏错那 (IFP006297)；云南兰坪 (BJFC011241，BJFC011242，BJFC011256，BJFC011292，BJFC011293，BJFC011311，BJFC011315)。

世界分布：中国、美国、加拿大、瑞典、芬兰、俄罗斯。

讨论：柔软灰孔菌具有多年生、垫状、乳白色的子实体，二系菌丝系统，骨架菌丝在 KOH 溶液中明显膨胀，拟囊状体末端具星形结晶和腊肠形的担孢子。因此该种很容易在显微镜下识别。柔软灰孔菌与常见灰孔菌相似，具体区别见后者的讨论。

常见灰孔菌　图 120

Sidera vulgaris (Fr.) Miettinen, in Miettinen & Larsson, Mycol. Progr. 10: 136 (2011)

=*Polyporus vulgaris* Fr., Syst. mycol. (Lundae) 1: 381 (1821)

=*Cinereomyces vulgaris* (Fr.) Spirin, Karstenia 45: 106 (2005)

=*Poria vulgaris* (Fr.) Cooke, Grevillea 14(no. 72): 109 (1886)

=*Skeletocutis vulgaris* (Fr.) Niemelä & Y.C. Dai, Ann. bot. fenn. 34: 135 (1997)

实体：担子果一年生，平伏，长可达 9 cm，宽可达 4 cm，中部厚可达 0.4 mm；新鲜时软木质，干后木质；孔口表面新鲜时白色至乳白色，干后变为奶油色至浅黄色，无折光反应；不育边缘明显，有时菌索状，宽可达 2 mm；管口近圆形，每毫米 6～8 个；

管口边薄且全缘；菌肉极薄，可达 0.1 mm；菌管浅黄色，长可达 0.3 mm。

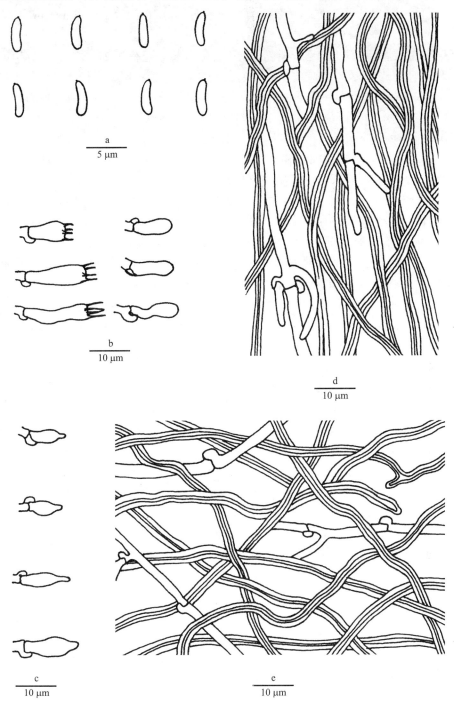

图 120　常见灰孔菌 *Sidera vulgaris* (Fr.) Miettinen 的显微结构图

a. 担孢子；b. 担子和拟担子；c. 拟囊状体；d. 菌髓菌丝；e. 菌肉菌丝

　　菌丝结构：菌丝系统二体系；生殖菌丝具锁状联合；骨架菌丝 IKI–，CB–，菌丝组织遇 KOH 溶液无变化。

菌肉: 菌肉生殖菌丝常见，无色，薄壁，偶尔分枝，直径为2～3 μm；骨架菌丝占多数，无色，厚壁，偶尔分枝，具窄内腔，交织排列，直径为2.5～3.5 μm；星状结晶体常见。

菌管: 菌髓生殖菌丝常见，无色，薄壁，常分枝，直径为2～2.2 μm；骨架菌丝无色，厚壁，具一宽内腔，常分枝，直径为2～2.8 μm；子实层无囊状体，具菌丝状拟囊状体，末端被有星形结晶；担子桶形，着生4个担孢子梗，基部具一锁状联合，大小为6.5～8.5 × 3.8～4.7 μm；拟担子形状与担子相似，但略小。

孢子: 担孢子腊肠形，无色，薄壁，光滑，IKI–、CB–，大小为3～4（～4.2）×（0.9～）1～1.1（～1.2）μm，平均长 L = 3.52 μm，平均宽 W = 1.02 μm，长宽比 Q = 3.45（n = 30/1）。

生境: 通常针叶树和阔叶树腐朽木上生。

研究标本: 安徽黄山（BJFC002446，BJFC009018）；福建虎伯寮（BJFC015436，BJFC015442），福建龙栖山（BJFC015385），福建武夷山（BJFC002448，BJFC002454，IFP011864）；广东黑石顶（BJFC007998），广东南岭（BJFC006039，BJFC006048，BJFC007791）；广西弄岗（IFP009721）；海南霸王岭（BJFC009080，BJFC009095，IFP006506，IFP006507，IFP006521，IFP006560，IFP012152），海南吊罗山（IFP006495，IFP008022，IFP008029，IFP008092，IFP015430），海南尖峰岭（BJFC002455，BJFC004451，BJFC004466，IFP006501，IFP008176），海南五指山（IFP007914，IFP007922，IFP007929，IFP007937）；河南宝天曼（BJFC007251，IFP006520）；河南鸡公山（IFP006530，IFP006541，IFP006545，IFP006564），河南石人山（IFP006505）；黑龙江丰林（IFP006497，IFP006528），黑龙江鹤岗（IFP014139，IFP014157），黑龙江呼中（IFP006539，IFP006540），黑龙江镜泊湖（IFP006515，IFP006516，IFP006552，IFP006555）；湖北神农架（IFP006503，IFP006504，IFP006509，IFP006512，IFP006513，IFP006523，IFP006526，IFP006533，IFP006553，IFP006562，IFP006563，IFP006566）；湖南衡山（IFP006535，IFP006542，IFP006551），湖南莽山（IFP006524，IFP006531，IFP006534，IFP006536，IFP006537）；吉林长白山（BJFC002445，BJFC002452，BJFC002453，BJFC002456，IFP006500，IFP006508，IFP006518，IFP006529，IFP006546，IFP006548，IFP006554，IFP015429，IFP015434）；江西井冈山（BJFC004854），江西九江（BJFC003952，BJFC003962）；内蒙古阿尔山（IFP006543）；山西历山（BJFC002449，BJFC002450，IFP006514，IFP006519，IFP006556），山西庞泉沟（IFP006511）；陕西佛坪（BJFC002451，BJFC015312，IFP006522，IFP006525，IFP006550），陕西牛背梁（BJFC015331）；四川黄龙（IFP006544），四川九寨沟（IFP006498，IFP006502，IFP006549）；台湾溪头（BJFC007383，BJFC007385）；西藏八一镇（IFP006538，IFP006547），西藏波密（BJFC008465，BJFC008485，BJFC008514，BJFC008532），西藏工布江达（IFP006510），西藏色季拉山（IFP006527，IFP006532，IFP006558，IFP006559，IFP006561，IFP006565，IFP006567）；新疆库尔德宁（IFP006496），新疆那拉提（IFP006499），新疆天山（IFP012031）；云南丽江（IFP006557），云南巍宝山（BJFC015196），云南紫溪山（IFP006517，IFP012517，IFP012537）；浙江天目山（BJFC002447），浙江乌岩岭（BJFC011126）。

世界分布: 中国、美国、加拿大、英国、爱尔兰、挪威、瑞典、芬兰、丹麦、德国、法国、意大利、西班牙、葡萄牙、捷克、匈牙利、罗马尼亚、保加利亚、希腊、波兰、乌克兰、爱沙尼亚、立陶宛、俄罗斯、日本、伊朗、韩国。

讨论：灰孔菌属 *Sidera* 目前有 2 个种，柔软灰孔菌 *Sidera lenis* (P. Karst.) Miettinen 和常见灰孔菌属 *Sidera vulgaris*。这 2 种在我国均有分布。前者与后者的区别是，孔口通常灰色，只生长在针叶树腐朽木上，且担孢子较大(4~5 × 1.5~2 μm)；而后者孔口通常乳白色，生长在针叶树和阔叶树腐朽木上，且担孢子较小(3~4 × 1~1.1 μm)。

参 考 文 献

戴芳澜 (DAI FL). 1979. 中国真菌总汇. 北京: 科学出版社

戴玉成, 杨祝良 (DAI YC, YANG ZL). 2008. 中国药用真菌名录及部分名称的修订. 菌物学报, 27: 801-824

戴玉成, 崔宝凯 (DAI YC, CUI BK). 2014. 药用真菌桑黄种类研究. 北京林业大学学报, 36: 1-6

邓叔群 (TENG SQ). 1963. 中国的真菌. 北京: 科学出版社: 808

冯娜, 吴娜, 杨焱, 等 (FENG N, WU N, YANG Y, et al). 2015. 鲍姆氏层孔菌子实体中化合物的分离 鉴定及其体外抑制肿瘤的研究. 菌物学报, 34: 124-130

黄伟, 陆震鸣, 耿燕, 等 (HUANG W, LU ZM, GENG Y, et al). 2012. 桦褐孔菌菌丝体及甾类化合物的 发酵条件优化. 菌物学报, 31: 909-916

宋明杰, 包海鹰, 图力古尔, 等 (SONG MJ, BAO HY, BAU TOLGOR, et al). 2015. 菌中四种甾类化合 物的抗肿瘤活性及构效关系分析. 菌物学报, 34: 293-300

魏玉莲, 戴玉成 (WEI YL, DAI YC). 2004. 木材腐朽菌在森林生态系统中的功能. 应用生态学报, 15: 1935-1938

吴声华 (WU SH). 2013. 珍贵药用菌"桑黄"物种正名. 食药用菌, 20 (3): 177-179

张小青, 戴玉成 (ZHANG XQ, DAI YC). 2005. 中国真菌志第二十九卷 锈革孔菌科. 北京: 科学出版 社: 232

AIME MC, HENKEL TW, RYVARDEN L. 2003. Studies in neotropical polypores 15. New and interesting species from Guyana. Mycologia, 95: 614-619

ARIYAWANSA HA, HYDE KD, JAYASIRI SC, et al. 2015. Fungal diversity notes 111-252 — taxonomic and phylogenetic contributions to fungal taxa. Fungal Divers, 75: 27-274

BI ZS, ZHENG GY, LU DJ. 1982. Basidiomycetes from Dinghu Mountain of China 1. Some species of Polyporaceae. Acta Mycol Sinica, 1: 72-78

BIAN LS, DAI YC. 2015. *Coltriciella globosa* and *C. pseudodependens* spp. nov. (Hymenochaetales) from southern China based on morphological and molecular characters. Mycoscience, 56: 190-197

BIAN LS, WU F, DAI YC. 2016a. Two new species of *Coltricia* (Hymenochaetaceae, Basidiomycota) from southern China based on the evidence from morphology and DNA sequence data. Mycol Prog, 15: 27

BIAN LS, YUAN Y, WU F, et al. 2016b. Two new species of Hymenochaetaceae (Badidiomycota) from China. Nova Hedwigia, 102: 211-222

BLACKWELL M, GILBERTSON RL. 1985. A new species of *Inonotus* (Aphyllophorales, Hymenochaetaceae) on oak in Louisiana. Mycotaxon, 23: 285-290

BONDARTSEV AS. 1953. Trutovye griby evropeiskoi Chasti SSSR I Kav Kaza. Koskva-Leningrad. 1106 pp. (English translation. 1971. The Polyporaceae of the European USSR and Caucasia. Israeal Program for Scientific translation. Jerusalem 896 pp.)

BOURDOT H, GALZIN A. 1927. Hymenomycetes de France. Paul Lechevalier, Paris. 693 pp

CHANG TT, CHOU WN. 1998. Two new species of *Inonotus* from Taiwan. Mycol Res, 102: 788-790

CHEN Q, YUAN Y. 2017. A new species of *Fuscoporia* (Hymenochaetales, Basidiomycota) from southern China. Mycosphere, 8:1238-1245

CHEN H, ZHOU JL, CUI BK. 2016. Two new species of *Fomitiporia* (Hymenochaetales, Basidiomycota)

from Tibet, southwest China. Mycologia, 108: 1010-1017

COELHO G, DA SILVERIRA RMB, GUERRERO RT, et al. 2009. On poroid Hymenochaetales growing on bamboos in southern Brazil and NE Argentina. Fungal Divers, 36: 1-8

CORNER EJH. 1932a. The fruit body of *Polystictus xanthopus*. Annals of Botany, 46: 71-111

CORNER EJH. 1932b. A *Fomes* with two system of hyphae. Trans British Mycol Soc, 17: 51-81

CORNER EJH. 1948. *Asterodon*, a clue to the morphology of fungus fruitbodies with notes on *Asterostroma* and *Asterostromella*. Trans British Mycol Soc, 17: 51-81

CORNER EJH. 1950. A monograph of *Clavaria* and allied genera. Ann Bot Mem, 1: 1-740

CORNER EJH. 1953. The constructions of polypores. 1. Introduction: *Polyprus sulphureus*, *P. squamosus*, *P. betulinus* and *Polystictus microcyclus*. Phytomorphology, 3: 152-167

CORNER EJH. 1991. Ad Polyporaceas 7. The xanthochroic polypores. Beih. Nova Hedwigia, 101: 1-175

CUI BK, DAI YC. 2008. Wood-rotting fungi in eastern China 2. A new species of *Fomitiporia* (Basidiomycota) from Wanmulin Nature Reserve, Fujian Province. Mycotaxon, 105: 343-348

CUI BK, DAI YC. 2009. *Oxyporus piceicola* sp. nov. with a key to species of the genus in China. Mycotaxon, 109: 307-313

CUI BK, HUANG MY, DAI YC. 2006. A new species of *Oxyporus* (Basidiomycota, Aphyllophorales) from northwest China. Mycotaxon, 96: 207-210

CUI BK, DAI YC, BAO HY. 2009. Wood-inhabiting fungi in southern China 3. A new species of *Phellinus* (Hymenochaetales) from tropical China. Mycotaxon, 110: 125-130

CUI BK, YUAN HS, DAI YC. 2010. *Phylloporia* (Basidiomycota, Hymenochaetaceae) in China. Mycotaxon, 113: 171-178

CUI BK, DU P, DAI YC. 2011. Three new species of *Inonotus* (Basidiomycota, Hymenochaetaceae) from China. Mycol Prog, 10: 107-114

CUI BK, ZHAO CL, VLSÁK J, et al. 2014. A preliminary report on decay and canker of *Acacia richii* caused by *Inonotus rickii* in China. Forest Pathol, 44: 82-84

CUI BK, DAI YC, HE SH, et al. 2015. A novel *Phellinidium* sp. causes laminated root rot on Qilian Juniper (*Sabina przewalskii*) in Northwest China. Plant Dis, 99: 39-43

DAI YC. 1999. *Phellinus sensu lato* (Aphyllophorales, Hymenochaetaceae) in East Asia. Acta Bot Fenn, 166: 1-115

DAI YC. 2010. Hymenochaetaceae (Basidiomycota) in China. Fungal Divers, 45: 131-343

DAI YC. 2012. Two new polypores from tropical China and renaming two species in *Polyporus* and *Phellinus*. Mycoscience, 53: 40-44

DAI YC, ZANG M. 2002. *Fomitiporia tibetica*, a new species of Hymenochaetaceae (Basidiomycota) from China. Mycotaxon, 83: 217-222

DAI YC, YUAN HS. 2005. *Inocutis subdryophila* (Basidiomycota), a new polypore from China. Mycotaxon, 93: 167-171

DAI YC, CUI BK. 2005. Two new species of Hymenochaetaceae from eastern China. Mycotaxon, 94: 341-347

DAI YC, NIEMELÄ T. 2006. Hymenochaetaceae in China: hydnoid, stereoid and annual poroid genera, plus additions to *Phellinus*. Acta Bot Fenn, 179: 1-78

DAI YC, YUAN HS. 2007. Type studies on polypores described by G.Y. Zheng and Z.S. Bi. from southern China. Sydowia, 59: 25-31

DAI YC, YANG F. 2008. A new species of *Phellinus* (Basidiomycota, Hymenochaetales) from western China. Mycotaxon, 104: 103-106

DAI YC, LI HJ. 2010. Notes on *Hydnochaete* (Hymenochaetales) with a seta-less new species discovered in China. Mycotaxon, 111: 481-487

DAI YC, LI HJ. 2012. Type studies on *Coltricia* and *Coltriciella* described by E. J. H. Corner from Southeast Asia. Mycoscience, 53: 337-346

DAI YC, HÄRKONEN M, NIEMELÄ T. 2003. Wood-inhabiting fungi in southern China 1. Polypores from Hunan Province. Ann Bot Fenn, 40: 381-393

DAI YC, D'AMICO L, MOTTA E, et al. 2010a. First Report of *Inonotus rickii* causing canker and decay on Hevea brasiliensis in China. Plant Pathol, 59: 806

DAI YC, YUAN HS, CUI BK. 2010b. *Coltricia* (Basidiomycota, Hymenochaetaceae) in China. Sydowia, 62: 11-21

DAI YC, CUI BK, DECOCK C. 2008. A new species of *Fomitiporia* (Hymenochaetaceae, Basidiomycota) from China based on morphological and molecular characters. Mycol Res, 112: 375-380

DAI YC, CUI BK, HE SH, et al. 2014. Wood-decaying fungi in eastern Himalayas 4. Species from Gaoligong Mountains, Yunnan Province, China. Mycosystema, 33: 611-620

DAVID A, RAJCHENBERG M. 1985. Pore fungi from French Antilles and Guiana. Mycotaxon, 22: 285-325

DAVID A, DEQUATRE B, FIASSON JL. 1982. Two new *Phellinus* with globose cyanophilous spores. Mycotaxon, 14: 169-174

DECOCK C, BITEW A, CASTILLO G. 2005. *Fomitiporia tenuis* and *Fomitiporia aethiopica* (Basidiomycetes, Hymenochaetales), two undescribed species from the Ethiopian highlands: taxonomy and phylogeny. Mycologia, 97: 121-129

DONK MA. 1948. Notes on Malesian fungi-I. Bull Bot Gard Buitenzorg III. 17: 473-482

FIASSON JL, NIEMELÄ T. 1984. The Hymenochaetales: a revision of the European poroid taxa. Karstenia, 24: 14-28

FREY W, HURKA H, OBERWINKLER F. 1977. Beiträge zur Biologie der niederen Pflanzen. G. Fischer Verlag, Stuttgart. 233 pp

FRIES EM. 1821. Systema mycologicum, sistens Fungorum ordines, genera et species, huc usque cognitas quas ad Norman methodi naturalisdeterminavit, disposuit atque descripsit. Vol. 1. Sumptibus Ernesti Mauritii, Gryphiswaldie. 520 pp

FRIES EM. 1836-1838. Epicrisis systematis mycologi, seu synopsis Hymenomycetum. Uppsala. 594 pp.

GHOBAD-NEJHAD M, DAI YC. 2010. *Diplomitoporus rimosus* is found in Asia and belongs to Hymenochaetales. Mycologia, 102: 1510-1517

GILBERTSON RL, RYVARDEN L. 1986. North American polypores 1. Fungiflora, Oslo. 436 pp

GILBERTSON RL, RYVARDEN L. 1987. North American polypores 2. Fungiflora, Oslo. 451 pp

HATTORI T, RYVARDEN L. 1994. Type studies in the Polyporaceae 25. Species described from Japan by R. Imazeki and A. Yasuda. Mycotaxon, 50: 27-46

HE SH, DAI YC. 2012. Taxonomy and phylogeny of *Hymenochaete* and allied genera of Hymenochaetaceae (Basidiomycota) in China. Fungal Divers, 56: 77-93

IPULET P, RYVARDEN L. 2005. New and interesting polypores from Uganda. Synopsis Fungorum, 20: 87-99

JACZEWSKI AA, KOMAROV VL, TRANSHEL V. 1899a. Fungi Rossiae exsiccati Fas. 4. Hedwigia, 38: 53-55

JACZEWSKI AA, KOMAROV VL, TRANSHEL V. 1899b. Fungi Rossiae exsiccati Fas. 5. Hedwigia, 38: 113-114

JACZEWSKI AA, KOMAROV VL, TRANSHEL V. 1900. Fungi Rossiae exsiccati Fas. 6-7. Hedwigia, 39: 191

JI X, WU F. 2017. A new species of *Neomensularia* (Hymenochaetales, Basidiomycota) from China. Mycosphere, 8:1042-1050

JI XH, HE SH, CHEN JJ, et al. 2017a. Global diversity and phylogeny of *Onnia* (Hymenochaetaceae) species on gymnosperms. Mycologia, 109:27-34

JI XH, VLASÁK J, ZHOU LW, et al. 2017b. Phylogeny and diversity of *Fomitiporella* (Hymenochaetales, Basidiomycota). Mycologia, 109: 308-732

KARSTEN PA. 1889. Symbola ad mycologiam fenniacum XXIX. *Soc. Fauna Flora Fenn.* Medded, 16: 84-106

KIRK PM, CANNON PF, MINTER MW, et al. 2008. Dictionary of the fungi. 10th ed. CAB International, Wallingford. 640 pp

KOTLABA F, POUZAR Z. 1957. Notes on classification of European pore fungi. Česká Mykol, 2: 152-170

KOTLABA F, POUZAR Z. 1995. *Phellinus cavicola,* a new xanthochroic setae-less polypore with coloured spores. Česká Mykol, 48: 155-159

KOTLABA F. 1968. *Phellinus pouzarii* sp. nov. Ceská Mykol, 22: 24-31

LARSEN MJ, LOMBARD FF. 1976. *Phellinus fragrans* sp. nov. (Aphyllophorales, Hymenochaetaceae) associated with a white rot of maple. Mem New York Bot Gard, 28: 131-140

LARSEN MJ, COBB-POULLE LA. 1990. *Phellinus* (Hymenochaetaceae). A survey of the world taxa. Synopsis Fungorum, 3: 1-206

LARSEN MJ, LOMBARD FF. 1988. Studies in the genus *Phellinus* 1. The identity of *Phellinus rickii* with notes on its facultative synonyms. Mycologia, 88: 72-76

LARSSON KH, PARMASTO E, FISCHER M, et al. 2006. Hymenochaetales: a molecular phylogeny for the hymenochaetoid clade. Mycologia, 98: 926-936

LI HJ, HE SH. 2013. A new species of *Inonotus* (Basidiomycotina, Hymenochaetales) from tropical Yunnan, China. Mycotaxon, 121: 285-289

LOWE JL. 1957. Polyporaceae of North America. The genus *Fomes.* State Univ. Coll. Forestry Syracuse Univ Techn Publ, 80: 1-97

LOWE JL. 1963. A synopsis of *Poria* and similar fungi from tropical regions of the world. Mycologia, 55: 453-468

MIETTINEN O, LARSSON KH. 2011. *Sidera,* a new genus in Hymenochaetales with poroid and hydnoid species. Mycol Prog, 10: 131-141

MURRILL WA. 1907. (Agaricales) Polyporaceae. North Amer Fl, 9: 1-72

NIEMELÄ T. 1972. On Fennoscandian Polypores 2. *Phellinus laevigatus* (Fr.) Bourd & Galz and *P. lundellii* Niemelä, n.sp. Ann Bot Fenn, 9: 41-59

NIEMELÄ T. 1977. On Fennoscandian polypores 5. *Phellinus pomaceus.* Karstenia, 17: 77-86

NIEMELÄ T. 2005. Polypores, lignicolous fungi. Norrlinia, 13: 1-320

NOBLES MK. 1958. Cultural characteristics as a guide to the taxonomy and phylogeny of the Polyporaceae. Can J Bot, 36: 883-926

NÚÑEZ M, RYVARDEN L. 2000. East Asian polypores 1. Ganodermataceae and Hymenochaetaceae. Synopsis Fungorum, 13: 1-168

OBERWINKLER F. 1977. Das neue System der Basidiomyceten. *In*: Frey W, Hurka H, Oberwinkler F. Beiträge zur Biologie der niederen Pflanzen. Stuttgart. 105 pp

OVERHOLTS LO. 1953. The Polyporaceae of the United States, Alaska and Canada. Ann. Arbor.

University of Michigan Press. 466 pp

PARMASTO E. 1968. Conspectus systematis corticiacearum. Tartu. 262 pp

PARMASTO E, PARMASTO I. 2001. *Phellinus baumii* and related species of the *P. linteu*s group (Hymenochaetaceae, Hymenomycetes). Folia Crypt Estonica, 36: 53-61

PATOUILLARD N. 1900. Essai taxonomique sur les familles et les genres des Hymenomycetes

PEGLER DN. 1967. Notes on Indian Hymenochaetaceae. Kew Bull, 21: 39-49

PERSOON DCH. 1801. Synopsis methodical fungorum. Gottingae. Parts 1, 2

PILÁT A. 1936-1942. Polyporaecae I-III. *In*: Kavina C, Pilát A. Atlas des chamnignins de I. Europe Tome 3. 624 pp., 374 pls. Privately published, Praha

PILÁT A. 1940. Basidiomycetes chinenses. Ann Mycol, 38: 61-82

QIN WM, ZHOU LW. 2013. *Phellinopsis helwingiae* (Hymenochaetales, Basidiomycota), a new species from China and a brief note on *P. junipericola*. Ann Bot Fenn, 50: 408-412

QUANTEN E. 1997. The polypores (Polyporaceae s.l.) of Papua New Guinea. Opera Bot Belgica, 11: 1-352

QUÉLET L. 1886. Enchiridion fungorum in Europa media et praesertim in Gallia Vigentium Lutetiae. 352 pp

RAJCHENBERG M. 1987. New South American polypores. Mycotaxon, 28: 111-118

REID DA. 1965. A monograph of the stipitate stereoid of Hymenochaete. Mycologia, 59: 1034-1049

RYVARDEN L. 1987. New and noteworthy polypores from tropical America. Mycotaxon, 38: 525-541

RYVARDEN L. 1989. Type studies in the Polyporaceae 21. Species described by C.G. Lloyd in *Cyclomyces*, *Daedalea*, *Favolus*, *Fomes* and *Hexagonia*. Mycotaxon, 35: 229-236

RYVARDEN L. 1991. Genera of polypores. Nomenclature and taxonomy. Synopsis Fungorum, 5: 1-363

RYVARDEN L. 2002. Studies in neotropical polypores 17. New neotropical *Inonotus* species. Synopsis Fungorum, 15: 70-80

RYVARDEN L. 2004. Neotropical polypores 1. Introduction, Ganodermataceae and Hymenochaetaceae. Synopsis Fungorum, 19: 1-228

RYVARDEN L. 2005. The genus *Inonotus*, a synopsis. Synopsis Fungorum, 21: 1-149

RYVARDEN L, JOHANSEN I. 1980. A preliminary polypore flora of East Africa. Fungiflora, Oslo. 636 pp

RYVARDEN L, GILBERTSON RL. 1993-1994. European polypores 1-2. Synopsis Fungorum, 6-7: 1-743

RYVARDEN L, MELO I. 2014. Poroid fungi of Europe. Synopsis Fungorum, 31: 1-455

SHARMA JR. 1995. Hymenochaetaceae of India. Botanical Survey of India, Calcutta. 219 pp

TEDERSOO L, SUVI T, BEAVER K, et al. 2007. Ectomycorrhizas of *Coltricia* and *Coltriciella* (Hymenochaetales, Basidiomycota) on Caesalpiniaceae, Dipterocarpaceae and Myrtaceae in Seychelles. Mycol Prog, 6: 101-107

TENG SC. 1939. *High fungi of China*. Nat. Inst. Zool. Bot. Acad., Beijing. 614 pp

TIAN XM, YU HY, ZHOU LW, et al. 2013. Phylogeny and taxonomy of the *Inonotus linteus* complex. Fungal Divers, 58: 159-169

TOMŠOVSKÝ M, VAMPOLA P, SEDLÁK P, et al. 2010. Delimitation of central and northern European species of the *Phellinus igniarius* group (Basidiomycota, Hymenochaetales) based on analysis of ITS and translation elongation factor 1 alpha DNA sequences. Mycol Prog, 9: 431-445

URCELAY C, RAJCHENBERG M. 1999. Two North American *Inonotus* (Hymenochaetaceae, Aphyllophorales) found in Argentina. Mycotaxon, 72: 417-422

VALENZUELA R, RAYMUNDO T, CIFUENTES J, et al. 2011. Two undescribed species of *Phylloporia* from Mexico based on morphological and phylogenetic evidence. Mycol Prog, 10: 341-349

VLASÁK J, LI HJ, ZHOU LW, et al. 2013. A further study on *Inonotus linteus* complex (Hymenochaetales, Basidiomycota) in tropical America. Phytotaxa, 24: 25-36

WAGNER T. 2001. Phylogenetic relationships of *Asterodon* and *Asterostroma* (Basidiomycetes), two genera with asterosetae. Mycotaxon, 79: 235-246

WAGNER T, FISCHER M. 2002. Proceedings towards a natural classification of the worldwide taxa *Phellinus s.l.* and *Inonotus s.l.*, and phylogenetic relationships of allied genera. Mycologia, 94: 998-1016

WAGNER T, RYVARDEN L. 2002. Phylogeny and taxonomy of the genus *Phylloporia* (Hymenochaetales). Mycol Prog, 94: 105-116

WANG HC. 2006. A new species of *Inonotus* (Basidiomycetes) from China. Nova Hedwigia, 82: 137-142

WU SH, DAI YC, HATTORI T, et al. 2012. Species clarification for the medicinally valuable 'sanghuang' mushroom. Bot Studies, 53: 135-149

WU F, YANG J, ZHOU LW. 2015. *Mensularia rhododendri* (Hymenochaetaceae, Basidiomycota) from southwestern China. Phytotaxa, 212: 157-162

WU F, ZHOU LW, DAI YC. 2016. *Neomensularia duplicata* gen. et. sp. nov. (Hymenochaetales, Basidiomycota) evidenced by morphological characters and molecular phylogeny. Mycologia, 108: 891-898

XIONG HX, DAI YC. 2008. A new species of *Inonotus* (Basidiomycota, Hymenochaetaceae) from China. Crypt Mycol, 29: 279-283

YOMBIYENI P, BALEZI A, AMALFI M, et al. 2015. Hymenochaetaceae from the Guineo-Congolian rainforest: three new species of *Phylloporia* based on morphological, DNA sequences and ecological data. Mycologia, 107: 996-1011

YU HY, ZHAO CL, DAI YC. 2013. *Inonotus niveomarginatus* and *I. tenuissimus* spp. nov. (Hymenochaetales), two resupinate species from tropical China. Mycotaxon, 124: 61-68

ZHAO JD, ZHANG XQ. 1992. The Polypores of China. Biblioth Mycol, 145: 1-524

ZHENG WF, LIU YB, PAN SY, et al. 2011a. Involvements of S-nitrosylation and denitrosylation in the production of polyphenols by *Inonotus obliquus*. Appl Microbiol Bio, 90: 1763-1772

ZHENG WF, ZHAO YX, ZHENG X, et al. 2011b. Production of antioxidant and antitumor metabolites by submerged culture of *Inonotus obliquus* co-culture with *Phellinus punctatus*. Appl Microbiol Biol, 89: 157-167

ZHOU LW. 2013. *Phylloporia tiliae* sp. nov. from China. Mycotaxon, 124: 361-365

ZHOU LW. 2014a. *Mensularia lithocarpi* sp. nov. from Yunnan Province, southwestern China. Mycotaxon, 127: 103-109

ZHOU LW. 2014b. *Fulvifomes hainanensis* sp. nov. and *F. indicus* comb. nov. (Hymenochaetales, Basidiomycota) evidenced by a combination of morphology and phylogeny. Mycoscience, 55: 770-777

ZHOU LW. 2014c. *Fomitiporella caviphila* sp. nova (Hymenochaetales, Basidiomycota) from eastern China, with a preliminary discussion on the taxonomy of *Fomitiporella*. Ann Bot Fenn, 51: 279-284

ZHOU LW. 2015a. *Phellinopsis asetosa* sp. nov. (Hymenochaetales, Basidiomycota) and an emended circumscription of *Phellinopsis* with a key to accepted species. Mycoscience, 56: 237-242

ZHOU LW. 2015b. Four new species of *Phylloporia* (Hymenochaetales, Basidiomycota) from tropical China with a key to *Phylloporia* species worldwide. Mycologia, 107: 1184-1192

ZHOU LW. 2015c. *Phylloporia osmanthi* and *P. terrestris* spp. nov. (Hymenochaetales, Basidiomycota) from Guangxi, South China. Nova Hedwigia, 100: 239-249

ZHOU LW, DAI YC. 2012. Phylogeny and taxonomy of *Phylloporia* (Hymenochaetales) with the description of five new species and a key to worldwide species. Mycologia, 104: 211-222

ZHOU LW, QIN WM. 2012. *Inonotus tenuicontextus* sp. nov. (*Hymenochaetaceae*) from Guizhou, Southwest China with a preliminary discussion on the phylogeny of its kin. Mycol Prog, 11: 791-798

ZHOU LW, XUE HJ. 2012. *Fomitiporia pentaphylacis* and *F. tenuitubus* spp. nov. (Hymenochaetales, Basidiomycota) from Guangxi, southern China. Mycol Prog, 11: 907-913

ZHOU LW, QIN WM. 2013. Phylogeny and taxonomy of the recently proposed genus *Phellinopsis* (Hymenochaetales, Basidiomycota). Mycologia, 105: 89-696

ZHOU LW, SPIRIN V, VLASÁK J. 2014. *Phellinidium asiaticum* sp. nova (Hymenochaetales, Basidiomycota), the Asian kin of *P. fragrans* and *P.pouzarii.* Ann Bot Fenn, 51: 167-172

ZHOU LW, VLASÁK J, DECOCK C, et al. 2016a. Global diversity and taxonomy of the *Inonotus linteus* complex (Hymenochaetales, Basidiomycota): *Sanghuangporus* gen. nov., *Tropicoporus excentrodendri* and *T. guanacastensis* gen. et spp. nov., and 17 new combinations. Fungal Divers, 77:335-347

ZHOU LW, VLASÁK J, QIN WM, et al. 2016b. Global diversity and phylogeny of the *Phellinus igniarius* complex (Hymenochaetales, Basidiomycota) with the description of five new species. Mycologia, 108:192-204

ZMITROVICH IV, MALYSHEVA VF. 2014. Studies on *Oxyporus* I. Segregation of *Emmia* and general topology of phylogenetic tree. Mikologiya i Fitopatologiya, 48 (3): 161-171

索　引

真菌汉名索引

真菌学名索引

(Q-4312.01)

ISBN 978-7-03-059537-9

9 787030 595379 >

定价：150.00 元